U0263297

无机化学探究式教学丛书

第 9 分册

氧化还原反应及
电化学应用

主　编　王红艳

副主编　刘季铨　李成博

科学出版社

北京

内 容 简 介

本书是"无机化学探究式教学丛书"的第 9 分册，内容涵盖氧化还原反应与电化学基础理论，涉及化学电源、电化学合成、电化学催化等应用，并适当结合最新科研进展，将理论、应用、前沿三者融会贯通。全书共 6 章，包括氧化还原的基础知识、氧化还原反应方程式的配平、氧化还原反应与原电池、电解与电分析法简介、化学电源简介和电化学应用简介。

本书可供高等学校化学及相关专业师生、中学化学教师以及从事化学相关研究的科研人员和技术人员参考使用。

图书在版编目(CIP)数据

氧化还原反应及电化学应用/王红艳主编. —北京：科学出版社，2022.10

(无机化学探究式教学丛书；第 9 分册)

ISBN 978-7-03-071812-9

Ⅰ. ①氧… Ⅱ. ①王… Ⅲ. ①氧化还原反应－高等学校－教材 ②电化学－高等学校－教材 Ⅳ. ①O621.25 ②O646

中国版本图书馆 CIP 数据核字(2022)第 040208 号

责任编辑：陈雅娴 侯晓敏/责任校对：杨 赛
责任印制：师艳茹/封面设计：无极书装

科学出版社 出版
北京东黄城根北街 16 号
邮政编码：100717
http://www.sciencep.com

北京虎彩文化传播有限公司 印刷
科学出版社发行 各地新华书店经销

*

2022 年 10 月第 一 版 开本：720 × 1000 1/16
2023 年 11 月第二次印刷 印张：15 3/4
字数：300 000

定价：128.00 元
(如有印装质量问题，我社负责调换)

"无机化学探究式教学丛书"
编写委员会

序

　　教材是教学的基石，也是目前化学教学相对比较薄弱的环节，需要在内容上和形式上不断创新，紧跟科学前沿的发展。为此，教育部高等学校化学类专业教学指导委员会经过反复研讨，在《化学类专业教学质量国家标准》的基础上，结合化学学科的发展，撰写了《化学类专业化学理论教学建议内容》一文，发表在《大学化学》杂志上，希望能对大学化学教学、包括大学化学教材的编写起到指导作用。

　　通常在本科一年级开设的无机化学课程是化学类专业学生的第一门专业课程。课程内容既要衔接中学化学的知识，又要提供后续物理化学、结构化学、分析化学等课程的基础知识，还要教授大学本科应当学习的无机化学中"元素化学"等内容，是比较特殊的一门课程，相关教材的编写因此也是大学化学教材建设的难点和重点。陕西师范大学无机化学教研室在教学实践的基础上，在该校及其他学校化学学科前辈的指导下，编写了这套"无机化学探究式教学丛书"，尝试突破已有教材的框架，更加关注基本原理与实际应用之间的联系，以专题设置较多的科研实践内容或者学科交叉栏目，努力使教材内容贴近学科发展，涉及相当多的无机化学前沿课题，并且包含生命科学、环境科学、材料科学等相关学科内容，具有更为广泛的知识宽度。

　　与中学教学主要"照本宣科"不同，大学教学具有较大的灵活性。教师授课在保证学生掌握基本知识点的前提下，应当让学生了解国际学科发展与前沿、了解国家相关领域和行业的发展与知识需求、了解中国科学工作者对此所作的贡献，启发学生的创新思维与批判思维，促进学生的科学素养发展。因此，大学教材实际上是教师教学与学生自学的参考书，这套"无机化学探究式教学丛书"丰富的知识内容可以更好地发挥教学参考书的作用。

　　我赞赏陕西师范大学教师们在教学改革和教材建设中勇于探索的精神和做

法，并希望该丛书的出版发行能够得到教师和学生的欢迎和反馈，使编者能够在应用的过程中吸取意见和建议，结合学科发展和教学实践，反复锤炼，不断修改完善，成为一部经典的基础无机化学教材。

中国科学院院士　郑兰荪

2020 年秋

丛书出版说明

本科一年级的无机化学课程是化学学科的基础和母体。作为学生从中学步入大学后的第一门化学主干课程,它在整个化学教学计划的顺利实施及培养目标的实现过程中起着承上启下的作用,其教学效果的好坏对学生今后的学习至关重要。一本好的无机化学教材对培养学生的创新意识和科学品质具有重要的作用。进一步深化和加强无机化学教材建设的需求促进了无机化学教育工作者的探索。我们希望静下心来像做科学研究那样做教学研究,研究如何编写与时俱进的基础无机化学教材,"无机化学探究式教学丛书"就是我们积极开展教学研究的一次探索。

我们首先思考,基础无机化学教学和教材的问题在哪里。在课堂上,教师经常面对学生学习兴趣不高的情况,尽管原因多样,但教材内容和教学内容陈旧是重要原因之一。山东大学张树永教授等认为:所有的创新都是在兴趣驱动下进行积极思维和创造性活动的结果,兴趣是创新的前提和基础。他们在教学中发现,学生对化学史、化学领域的新进展和新成就,对化学在高新技术领域的重大应用、重要贡献都表现出极大的兴趣和感知能力。因此,在本科教学阶段重视激发学生的求知欲、好奇心和学习兴趣是首要的。

有不少学者对国内外无机化学教材做了对比分析。我们也进行了研究,发现国内外无机化学教材有很多不同之处,概括起来主要有如下几方面:

(1) 国外无机化学教材涉及知识内容更多,不仅包含无机化合物微观结构和反应机理等,还涉及相当多的无机化学前沿课题及学科交叉的内容。国内无机化学教材知识结构较为严密、体系较为保守,不同教材的知识体系和内容基本类似。

(2) 国外无机化学教材普遍更关注基本原理与实际应用之间的联系,设置较多的科研实践内容或者学科交叉栏目,可读性强。国内无机化学教材知识专业性强但触类旁通者少,应用性相对较弱,所设应用栏目与知识内容融合性略显欠缺。

(3) 国外无机化学教材十分重视教材的"教育功能",所有教材开篇都设有使用指导、引言等,帮助教师和学生更好地理解各种内容设置的目的和使用方法。另外,教学辅助信息量大、图文并茂,这些都能够有效发挥引导学生自主探究的作用。国内无机化学教材普遍十分重视化学知识的准确性、专业性,知识模块的逻辑性,往往容易忽视教材本身的"教育功能"。

依据上面的调研,为适应我国高等教育事业的发展要求,陕西师范大学无机化学教研室在请教无机化学界多位前辈、同仁,以及深刻学习领会教育部高等学校化学类专业教学指导委员会制定的"高等学校化学类专业指导性专业规范"的基础上,对无机化学课堂教学进行改革,并配合教学改革提出了编写"无机化学探究式教学丛书"的设想。作为基础无机化学教学的辅助用书,其宗旨是大胆突破现有的教材框架,以利于促进学生科学素养发展为出发点,以突出创新思维和科学研究方法为导向,以利于教与学为努力方向。

1. 教学丛书的编写目标

(1) 立足于高等理工院校、师范院校化学类专业无机化学教学使用和参考,同时可供从事无机化学研究的相关人员参考。

(2) 不采取"拿来主义",编写一套因不同而精彩的新教材,努力做到素材丰富、内容编排合理、版面布局活泼,力争达到科学性、知识性和趣味性兼而有之。

(3) 学习"无机化学丛书"的创新精神,力争使本教学丛书成为"半科研性质"的工具书,力图反映教学与科研的紧密结合,既保持教材的"六性"(思想性、科学性、创新性、启发性、先进性、可读性),又能展示学科的进展,具备研究性和前瞻性。

2. 教学丛书的特点

(1) 教材内容"求新"。"求新"是指将新的学术思想、内容、方法及应用等及时纳入教学,以适应科学技术发展的需要,具备重基础、知识面广、可供教学选择余地大的特点。

(2) 教材内容"求精"。"求精"是指在融会贯通教学内容的基础上,首先保证以最基本的内容、方法及典型应用充实教材,实现经典理论与学科前沿的自然结合。促进学生求真学问,不满足于"碎、浅、薄"的知识学习,而追求"实、深、厚"的知识养成。

(3) 充分发挥教材的"教育功能",通过基础课培养学生的科研素质。正确、适时地介绍无机化学与人类生活的密切联系，无机化学当前研究的发展趋势和热点领域，以及学科交叉内容，因为交叉学科往往容易产生创新火花。适当增加拓展阅读和自学内容，增设两个专题栏目：历史事件回顾，研究无机化学的物理方法介绍。

(4) 引入知名科学家的思想、智慧、信念和意志的介绍，重点突出中国科学家对科学界的贡献，以利于学生创新思维和家国情怀的培养。

3. 教学丛书的研究方法

正如前文所述，我们要像做科研那样研究教学，研究思想同样蕴藏在本套教学丛书中。

(1) 凸显文献介绍，尊重历史，还原历史。我国著名教育家、化学家傅鹰教授曾经多次指出："一门科学的历史是这门科学中最宝贵的一部分，因为科学只能给我们知识，而历史却能给我们智慧。"基础课教材适时、适当引入化学史例，有助于培养学生正确的价值观，激发学生学习化学的兴趣，培养学生献身科学的精神和严谨治学的科学态度。我们尽力查阅了一般教材和参考书籍未能提供的必要文献，并使用原始文献，以帮助学生理解和学习科学家原始创新思维和科学研究方法。对原理和历史事件，编写中力求做到尊重历史、还原历史、客观公正，对新问题和新发展做到取之有道、有根有据。希望这些内容也有助于解决青年教师备课资源匮乏的问题。

(2) 凸显学科发展前沿。教材创新要立足于真正起到导向的作用，要及时、充分反映化学的重要应用实例和化学发展中的标志性事件，凸显化学新概念、新知识、新发现和新技术，起到让学生洞察无机化学新发展、体会无机化学研究乐趣，延伸专业深度和广度的作用。例如，氢键已能利用先进科学手段可视化了，多数教材对氢键的介绍却仍停留在"它是分子间作用力的一种"的层面，本丛书则尝试从前沿的视角探索氢键。

(3) 凸显中国科学家的学术成就。中国已逐步向世界科技强国迈进，无论在理论方面，还是应用技术方面，中国科学家对世界的贡献都是巨大的。例如，唐敖庆院士、徐光宪院士、张乾二院士对簇合物的理论研究，赵忠贤院士领衔的超导研究，张青莲院士领衔的原子量测定技术，中国科学院近代物理研究所对新核素的合成技术，中国科学院大连化学物理研究所的储氢材料研究，我国矿物浮选的新方法研究等，都是走在世界前列的。这些事例是提高学生学习兴趣和激发爱国热情最好的催化剂。

(4) 凸显哲学对科学研究的推进作用。科学的最高境界应该是哲学思想的体现。哲学可为自然科学家提供研究的思维和准则，哲学促使研究者运用辩证唯物主义的世界观和方法论进行创新研究。

徐光宪院士认为，一本好的教材要能经得起时间的考验，秘诀只有一条，就是"千方百计为读者着想"[徐光宪. 大学化学, 1989, 4(6): 15]。要做到：①掌握本课程的基础知识，了解本学科的最新成就和发展趋势；②在读完这本书和做完每章的习题后，在潜移默化中学到科学的思考方法、学习方法和研究方法，能够用学到的知识分析和解决遇到的问题；③要易学、易懂、易教。朱清时院士认为最好的基础课教材应该要尽量保持系统性，即尽量保证系统、清晰、易懂。清晰、易懂就是自学的人拿来读都能够引人入胜[朱清时. 中国大学教学, 2006, (08): 4]。我们的探索就是朝这个方向努力的。

创新是必须的，也是艰难的，这套"无机化学探究式教学丛书"体现了我们改革的决心，更凝聚了前辈们和编者们的集体智慧，希望能够得到大家认可。欢迎专家和同行提出宝贵建议，我们定将努力使之不断完善，力争将其做成良心之作、创新之作、特色之作、实用之作，切实体现中国无机化学教材的民族特色。

"无机化学探究式教学丛书"编写委员会

2020 年 6 月

前　言

本书是"无机化学探究式教学丛书"的第 9 分册。本书紧扣本科阶段基础无机化学中"氧化还原反应与电化学基础"的教学要求，以知识回顾、理论探究、实践应用为主线，在理论上重点阐述氧化还原反应与电化学的构效关系；在应用上介绍多项科研成果，彰显丛书立足于教材且基本满足科研参考的编写宗旨。本书具有以下特色：

(1) 加强内容的深度与广度。编写过程中，重视与高中知识的衔接，力求突破其低阶与陈旧性，结合大学启发式教学模式，着重在内容上体现大学课程的高阶和创新性。具体体现在：①引入形式电荷的概念，深入探究化合价、氧化数和形式电荷的区别与联系，系统分析了电荷概念的三个层次，为读者深入微观层面探索氧化还原反应提供思路；②详述 Latimer 图、Froster 图及 Pourbaix 图三大电极电势图的绘制、特点和应用，展示了 Froster 图在解释同族或同周期元素氧化还原性递变规律中的作用,特别介绍了利用广义氧化还原反应绘制 Pourbaix 图的方法；③编写"历史事件回顾 3 电解水析氢反应的原理、测试和性能评价"，以科研热点研究为出发点，总结分析测试的现代化手段，加强学生对科技前沿动态和新型分析方法的了解，增强全书的科研参考功能。

(2) 注重融合化学史。在本书编写过程中兼顾科学事实的背景、发展和前瞻，并将化学史贯穿其中。例如，书中回顾了氧化还原反应发展的三个阶段，阐述了从化合力到化合价定义的演变，梳理了氧化数概念的发展历程及确定规则，介绍了锂电池和锂离子电池的"前世今生"等。这些内容记录了化学学科的发展，见证了科学发展道路的艰辛，不仅有利于增加读者学习化学的体验，更有利于发挥化学史的育人功能。

(3) 紧密结合科技前沿。本书总结了大量科研进展，凸显了电化学基础知识在科技前沿的应用。尤其注重介绍中国科学家的研究成果，彰显我国对世界科学发展的重要贡献，以此培养读者的科研兴趣，激发其爱国热情。

本分册由陕西师范大学王红艳(编写第 1 章、第 3 章)担任主编，西北大学刘季铨(编写第 4 章、第 6 章和习题)、李成博(编写第 2 章、第 5 章及附录)担任副主编，全书由王红艳统稿。

　　本书的出版得到了科学出版社的大力支持，特别受益于责任编辑认真细致的编辑工作，在此表示衷心的感谢。书中引用了较多书籍、研究论文的成果，在此对所有作者一并表示诚挚的谢意。

　　鉴于编者水平有限，书中不妥之处在所难免，恳请广大读者批评指正。

王红艳

2022 年 3 月

目　　录

(1) 了解氧化还原概念的演变，掌握**氧化数**与**化合价**概念的区别和联系，深入理解**氧化还原反应**的实质和特点，并了解氧化数、化合价与形式电荷的关系。

(2) 掌握氧化还原方程式的基本配平方法。

(3) 认识**原电池**的工作原理，掌握**电极反应**、**电池反应**的书写和原电池的表示方法；会用电池反应热力学知识判断反应进行的方向及计算平衡常数等。

(4) 全面了解**电极电势**的**3 种图解**表示方法及其应用。

(5) 认识**电解**和**电镀**的原理及其应用。

(6) 了解常见化学电池的研究进展。

背景问题提示

(1) 氧化还原反应存在于自然界和人类生产生活的方方面面，植物的光合作用、呼吸作用，金属的冶炼、化工产品的生产都离不开氧化还原反应。你能列举出生活中的一些氧化还原反应吗？为什么许多原先在地下闪闪发光的银器文物在发掘时处于大气环境中会变为黑色？

(2) 电解水机在日本以及欧美发达国家广泛使用。人们使用**酸性电解水**清洗餐具、儿童玩具、家用用品和衣物及外用消毒，使用**碱性电解水**烹制佳肴和日常饮用。什么是电解水，电解的基本原理是什么，其装置有哪些特点？

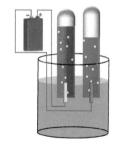

(3) 国家发展改革委、国家能源局联合印发的《氢能产业发展中长期规划(2021～2035 年)》明确指出，将发展重点放在**可再生能源制氢**，严格控制化石能源制氢。**电解水制氢**是目前科学前沿研究的热点之一，预计 2022～2025 年中国电解水制氢市场将迎来高速发展期。你能谈谈目前电解水制取氢气研究的核心内容和目标是什么吗？目前遇到的瓶颈有哪些？有哪些有效的解决方法？

(4) 为落实"十四五"期间国家科技创新有关部署安排，"**新能源汽车**"成为 2021 年 5 个国家重点研发专项计划之一。发展新能源汽车，电池技术是核心。此次专项发展计划将重点围绕**全固态金属锂电池技术、车用固体氧化物燃料电池关键技术、高密度大容量气氢车载储供系统设计及关键部件研制**作出支持。请依据氧化还原反应原理，说明为什么提高电池性能的关键之一在于提高电极材料的性能。

(5) 预计 2026 年，我国电动汽车销售量将达到 280 万辆。为什么说发展电动汽车不只是从能源的**可持续供应**和减少环境污染的角度考虑的？

(6) 我国力争 2030 年前实现"**碳达峰**"、2060 年前实现"**碳中和**"，是党中央经过深思熟虑作出的重大战略决策，是我们对国际社会的庄严承诺，也是推动高质量发展的内在要求。电化学的哪些应用与实现"碳达峰"和"碳中和"的伟大目标紧密相关？

第1章

氧化还原的基础知识

　　氧化还原反应、路易斯(Lewis)酸碱反应和自由基反应并称化学反应中的三大反应。不同于后两者，氧化还原反应涉及电子得失及元素氧化数的变化。人类社会物质生产，以及生物有机体的产生、发展和消亡，大多与氧化还原反应相关。此外，氧化还原反应也存在于科研领域的基本原理中。例如，氧化还原储热体系的研究：储热过程中，储热材料发生析氧反应并吸热；释热时，储热材料被空气氧化并释放出大量的热，使之前储存的热量得以利用[1-3]。又如，氧化还原敏感元素如 V、Cr、Mo、U 等，一般在氧化条件下呈现高氧化数的溶解态，而在还原沉积环境中，这些敏感元素除 Fe、Mn 外均会被还原成低氧化数转移到沉积物中富集积累，因此可利用敏感元素在沉积物中的富集状况反演海洋沉积环境的氧化还原情况[4-5]。可见，深入探讨氧化还原反应并清楚其来龙去脉对人类的生产生活大有裨益。

1.1　对氧化还原反应本质认识的演变

1.1.1　认识在逐步明确

1. 燃烧的本质

　　人们认识氧化还原反应是从燃烧开始的。1703 年，德国化学家施塔尔(G. E. Stahl, 1659—1734)在总结前人关于燃烧本质的各种观点并进行甄别后，系统提出了明确的"燃素学说"[6]。他认为火是一种由无数细小而活泼的微粒构成的物质

施塔尔

实体，这种微粒可以和其他元素结合形成化合物，同时也能以游离形式存在。如果大量微粒聚集在一起就会形成明显的火焰，这些微粒弥漫在大气中便给人以热的感觉。由这种微粒构成的火的元素称为"燃素"。物质在燃烧时之所以需要空气，是因为在加热时，"燃素"并不能自动分解，必须有外来的空气将其中的"燃素"吸取出来，燃烧过程才能实现。施塔尔的"燃素学说"曾统治化学界近百年，直至科学的燃烧学说建立后，人们才知道它是谬误。

氧化还原反应理论的诞生建立在"燃烧氧化学说"的基础上[7]。1777 年，被誉为"近代化学之父"的拉瓦锡(A. L. de Lavoisier，1743—1794)依据实验在其论著《燃烧概论》中正式提出了"拉瓦锡燃烧氧化学说"[8]，即物质燃烧或金属在空气中燃烧并不是"燃素学说"认为的脱去"燃素"的分解反应，而是金属物质与氧化合的反应。1783 年，拉瓦锡正式宣布了他对化学理论的革新，拉瓦锡夫人还仪式性地焚烧了有关"燃素学说"的书籍，以标志新化学的开始。拉瓦锡的"燃烧氧化学说"开拓了化学的新时代。恩格斯对此给予高度评价，将"燃素学说"之于"燃烧氧化学说"与"黑格尔辩证法"之于"马克思主义的辩证法"相比拟[9]。这种学说推翻了统治化学界近百年之久的"燃素学说"，氧化还原反应理论由此诞生。

拉瓦锡

2. 认识的进步

人们对氧化还原反应的认识和定义也是逐步发展深入的，大体可用图 1-1 简单表示。

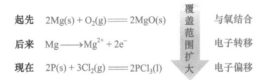

起先	$2Mg(s) + O_2(g) = 2MgO(s)$	覆盖范围扩大	与氧结合
后来	$Mg \longrightarrow Mg^{2+} + 2e^-$		电子转移
现在	$2P(s) + 3Cl_2(g) = 2PCl_3(l)$		电子偏移

图 1-1 氧化还原反应概念的演变示意图

定义发展的第一阶段以氧的得失为判断基础与依据，简单地把物质与氧结合称为氧化(oxidation)，把含氧物质失去氧称为还原(reduction)。

19 世纪中叶，人们通过化合价(valence)升降来定义氧化还原，将化合价升高的过程称为氧化，化合价降低的过程称为还原。这是定义发展的第二阶段，即以化合价升高(氧化)或降低(还原)为基础的氧化还原反应理论。

随着认识的不断深入，人们认为化合价变化的本质是电子的得失。被誉为"物

理化学之父"的德国物理化学家奥斯特瓦尔德(F. W. Ostwald, 1853—1932)于 1892 年正式提出氧化还原反应是由电子转移引起的，失电子的过程称为氧化，得电子的过程称为还原[10]。此为氧化还原反应定义发展的第三阶段，即以电子得失为基础的氧化还原反应理论。自此，人们开始用最本质的电子得失来理解氧化还原反应，且发现氧化和还原即失去和得到电子的过程必然同时发生。正式用氧化还原反应(reduction-oxidation reaction，redox)统称这样一类有电子转移(或得失)的反应。

奥斯特瓦尔德

1.1.2 氧化还原反应的定义

近代化学研究发现氧化还原反应中的许多共价物种电子转移的程度很小，不像酸碱反应中的质子转移那样完全，因此分析氧化还原反应时不能总是考虑电子的实际转移，而更多见到的只是电子偏移[11](图 1-2)。也有学者认为反应过程实际是价电子在空间出现的概率发生改变，因此将在化学反应中，凡原子或离子的核外邻近区域里电子出现概率增大的变化称为还原；电子出现概率减小的变化称为氧化。将这样的反应称为氧化还原反应，即广义的氧化还原反应[12]。显然，采用氧化数(oxidation number)的概念定义氧化还原反应似乎更合适。这个看法已被量子化学计算证明是对的[13]。

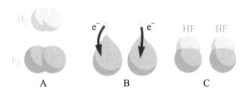

图 1-2   氧化还原中的电子偏移

本书统一采用氧化数定义氧化还原反应，即氧化还原反应是在反应前后元素的氧化数发生相应升降变化的化学反应。此类反应都遵守电荷守恒，在氧化还原反应中，氧化与还原必然以等量同时进行。

1.2   氧化还原反应的相关基本概念

1.2.1   化合价与氧化数

1. 化合价

化合价又称原子价或价。在化学发展史中，比较明确提出"价"概念的是英国化学家弗兰克兰(E. E. Frankland，1825—1899)和德国有机化学家凯库勒(F. A. Kekulé，1829—1896)。1852 年，弗兰克兰根据已有的许多无机化学实验事实，发现在化合物中各元素原子具有结合一定数目他种原子的能力[14]；1856 年，凯库勒和英国化学家库珀(A. S. Couper，1831—1892)发展了弗兰克兰的观点，他们发现有机化合物中的各元素具有这种能力[15]，并引入了原子性(atomicity)和亲和力单位(affinity unit)的概念来度量这种能力。他们发现不同元素的原子相化合时总是倾向于遵循原子性或者亲和力单位等价的原则。因氢原子结合能力最小，可作为基准定为 1 单位结合能力，则氧原子为 2 单位结合能力，氮原子为 3 单位结合能力等。起先，凯库勒将这种结合能力称为原子度(atomic degree)[16-17]。1864 年，德国化学家迈耶尔(J. L. Meyer，1830—1895)建议用原子价(valency)代替原子性或亲和力单位，化合价概念基本形成[18]。在相当长的一段时间，它被定义为化合物中某种特定元素原子能够化合或置换一定数目他种原子的能力。1916 年，美国化学家路易斯(G. N. Lewis，1875—1946)创立了化学键的电子理论[19]。1920 年，美国化学家朗缪尔(I. Langmuir，1881—1957)把路易斯的共用电子对理论应用到许多化合物中，将共用电子对命名为共价键(covalent bond)[18]。基于这一基本概念，化合价被定义为：某元素的一个原子与一定数量的其他元素的原子结合或被一定数量的其他元素的原子取代的性质。此后，化合价一直被认为是化学元素的性质，它与元素所成化学键相关，因此用整数来定量度量，并用这个整数来衡量化合物中一个原子所形成的化学键的数目。早期我国将化合价翻译为原子价，即氢为一价、氧为二价、氮为三价等。1991 年公布的化学名词中将其称为化合价，并在注释中指明又称"原子价"，用来揭示原子之间相互作用的数量关系[20-21]。

随着经典化学结构理论的发展，各种试图解释"价"本质的理论应运而生。使用"价"这一术语的范围相继变广，也由原先只具有一种含义的"价"演变成具有多种含义的一个化学术语。在相当长的一段时间，化合价除了最初的含义，即表示化合物中某特定元素原子能够化合或置换他种原子数目的能力以外，还用于表示如下事项：

弗兰克兰　　　　　　　凯库勒　　　　　　　库珀

迈耶尔　　　　　　　　　路易斯　　　　　　　　　朗缪尔

(1) 把化合价概念和化学键概念联系起来，表示化学键的键型，如在 NaCl 中化学键为电价，H_2O 为共价，$[Co(NH_3)_6]^{3+}$ 为配价，即化合价有电价、共价和配价的区别。

(2) 表示成键数。在共价化合物中称为共价键(数)，此时"价"即"化合价"。

(3) 在氧化还原反应配平中，表示化合物某特定原子变为中性原子时必须给予或取走的电荷数，此数在化合价提出时也称为价数(valence number)，如需给予电子时价数为正，需取走电子时价数为负。这样，在氧化还原反应中，电子转移引起某些原子的价电子层结构发生变化，从而改变了这些原子的荷电状态。化学家用化合价描述原子带电状态的变化，表明元素被氧化的程度。

2. 氧化数

1) 氧化数的提出

用化合价的升降定义氧化还原反应有明显问题。例如，许多共价化合物在氧化还原反应中并没有明显的电子转移，只有电子在原子间的重排或偏移，因此很难通过电子转移判断氧化还原。例如，甲烷中的 C 为+4 价，其燃烧后的产物 CO_2 中的 C 仍为+4 价，显然利用化合价判断此反应是否为氧化还原反应不准确。此外，确定某些结构较为复杂或结构未知的化合物元素的化合价时也比较麻烦，如 $Na_2S_4O_6$、$Na_2S_2O_8$ 等，S 元素化合价的确定比较复杂，于是开始出现氧化数的概念。

1948 年，美国的格拉斯通(S. Glasston)首先比较明确地提出用"氧化数"这一术语来代替用于氧化还原反应配平中的价数[22]。氧化数这一概念的引入引起了人们的极大兴趣和关注，许多学者为了使氧化数概念更实用，或者为了使氧化数的定义更严格，提出了许多不同的看法[23-32]。至 2020 年，仍有相关报道[33-34]。

2) 氧化数的概念和确定规则

对氧化数本质的认识或理解不同，对其所下定义也不同。有些学者将氧化数定义为：化合物中，元素的原子按一定规则而确定的一个数值，表示一种元素在化合物中所处的化合状态，这个数值称为氧化数[32]。它表征了化合物中各元素形式上或表观上所带的电荷数。氧化数有时也称为氧化态。如果化合时，一个原子上的价电子离开了或向另一个原子偏移，那么这个原子就有一个正氧化数，或者说它处于正氧化态；当原子得到了电子或另一个原子的电子偏向它时，此原子就有一个负氧化数，或者说它处于负氧化态。这个定义明确了氧化数的值是指定的，也说明氧化数的指定应遵循一定规则，同时说明氧化数有正负之分，显然正负与元素的电负性有关。

廖代正[23]较全面地总结了对氧化数的处理方法，大致如下：

(1) 简单人为地把化合物看作离子化合物时，表示其结合元素所带电荷的一个数字，即定义为氧化数[35-36]。这种处理方式的优点是简单明了，缺点是不严格、不全面，对多原子组成的复杂化合物难以划分或者有多种划分方法。

(2) 不下明确的一般性定义，只介绍确定氧化数的通用方法[37-38]。这种从"实用"出发的处理方法固然能避免学生死扣概念，但未澄清氧化数的实质，因而是不恰当的。

一种主流定义是由美国化学家鲍林(L. C. Pauling，1901—1994)[39-40]、日本的桐山良一[41]和新西兰学者帕克(J. E. Packer)等[42]将氧化数的定义与确定氧化数的方法结合起来得出的，即某结合状态元素原子的氧化数是以一定方式将化合物键合电子分配给各原子时，表示该元素原子所带电荷的一个数值。

海尼什(E. L. Haenish)等[43]进一步将氧化数的定义简化为：氧化数就是根据一些规则指定的一个数字。

鲍林

2020 年，张颖等[34]随机统计了国内 53 部 2000 年以来出版的无机化学教材，认为近 20 年的主要说法有：①将氧化数表述为化合物中元素的形式电荷(形式荷电)数；②将氧化数表述为化合物中元素的表观电荷数；③上述两种情况以外的说法。

鉴于该概念如此混乱，1970 年国际纯粹与应用化学联合会(International Union of Pure and Applied Chemistry，IUPAC)将氧化数的定义更加严格化，着重强调了以下三点[44]：

第一，氧化数的性质。氧化数是一个经验概念，它与原子的键数意义不同(专属性)。

第二，氧化数的定义。任何化学实体中某元素的氧化数是指如果该元素原子每个键中的电子被分配给负电性更高的原子，则该元素的一个原子上将存在的电荷(人为性)。

第三，氧化数的确定法则：

(1) 元素单质的氧化数为零，如 Na(0)、Cl_2(0)。

(2) 单原子离子的氧化数为其所带的电荷数，如 Fe^{3+}(+3)、Zn^{2+}(+2)。

(3) 化合物的氧化数，F 恒为-1，ⅠA 族元素恒为+1，ⅡA 族元素恒为+2，如 NaCl(Na 为+1)、HF(F 为-1)。

(4) 氢的氧化数，非金属氢化物中氢为+1，如 H_2O(H 为+1)、CH_4(H 为+1)；金属氢化物中氢为-1，如 NaH(H 为-1)、LiH(H 为-1)。

(5) 氧的氧化数，一般氧化物中氧为-2，如 CO_2(O 为-2)、H_2O(O 为-2)；过氧化物中氧为-1，如 H_2O_2(O 为-1)、Na_2O_2(O 为-1)；超氧化物中氧为 $-\frac{1}{2}$，如 KO_2(O 为 $-\frac{1}{2}$)、CsO_2(O 为 $-\frac{1}{2}$)。

(6) 化合物中各元素的氧化数总和为 0，如 H_2SO_4(S 为+6)；多原子离子中各元素的氧化数总和等于离子的电荷值，如 MnO_4^-(Mn 为+7)。

本书统一采用 IUPAC 的定义和规则对氧化数进行处理。

有机化合物中某个碳原子的氧化数可以按照下面的规则计算得到：

(1) 碳原子与碳原子相连，无论是单键还是重键，碳原子的氧化数为零。

(2) 碳原子与 1 个氢原子相连，碳原子氧化数为-1。

(3) 有机化合物中所含 O、N、S、X 等杂原子，它们的电负性都比碳原子大。碳原子以单键、双键或三键与杂原子连接，碳原子的氧化数分别为+1、+2 或+3。例如，CH_3COOH 中甲基(—CH_3)上碳原子的氧化数为-3，羧基上碳原子的氧化数为+3。

例题 1-1

确定下列化合物或离子中 S 原子的氧化数：(a) H_2SO_4；(b) $Na_2S_2O_3$；(c) $K_2S_2O_8$；(d) SO_3^{2-}；(e) $S_4O_6^{2-}$。

解　设题给化合物或离子中 S 原子的氧化数依次为 x_1、x_2、x_3、x_4 和 x_5，根据上述有关规则可得：

(a) $2 \times (+1) + 1 \times (x_1) + 4 \times (-2) = 0$ 　　　　　$x_1 = +6$

(b) $2 \times (+1) + 2 \times (x_2) + 3 \times (-2) = 0$ 　　　　　$x_2 = +2$

(c) $2 \times (+1) + 2 \times (x_3) + 8 \times (-2) = 0$ 　　　　　$x_3 = +7$

(d) $1 \times (x_4) + 3 \times (-2) = -2$ 　　　　　$x_4 = +4$

(e) $4 \times (x_5) + 6 \times (-2) = -2$ 　　　　　$x_5 = +2.5$

1-1 你觉得"氧化数决定法则"使用起来方便吗?

3) 氧化数的特点

由上述氧化数的定义与确定规则可以看出其具有以下特点:

(1) 氧化数可为正数、负数或分数,如 Fe_3O_4 中铁的氧化数是 $+\dfrac{8}{3}$,因此可将氧化数理解为一种形式电荷,表示元素原子的平均、表观的氧化状态。

(2) 氧化数有指定的含义,但其确定与键合电子有关。对于组成简单的化合物,凭化学经验判断其氧化数,而对于复杂化合物,氧化数的确定要综合考量物质的组成和结构[4]。例如,硝酸钠和过氧亚硝酸钠的分子式都是 $NaNO_3$,然而其结构式分别是

$$Na^+\left[O\!-\!\overset{\displaystyle O}{\underset{\displaystyle O}{N}}\right]^- \qquad\qquad Na^+[O\!-\!O\!-\!N\!\!=\!\!O]^-$$

前者 N 的氧化数为+5,而后者 N 的氧化数则为+3。因此,化合物元素氧化态的确定要依据物质的结构。

(3) 元素氧化数与其在元素周期表中的位置密切相关。希金森(W. C. E. Higginson)与马歇尔(J. W. Marshall)将同种元素不同氧化数由高向低排列并总结,显示出明显的规律性变化[45]。他们发现大多数元素的最高氧化数等于其族数(图 1-3)。除了ⅠB 族元素和镧系、锕系元素外,没有元素的氧化数可超过其族数。ⅧA 族元素的最高氧化数低于其族数。如图 1-4 所示, ⅠA 与ⅡA 族各元素在其所有化合物中只有一种氧化数,元素的氧化数等于其族数,用常数表示。而周期表中其他位置均有可变的氧化数,p 区和ⅧA 族元素同种元素相邻的氧化数变化相差 2,d 区和 ds 区元素相邻氧化数变化相差一般为 1,镧系元素相邻氧化数变化相差 3,有些相差 4 或 2,而锕系元素中相邻氧化数相差 1[32]。

4) 氧化数在氧化还原反应中的应用

由于氧化还原反应中失去电子和得到电子的过程同时发生,氧化数概念的引入有利于知道反应过程中电子转移的关系及反应方程式的配平。

(1) 定义氧化剂、还原剂及氧化还原反应。

(2) 配平氧化还原反应的方程式。对于配平较为复杂的氧化还原反应方程式,用氧化数法能快速将反应式配平,其基本原理是:任何氧化还原反应中升高了的氧化数应与降低了的氧化数相等。

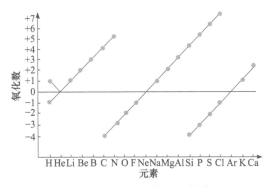

图 1-3　元素氧化数的周期性变化

图 1-4　元素在周期表中的位置与其氧化数变化

(3) 分类、比较元素化合物。氧化数虽是一个经验规定的数字，但确实反映了元素的某些性质，因而可利用氧化数将化合物分类，把某元素中具有同一氧化数的该元素化合物作为一类来描述，在某些场合是较为方便和实用的[46]。

3. 化合价与氧化数的区别

(1) 定义内涵上的不同。化合价是经典结构理论中出现的，表示实实在在的成键，是分子中原子之间的"拉手"：表示元素原子能够化合或置换一价原子或一价基团的数目，以及以什么手段结合成键和成键数等三种含义[22,35,37,39]；而氧化数是量子力学中出现的高阶性名词，具有人为指定性[21]：氧化数是按一定规则指定的一个数字[31]，因此对同一个化合物其值可以不同。例如，如果不考虑结构，CrO_5 中 Cr 的氧化数为+10，但根据经典电子理论，CrO_5 的结构式是

$$\begin{array}{c} O \\ \| \\ O\diagdown\diagup O \\ Cr \\ O\diagup\diagdown O \end{array}$$

因此 Cr 原子是+6 价，可写为 Cr^{VI}，为 Cr 的最高价态，等于其所在的族数。

又如，由 X 射线衍射结构分析已知[47]，PCl_5 在固体中具有 $[PCl_4]^+[PCl_6]^-$ 式的结构，即一个磷原子是+4 价，另一个是+6 价，但磷原子的氧化数却是+5。这

种现象在有机化合物中更为常见，如 CH_3Cl 和 $CHCl_3$ 两种化合物，碳的化合价都是+4 价，但前者碳的氧化数是–2，后者是+2。

(2) 所用数字的范围不同。化合价因为是实实在在的成键，只能是整数；而氧化数为了方便，除了整数，在各元素的氧化数总和等于离子的电荷值原则指导下，还可以为零或分数。例如，连四硫酸钠的经典结构式为

$$\left[\begin{array}{c} O \quad S \quad O \\ \parallel \quad \uparrow \quad \parallel \\ Na^+ \ O-S-S-S-O \ \ Na^+ \\ \parallel \qquad \parallel \\ O \qquad O \end{array} \right]^{2-}$$

其中硫的氧化数是+2.5。在混价化合物中，元素的氧化数为平均氧化数，如 $S_2O_3^{2-}$、Fe_3O_4 中硫的氧化数(+2)和铁的氧化数 $\left(+\dfrac{8}{3} \right)$ 均为平均氧化数。由此可见，可出现"平均氧化数"的说法，而不会出现"平均化合价"等容易使化合价概念模糊的术语。这也正是氧化数概念在正负化合价概念的基础上区分出来的理由之一。

(3) 表示的符号不同。按鲍林及桐山良一的建议[39,41]，元素记号的右上方标以+m、–n 表示氧化数，如 Mg^{2+}、S^{2-} 等；元素记号的右上方标以罗马数字表示化合价，如 Mg^{II}、S^{II} 等。

例题 1-2

计算 Pb_3O_4 中 Pb 的氧化数。

解 3 × (Pb 的氧化数) + 4 × (–2) = 0

所以 Pb 的氧化数为 $+\dfrac{8}{3}$。

例题 1-3

试确定 HCOOH 中 C 的氧化数。

解 对于 C 原子，共形成一个 C—H 键、一个 C—O(羟基氧)键和一个 C=O(羰基氧)键。C 原子与 H 原子相连，C 原子氧化数为–1。此外，杂原子 O 的电负性比 C 原子的电负性大，C 原子以单键和双键与 O 原子连接，C 原子的氧化数分别为+1 和+2。因此，净的结果是 HCOOH 中 C 的氧化数为+2。

必须说明的是，目前对于一些化合物氧化数的确定仍存在争议。例如，过渡金属与一些弱 π 酸配体，如 CN^- 等形成配合物时，由于反馈 π 键影响较小，只需考虑配体从中心金属夺走电子而显示的电荷数。但过渡金属元素与一些强 π 酸配体，如 CO、NO 等形成配合物时，反馈 π 键的影响很大，其中心金属的氧化数不易确定[26]。

例如，$Ni(CO)_4$ 中 Ni 的氧化数为 0，即 Ni(0) 的电子构型为 d^{10}，同理在 $Fe(CO)_5$ 中，如 Fe 的氧化数为 0 时，即 Fe(0) 的电子构型为 d^8，这说明 CO 配体对中心金属的电子结构并没有影响，然而 CO 具有很强的反馈 π 键，势必会严重影响中心金属的电子排布，显然上述对金属元素氧化数的判断存在一些问题。这是因为定义氧化数时，只考虑了配体从中心金属夺走电子剩下的电荷数，而忽略了 π 键的影响，因此氧化数的概念也具有一定的局限性。到底如何定义并解决强 π 酸配体与过渡金属形成的配合物的中心金属元素的氧化数，有待今后研究解决[26]。

思考题

  1-2　具体说明氧化数与化合价的异同。

  1-3　为什么不可以有"平均化合价"的说法？

1.2.2　氧化还原电对

1. 氧化还原电对的组成

  氧化还原反应中，将氧化数升高的物质称为还原剂(reductant)，还原剂使另一种物质还原，自身被氧化，它对应的反应产物称为氧化产物；将氧化数降低的物质称为氧化剂(oxidant)，氧化剂使另一种物质氧化，自身被还原，它的反应产物称为还原产物。例如，$Zn + Cu^{2+} \Longrightarrow Zn^{2+} + Cu$ 反应中，Cu 的氧化数由 +2 降为 0，得电子，为还原过程，Cu^{2+} 作氧化剂，Cu 为还原产物；Zn 的氧化数由 0 升高为 +2，失电子，为氧化过程，Zn 作还原剂，Zn^{2+} 为氧化产物。整个氧化还原反应可看成由两个半反应(half reaction)构成，即

  还原半反应： $Cu^{2+}(aq) + 2e^- \longrightarrow Cu(s)$

  氧化半反应： $Zn(s) \longrightarrow Zn^{2+}(aq) + 2e^-$

氧化反应和还原反应总是同时发生，相辅相成。

  同一元素的氧化型与还原型是彼此依靠、相互转化的关系，是一种共轭关系，这种关系称为氧化还原电对(redox couple)，简称电对。在氧化还原半反应中，同一元素的不同氧化态物质可构成氧化还原电对。电对中高氧化态物质称为氧化型物质，用符号 Ox 表示；低氧化态物质称为还原型物质，用符号 Red 表示。书写氧化还原电对时，规定为"氧化态/还原态"，即写成"Ox/Red"。例如，由 Zn^{2+} 和 Zn 组成的电对可表示为 Zn^{2+}/Zn，由 Cu^{2+} 和 Cu 组成的电对可表示为 Cu^{2+}/Cu。

  在一个氧化还原电对中，氧化型物质与还原型物质之间存在下列转化关系：

$$Ox + ze^- \rightleftharpoons Red$$

任何一个氧化还原反应至少包含两个电对。如果以下标(1)表示还原剂所对应的电对，以下标(2)表示氧化剂所对应的电对，则氧化还原反应可写为

$$还原型_{(1)} + 氧化型_{(2)} \Longrightarrow 氧化型_{(1)} + 还原型_{(2)}$$

其中，还原型$_{(1)}$为还原剂，在反应中被氧化为氧化型$_{(1)}$；氧化型$_{(2)}$为氧化剂，在反应中被还原为还原型$_{(2)}$。事物发展过程中的每一种矛盾的两个方面，各以它的对立方面为自己存在的前提，双方共处于一个统一体中。在氧化还原反应中，得失电子、氧化与还原、还原剂与氧化剂是对立的又是相互依存的，共处于同一反应中。因此，氧化还原电对在反应过程中，氧化型(Cu^{2+})的氧化能力越强，则其共轭还原型(Cu)的还原能力越弱；还原型(Zn)的还原能力越强，则其共轭氧化型(Zn^{2+})的氧化能力越弱。

例如，MnO_4^-/Mn^{2+}和SO_4^{2-}/SO_3^{2-}在酸性介质中反应，其半反应式为

$$MnO_4^-(aq) + 8H^+(aq) + 5e^- \longrightarrow Mn^{2+}(aq) + 4H_2O(l)$$

$$SO_4^{2-}(aq) + 2H^+(aq) + 2e^- \longrightarrow SO_3^{2-}(aq) + H_2O(l)$$

总反应为

$$2MnO_4^-(aq) + 6H^+(aq) + 5SO_3^{2-}(aq) \Longrightarrow 2Mn^{2+}(aq) + 5SO_4^{2-}(aq) + 3H_2O(l)$$

其中，MnO_4^-是强氧化剂，其共轭还原剂Mn^{2+}则是弱还原剂；SO_3^{2-}是强还原剂，其共轭氧化剂SO_4^{2-}则是弱氧化剂。这就是"强还原剂制弱还原剂，强氧化剂制弱氧化剂"。

思考题

1-4　氧化还原反应与路易斯酸碱反应能否对照关联？

2. 氧化还原中氧化数的变化

(1) 氧化剂中元素处于高氧化态，相反，还原剂中元素处于低氧化态。若元素处于中间氧化态，则既可作氧化剂又可作还原剂，视与其作用的物质及反应条件而定。例如，H_2O_2与I^-作用时，H_2O_2作为氧化剂而被还原成H_2O，氧的氧化数由-1降至-2；而H_2O_2与$KMnO_4$作用时，H_2O_2则作为还原剂被氧化成O_2，氧的氧化数由-1升至0。在一个反应中，氧化剂体现氧化性，还原剂体现还原性；氧化剂的氧化性高于氧化产物，还原剂的还原性高于还原产物。而对于不同体系，

氧化还原性的判断不能直接由氧化数的高低判断，如较高的氧化数并不意味着更强的氧化性，而较低的氧化数也并不意味着更强的还原性。这是由于氧化还原反应中，氧化性与还原性代表得失电子的能力而非数目，因此要格外注意。

常见的氧化剂是一些氧化数容易降低的物质，像活泼的非金属，如氧气、卤素等，以及氧化数高的离子或化合物，如 $KMnO_4$、$K_2Cr_2O_7$、浓 H_2SO_4、HNO_3 等。

常见的还原剂是氧化数易升高的物质，如 Na、Mg、Al、Zn 等活泼的金属，以及氧化数低的离子或化合物，如 H_2S、KI、$SnCl_2$、$FeSO_4$ 等。

(2) 在氧化还原反应中还存在一些比较特殊的例子，如某些物质中的同一元素的原子，部分被氧化，部分被还原，即氧化剂和还原剂是同一物质的氧化还原反应，称为自身氧化还原反应，也称为歧化反应(disproportionation reaction)，如 $4KClO_3 \Longrightarrow 3KClO_4 + KCl$。

(3) 还有一类反应是同一元素的不同氧化态之间发生氧化还原反应，生成同一种物质，即氧化产物与还原产物相同，此类反应称为归中反应(comproportionation reaction)，也称为反歧化反应或逆歧化反应，如 $2H_2S + SO_2 \Longrightarrow 3S\downarrow + 2H_2O$。

1.2.3 氧化还原反应发生的基本规律

从微观角度来看，氧化还原反应实质上是电子的转移或电子对的偏移，而从宏观来看，是相关元素氧化数的上升和下降。氧化还原反应遵循以下一些基本规律[48-50]。

(1) 相等规律。氧化剂得到电子的数目等于还原剂失去电子的数目。

(2) 强弱规律。可总结为"产物之性小于剂"，即

氧化性：　　　　　　氧化剂 > 氧化产物 > 还原剂

还原性：　　　　　　还原剂 > 还原产物 > 氧化剂

(3) 邻位转化规律。元素处于最低或最高的氧化数时，遇一般氧化剂或还原剂时转变至相邻的中等氧化数；元素处于中间氧化数遇强氧化剂或强还原剂被氧化或被还原时，一般会转化为相邻的高氧化数或低氧化数，如 S 的氧化数有-2、0、+4、+6，如果是 0 氧化数的 S 参与反应，则升高到邻近的+4 或降低到相邻的-2 氧化数。发生歧化反应的物种的氧化数在一般条件下发生邻位转化。

(4) 跳位转化规律。较低氧化数的还原剂遇强氧化剂或较高氧化数的氧化剂遇强还原剂时发生跳位转化。例如，-2 氧化数的 S 如果遇到一般氧化剂，会被氧化到 0 氧化数；如果遇到强氧化剂，则可能被氧化到+6 氧化数。

(5) 互补交叉规律。不同氧化数的同种元素间发生氧化还原反应，其结果是两种氧化数只能相互靠近或者最多达到相同的氧化数，而绝不会出现高氧化数变低、低氧化数变高的交叉现象，即不同氧化数的同种元素反应遵循互补交叉规律。

(6) 价态归中规律。此规律适用于归中反应，具有同一元素但氧化数不同的两种物质，只有当这种元素有中间氧化数时，才可能发生归中反应，且结果是生成该元素的中间氧化数。元素的最高氧化数只能被还原剂还原，其最低氧化数只能被氧化剂氧化。

例题 1-4

已知 I^-、Fe^{2+}、SO_2、Cl^- 和 H_2O_2 都有还原性，它们在酸性溶液中的还原性顺序为 $Cl^- < Fe^{2+} < H_2O_2 < I^- < SO_2$。下列反应不能发生的是(　　)。

A. $2Fe^{3+}(aq) + SO_2(aq) + 2H_2O(l) = 2Fe^{2+}(aq) + SO_4^{2-}(aq) + 4H^+(aq)$

B. $I_2(s) + SO_2(aq) + 2H_2O(l) = H_2SO_4(aq) + 2HI(aq)$

C. $H_2O_2(aq) + H_2SO_4(aq) = SO_2(aq) + O_2(g) + 2H_2O(l)$

D. $2Fe^{2+}(aq) + I_2(s) = 2Fe^{3+}(aq) + 2I^-(aq)$

解　根据强弱规律，物种还原性越强，其被氧化后生成的氧化产物的氧化性就越弱，还原性顺序为 $Cl^- < Fe^{2+} < H_2O_2 < I^- < SO_2$，所对应产物的氧化性强弱顺序为 $Cl_2 > Fe^{3+} > O_2 > I_2 > H_2SO_4$。从反应式 A、B 中可以看出，反应物较生成物为两强性，生成物较反应物为两弱性，符合强弱规律，反应可以发生；而 C、D 中，反应物较生成物为两弱性，生成物较反应物为两强性，违背强弱规律，反应不能发生。故选择 C、D。

思考题

1-5　SO_2 具有还原性，浓硫酸具有氧化性，为什么 SO_2 可用浓硫酸干燥?

1.2.4　氧化还原反应的离子方程式

在许多氧化还原反应中，有离子的参与，并且离子中所含元素氧化数反应前后发生变化。为了更加直观地反映出哪些离子在什么介质中发生了氧化还原反应，通常将氧化还原反应写成离子方程式。氧化还原反应的离子方程式遵循离子方程式的普遍规律，即如果参与反应的物质是可溶性的强电解质(强酸、强碱、可溶性盐)一律用离子符号表示，其他难溶的物质、难电离的物质、气体、氧化物和水等仍用化学式表示。对微溶物质而言，在离子反应中通常以离子形式存在(溶液中)，但是如果是在浊液中则需要写出完整的化学式。例如，石灰水中的氢氧化钙用离子符号表示，石灰乳中的氢氧化钙用化学式表示。浓硫酸中由于主要存在的是硫酸分子，也写成化学式。浓硝酸、盐酸是完全电离的，所以写成离子式。同时，氧化还原反应的离子方程式也应遵循电荷守恒、质量守恒及电子得失守恒原则。下面简要介绍书写氧化还原反应离子方程式的方法，一般需要五步完成：

第一步：找出发生氧化还原反应的物质，即找出氧化剂和还原剂。

第二步：合理地预测产物，即预测氧化产物和还原产物，并按照通式书写为氧化剂 + 还原剂 $\longrightarrow$ 氧化产物 + 还原产物。

第三步：配电子。根据氧化数升降总数相等的原则，标出反应前后氧化数发生变化的元素及变化量，求最小公倍数，从而确定氧化剂、还原剂、氧化产物、还原产物的化学计量数。

第四步：配电荷。观察方程式两边离子所带电荷数是否相等，若不等，要使电荷守恒，根据反应是在何种环境(酸性或碱性)中进行的加 H^+ 或 OH^-。若在酸性环境中，加相应个数的 H^+ 或在碱性环境中加相应个数的 OH^- 保证方程式两边的电荷守恒。

第五步：配原子。反应是遵循质量守恒定律的，因此反应前后，相应原子个数相等。酸性介质中，一边加 H^+，另一边要加 H_2O；碱性介质中，一边加 OH^-，另一边也要加 H_2O，以保证原子质量守恒。

综上，书写氧化还原反应的离子方程式要借助"三个守恒"，即原子守恒、电荷守恒和质量守恒。

例题 1-5

PbO_2 与浓盐酸共热生成黄绿色气体，写出反应的离子方程式。

解

(1) 写出发生氧化还原反应的物质：PbO_2 (氧化剂) + Cl^- (还原剂)。

(2) 合理预测反应产物：由 PbO_2 与浓盐酸共热生成黄绿色气体可知

PbO_2 (氧化剂) + Cl^- (还原剂) $\longrightarrow$ $PbCl_2$ (还原产物，在盐酸中 PbO_2 不可能还原为 PbO 或 Pb) + Cl_2 (氧化产物)

(3) 配电子：根据氧化数升降总数相等得

PbO_2 + $4Cl^-$ (2 个 Cl^- 氯元素氧化数升为 0，还有 2 个 Cl^- 氯元素氧化数没有发生变化) $\longrightarrow$ $PbCl_2$ + Cl_2

(4) 配电荷：方程式两边离子所带电荷数不相等，盐酸是强酸，在强酸性环境中使电荷守恒，反应物中加 4 个 H^+。

(5) 原子守恒，反应物加了 4 个 H^+，产物加 2 个 H_2O。

因此，该反应的离子方程式为

$$PbO_2 + 4Cl^- + 4H^+ =\!=\!= PbCl_2 + Cl_2 + 2H_2O$$

历史事件回顾

1 形式电荷的概念与应用

虽然氧化数和化合价的概念在定义氧化还原反应时存在一些问题，其确定规则还有一些争议，但就目前而言，其应用能够帮助读者较好地领会化学中的一些现象，解释一些问题。在大量文献调研的基础上，我们还发现了另一个非常有意义的概念——形式电荷(formal charge，FC)[42,51-52]，其概念和确定规则不同于化合价和氧化数，在普通化学教材中有所使用，且概念简单、通俗易懂，尤其对物质结构知识有限的大一学生而言，能帮助他们理解和记忆一些化学信息，解释一些化学现象。

一、形式电荷

(一) 形式电荷的概念及其确定规则

形式电荷和氧化数虽然都是通过简单计算得到的，但在无机化学中是两个不同的重要概念，初学者常把其混淆为一个概念。形式电荷仅拘泥于"形式"。在一个分子或离子中，某原子的形式电荷等于自由原子的价电子数目 Z 与在路易斯结构中指定到该原子上的电子数目 n 之差[53-54]。这里的电子数目 n 由两部分组成，一部分是该原子与其他原子成键后，假定成键电子对等同分配在这两个互相键合的原子上，每个原子被分配的平均成键电子数 $N_{成键}$；另一部分是未参与成键的孤对电子数 $N_{孤对}$。形式电荷是以路易斯结构为基础的，其计算和确定是建立在分子或离子满足八隅体规则后的基础上[55]。因此，其计算公式可表达为

$$FC = Z - n = Z - (N_{成键} + N_{孤对}) \tag{1-1}$$

例如，NH_4^+ 的路易斯结构为 $\begin{bmatrix} H \\ | \\ H-N-H \\ | \\ H \end{bmatrix}^+$，因此 $FC(N) = 5 - (4 + 0) = +1$，$FC(H) = 1 - (1 + 0) = 0$。

而 NH_3 的路易斯结构为 $H-\overset{..}{N}-H$，因此 $FC(N) = 5 - (3 + 2) = 0$，$FC(H) = 1 - (1 + 0) = 0$。

又如，CO_2 的路易斯结构为 $O=C=O$，因此 $FC(C) = 4 - (4 + 0) = 0$，$FC(O) =$

$6 - (2 + 4) = 0$。

以这种方式分配的电荷并非真实电荷，真实电荷指的是粒子所带的电荷，如 NH_4^+ 的真实电荷为一个单位的正电荷[55-56]。但是 NH_4^+ 所带的一个单位正电荷不能认为被氮原子独占，实际上它几乎是平均地分布在所有五个原子上的[57]。通常某物质(分子或离子)中所有原子形式电荷的总和等于该物质的真实电荷。

(二) 形式电荷与氧化数的区别与联系

2020 年，张颖等随机统计了国内 53 部 2000 年以来出版的无机化学教材，其中氧化数采用形式电荷(形式荷电)数说法的有 19 部，占 35.8%[34]。这部分教材的编者认为氧化数虽是化合物中元素或原子的电荷数，但它并不一定是元素或原子实际拥有的电荷数，而只是一种人为规定的形式上的电荷数。但是如果将氧化数与形式电荷相等同，还有待商榷。新西兰学者帕克和伍德盖特(S. D. Woodgate)曾讨论过形式电荷与氧化数之间的区别和联系[42]。

(1) 两者概念不同。形式电荷是化学中的一个专有名词。形式电荷是指分配给分子中一个原子的电荷，并假定所有化学键中的电子在原子之间均等共享，与原子的相对电负性无关[58]。而任何化学实体中某元素的氧化数，按照 IUPAC 的定义，是指如果该元素原子每个键中的电子被分配给电负性更大的原子，则该元素的一个原子上将存在的电荷数[43]。氧化数是指将每个键上的电子分配给电负性较大的原子后，根据氧化数确定规则计算得到的数值。而形式电荷是假想分子或离子中所有原子电负性相同所具有的电荷[58]，所以朗缪尔最早将其称为剩余原子电荷[59]。

(2) 数值差异。虽然氧化数和形式电荷都是计算结果，但由于两者采用不同的计算规则，在计算结果上存在明显差异。以 CO 为例，就形式电荷而言，C 为 -1，O 为 $+1$；而就氧化数而言，C 为 $+2$，O 为 -2。深究这种差异的本质，不难发现形式电荷和氧化数在数值上是否相等取决于共用电子是否发生偏移，若共用电子不发生偏移，则分子或离子中某元素原子的形式电荷和氧化数在数值上相等[60]。这与氧化数与形式电荷中对电负性的指定有关。

(3) 所用数值的范围不同。氧化数和形式电荷均有正负之分，但形式电荷没有分数，氧化数有分数。

(4) 计算形式电荷时，要以稳定的路易斯结构为基础，而计算氧化数时，有时并不需要知道物质的具体结构[55]。

(5) 分子或离子中所有原子氧化数或形式电荷的代数和相等[55]。对于中性分子，其代数和都等于零；对于离子，其代数和等于离子所带的电荷数。例如，CO_2

形式电荷的代数和为零,氧化数的代数和也为零;NH_4^+ 形式电荷的代数和为 +1,氧化数的代数和也为 +1。这是因为无论是形式电荷,还是氧化数,其代数和必须等于某物质(分子或离子)的真实电荷。表 1-1 列举了一些常见物质的形式电荷、氧化数,以及形式电荷和氧化数的代数和。

表 1-1　一些常见物质的形式电荷、氧化数,以及形式电荷和氧化数的代数和

分子或离子	路易斯结构	形式电荷	形式电荷代数和	氧化数	氧化数代数和
CO_3^{2-}		$C: 4-4=0$ $O_{(1)}: 6-(1+6)=-1$ $O_{(2)}: 6-(2+4)=0$	-2	$C: +4$ $O_{(1)}: -2$ $O_{(2)}: -2$	-2
PO_4^{3-}		$P: 5-5=0$ $O_{(1)}: 6-(2+4)=0$ $O_{(2)}: 6-(1+6)=-1$	-3	$P: +5$ $O_{(1)}: -2$ $O_{(2)}: -2$	-3
$NH_3 \cdot BH_3$		$N: 5-4=+1$ $B: 3-4=-1$ $H_{(1)}: 1-1=0$ $H_{(2)}: 1-1=0$	0	$N: -3$ $B: +3$ $H_{(1)}: -1$ $H_{(2)}: +1$	0
$H_2S_2O_4$		$S: 6-(4+2)=0$ $O_{(1)}: 6-(2+4)=0$ $O_{(2)}: 6-(2+4)=0$ $H: 1-1=0$	0	$S: +3$ $O_{(1)}: -2$ $O_{(2)}: -2$ $H: +1$	0
$H_2S_4O_6$		$S_{(1)}: 6-(2+4)=0$ $S_{(2)}: 6-6=0$ $O_{(1)}: 6-(2+4)=0$ $O_{(2)}: 6-(2+4)=0$ $H: 1-1=0$	0	$S_{(1)}: 0$ $S_{(2)}: +5$ $O_{(1)}: -2$ $O_{(2)}: -2$ $H: +1$	0

(三) 形式电荷的应用

形式电荷原理有助于学生理解和记忆甚至解释化学现象,也可以预测一些物质的化学性质。

1) 预测分子结构

形式电荷原理能帮助学生书写路易斯八隅体结构。对于具有多重键的物质,

可书写的结构往往不止一种，可根据形式电荷判断出最可能的分子结构。采用的三个经验规则如下[61]：①分子中各原子的形式电荷越小，结构越稳定，各原子形式电荷都为零的路易斯结构最稳定；②相邻原子具有同号形式电荷时，由于静电斥力，结构稳定性降低；③邻近原子的形式电荷的符号应与原子电负性一致，否则会导致结构稳定性降低。

例如，判断 NH_2OH 及 $HOCl$ 分子的路易斯结构，可以这样进行。

(1) 首先认为 NH_2OH 可能的路易斯结构如下所示：

再计算结构 1 中的形式电荷：$FC(N) = 5 - (3 + 2) = 0$

$FC(O) = 6 - (2 + 4) = 0$

$FC(H_{O-H}) = 1 - (1 + 0) = 0$

$FC(H_{N-H}) = 1 - (1 + 0) = 0$

结构 2 中的形式电荷：$FC(N) = 5 - (4 + 0) = +1$

$FC(O) = 6 - (1 + 6) = -1$

$FC(H_{N-H}) = 1 - (1 + 0) = 0$

结构 1 中各原子的形式电荷均为 0，因此结构更稳定。NH_2OH 的路易斯结构应为结构 1。

(2) $HOCl$ 可能的路易斯结构如下所示：

结构 3 中的形式电荷：$FC(Cl) = 7 - (1 + 6) = 0$

$FC(O) = 6 - (2 + 4) = 0$

$FC(H) = 1 - (1 + 0) = 0$

结构 4 中的形式电荷：$FC(Cl) = 7 - (2 + 4) = +1$

$FC(O) = 6 - (1 + 6) = -1$

$FC(H) = 1 - (1 + 0) = 0$

结构 3 中各原子的形式电荷均为 0，故结构更稳定。$HOCl$ 的路易斯结构应为结构 3。

2) 预估分子的稳定性

O_2 和 O_3 是同素异形体,其路易斯结构分别为

在 O_3 分子中出现了形式电荷分离,与 O_2 相比,其稳定性较小。O_3 分子中带 +1 形式电荷的氧原子易从还原剂中吸引电子,而带 −1 形式电荷的氧原子可结合两个 H^+,分别形成 O_2 和 H_2O,使产物中各原子的形式电荷减至零。因此,O_2 比 O_3 的稳定性高,O_3 也是强氧化剂,O_3 转化为 O_2 是一个自发的过程[59]。

$$2O_3(g) \longrightarrow 3O_2(g) \qquad \Delta_r G_m^\ominus = -327 \ kJ \cdot mol^{-1}$$

此外,N_2 与 CO 是等电子体,根据等电子原理,两者具有相似的结构,其路易斯结构分别为

$$:N \equiv N: \qquad\qquad :C^{-1} \equiv O:^{+1}$$

在 N_2 的路易斯结构中,不仅存在三键,而且每个氮原子的形式电荷均为零,因此 N_2 分子非常稳定,表现出惰性;而 CO 分子中出现了形式电荷分离,较为活泼,表现出较强的还原性和配位性能。

3) 判断分子酸性的强弱

无论是含氧酸还是非含氧酸,都可以通过形式电荷来判断酸性的强弱。判定规则为:对于含氧酸,其酸性随中心原子形式电荷的增加而增强;对于同种元素形成的非含氧酸,其酸性随着成酸元素原子形式电荷的增加而增强[62-63]。

表 1-2 列出了 Cl 的含氧酸的中心原子形式电荷和酸性强弱的关系。由表可见,随着 Cl 形式电荷的增加,其含氧酸的酸性逐渐增强。这是由于含氧酸中心原子的形式电荷越高,对氧周围的电子吸引能力越强,导致 O—H 键强度减弱而易于断裂,质子容易离去,因此酸性增强。

表 1-2 · Cl 含氧酸的中心原子形式电荷和其酸性的关系[61]

项目	酸			
	HClO	HClO$_2$	HClO$_3$	HClO$_4$
Cl 的形式电荷	0	+1	+2	+3
pK_a	7.5	2.0	−8	−8

表 1-3 列举了一些非含氧酸的酸性与中心原子的形式电荷。由表可见,同种元素形成的非含氧酸,其形式电荷越高,酸性越强。这是由于成酸元素原子的形

式电荷越高，直接吸引质子周围电子的能力越强，从而导致质子更容易离去，酸性增强。

表 1-3　一些非含氧酸的酸性与中心原子的形式电荷[61]

质子酸	O、N 的形式电荷	pK_a
H_3O^+	+1	−1.75
H_2O	0	15.7
OH^-	−1	25
NH_4^+	+1	9.25
NH_3	0	35

4) 解释 CO 的偶极方向

对于 CO 分子的偶极方向，通常认为：由于 O 的电负性比 C 的大，偶极的方向似乎应当是 C 指向 O，但经实验测定 CO 分子的极性为 O 指向 C。这可以用形式电荷原理来解释。在 CO 分子的路易斯结构中，−1 形式电荷出现在电负性较小的 C 原子上，而+1 形式电荷出现在电负性较大的 O 原子上，这种形式电荷的贡献能减弱、抵消甚至颠倒因电负性不同而导致的键的极性，以致 CO 是一个极性分子，且极的正电性端在氧原子上。

5) 判断配位原子

例如，CN^- 与 CO 是配位化学中的常见配体，CN^- 的路易斯结构式为 $:\overset{-1}{C}\equiv N:$，与 CO 相似，−1 形式电荷都在 C 原子上，而不是在电负性较大的 N 或 O 原子上。因此，C 原子上的孤对电子更易填充到过渡金属原子或离子的空轨道上，形成配合物 M—C≡N:。

由于配合物的稳定性较强，C 原子上的形式电荷还原到零。同理，CO 作为配体时，其配位原子也是 C 原子，而非电负性更大的 O 原子。但需要指出的是，CN^- 和 CO 作为配体时，其配位行为具有明显差异。CO 是较弱的 σ 给体，即 C 上的电子对为金属提供电子的能力较弱，而它却显示出较强的 π 受体能力，即可以从金属的 d 轨道上接受电子，形成反馈 π 键，从而电负性较大的 O 原子上+1 的形式电荷可以转移至金属，提高分子的稳定性[52]。

CN^- 是较弱的 π 受体配体，这是由于其 N 原子已经显示 0 的形式电荷。也正是此原因，其相对于 CO 配体中具有+1 形式电荷的 O 原子，吸引电子的能力更弱，导致 C 上的孤对电子更容易给出，因此 CN⁻ 是较强的 σ 给体，可与金属形成较强的 σ 键[53]。

6) 解释氧化还原能力

HNO_3 是常见的氧化剂，可得到电子生成 HNO_2，这一过程也可用形式电荷解释。HNO_3 的路易斯结构为 H—Ö—N⁺¹(=Ö)—Ö:⁻¹。由于中心 N 原子的形式电荷为+1，与 N 相邻的单键非羟基 O 的形式电荷为−1，故 N 原子更容易得到电子，而 O 更容易结合质子。由于 O 结合质子形成 H_2O 分子，过剩两个正电荷，因此 N 更容易得到一对电子，形成形式电荷均为 0 的更稳定的 HNO_2。

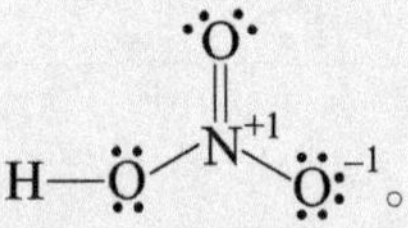

同理，也可以解释 N_2O 更容易分解生成 N_2，这是因为发生如下反应[53]：

$$N_2O(g) + 2e^- + 2H^+(aq) \longrightarrow N_2(g) + H_2O(g) \qquad \varphi^{\ominus} = +1.77 \text{ V}$$

7) 理解分子的聚合程度

根据价层电子对互斥理论(valence-shell electron pair repulsion theory，VSEPR theory)，SO_3 应呈现平面结构，三个 O 位于平面的三个顶点，S 与 O 形成三个 S=O 键，呈现一定的轴对称结构。而事实是 SO_3 中氧硫键的键长并不相同，固态 SO_3 主要以三种形式存在：一种是三聚体的环状形式，另外两种是类似石棉的链状纤维结构。三种结构中，共享的 S—O 键键长和非共享的 S—O 键键长是不同的。三聚体形式通常称为 γ-SO_3 的三聚体(图 1-5)，是一种熔点为 16.8℃的无色固体，它形成的环状结构称为$[S(=O)_2(\mu\text{-}O)]_3$。如果 SO_3 在 27℃以上冷凝，可形成熔点为 16.83℃的 α-SO_3(图 1-6)。α-SO_3 外观为类似石棉的纤维状，从结构上说，它是形如$[S(=O)_2(\mu\text{-}O)]_n$ 的聚合物。聚合物分子的每个末端都以—OH 结束。β-SO_3 是与 α 构型相似但相对分子质量不同的纤维状聚合物，其分子末端也都是羟基，熔点为 62.4℃[64]。

图 1-5 γ-SO_3 分子的结构模型

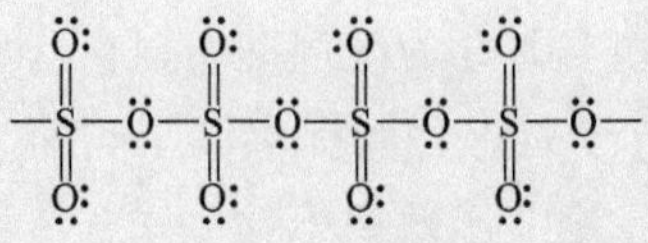

图 1-6 α-SO_3 的分子结构(H 省略)

SO_3 发生聚合可以用形式电荷来解释。SO_3 的共振结构如图 1-7(a)~(c)所示[65]。

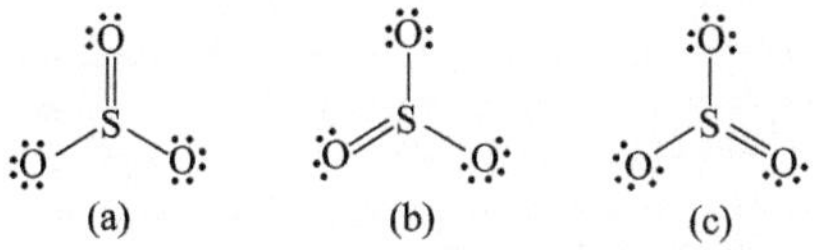

图 1-7 SO₃ 的共振结构

由此可画出 SO₃ 的路易斯结构 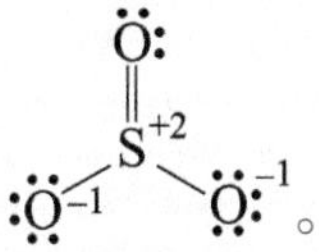 。

由于共振作用，S 中+2 的形式电荷会被部分削弱，但 S 仍然保持正的形式电荷，从而使其显示路易斯酸性。由于 O 具有负的形式电荷，所以可以进攻和吸引相邻分子中的 S 原子发生聚合，从而使体系整体形式电荷分离的程度减小。需要说明的是，形式电荷只能解释 SO₃ 的聚合，却不能解释其三种固态结构。

二、形式电荷与量化计算

(一) 电荷概念的层次

化合价表示化合物原子之间的成键情况，氧化数和形式电荷在更大程度上倾向于反映化合物中的电荷分布。而电荷有多种层次和概念。

(1) 形式电荷属于电荷概念的第一层次。有些学者将形式电荷理解为各组成微粒所带电荷的代数和，虽然在一定程度上反映了电子发生转移的事实，但由于原子结构中电子排布存在屏蔽效应和钻穿效应，电荷的代数和高低并不能衡量其实质，所以只能称为表观上的电荷分布[65]。

(2) 第二层次是有了量子化学计算以后，电荷分布可以通过各种精确的方法计算出来。分子中的电荷分布分为原子上布居和原子之间的重叠布居。这是由于分子轨道是原子轨道的线性组合，一旦平方求电子云密度就会产生一系列原子之间的原子布居。为了方便应用，将电荷划归给原子，最简单的方法是原子双方均分重叠布居。显然这种情况不能真实反映分子实际的电荷分布，使精确的量化计算一涉及电荷就出现问题，产生电荷困惑[66]。

(3) 第三层次是电子云的另一种计算和表达，是指分子在全空间电子密度(electron density)的分布[65]。它不用刻意地将电子归结于哪个原子，显然更符合化学分子的客观事实。这里的电子密度是在一定布居的原子核外的空间电子分布，是概率密度分布。它可以是整个分子的，也可以是一个或者几个分子轨道的。而且还可以将电子密度乘以它所在的体积微元得到概率，将分子存在的整个空间或部分空间的概率加起来，就得到这种空间的电荷数。当做电子密度差时，还分别对最正值区和最负值区进行加和，甚至对某一个选定的局部空间，如某个指定原子空间的电荷增减值进行分别加和，从而得到分子中电荷净变化的确切数值[67]。

(二) 电荷与量化计算

图 1-8 是甘氨酸的电子云密度分布图，氧周围套的"圈"比氮周围多，说明羧基周围的电子云密度高于氨基周围的电子云密度[68-69]。

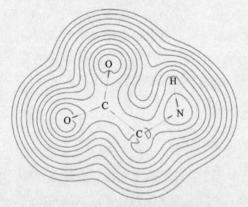

图 1-8　甘氨酸的电子云密度分布图

但是这个图像并不是非常直观。为了更直观地理解分子内电荷分布，量子化学家做了许多种电荷分布的分割方案，即电子布居分析(population analysis)。马利肯(Mulliken)、AIM(atoms in molecules)、NBO(natural bond orbitals)是常用的三种波函数分析方法，采用这三种方法得到的电子布居分别称为马利肯布居、AIM 布居和 NBO 布居。其中，马利肯布居最简单，NBO 布居最常用。

量子化学认为，电子是不可能完全失去或者得到的，量子化学关心的是在空间中的电子云，其密度的疏密分布。即使是离子化合物，阳离子也绝对不会将电荷完全给予阴离子。布居分析就是把电子云划分给原子，就说哪个原子拥有多少电子。例如，经过马利肯布居分析，计算出某个 C 原子拥有 6.23 个电子，其实是指这个原子的马利肯电荷为 $(-6.23) - (-6.00) = -0.23$。布居分析的不同在于划分标准的不同。图 1-9 和图 1-10 是用马利肯和 NBO 两种方式将图 1-8 所显示的电子云密度图进行了布居分析。从图中可以看到，虽然具体数值不同，但是羧基明显是吸电子基，是分子内的负电中心，氨基明显是供电子基，是分子内的正电中心。能达到 ± 0.4 以上，量子化学就认为这已经是非常强的吸电子基团或供电子基团了。

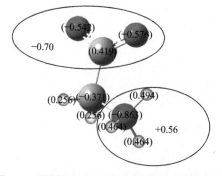

图 1-9 甘氨酸的马利肯布居分析(O 为红色,
C 为灰色,N 为蓝色,H 为白色)

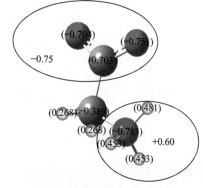

图 1-10 甘氨酸的 NBO 布居分析(O 为红色,
C 为灰色,N 为蓝色,H 为白色)

　　如果进一步做出静电势图,将会得到更清晰的结果。静电势就是将正电荷从无限远处移到分子周围空间某点所做的功,或者将负电荷从无限远处移到分子周围空间某点所做的功的负值。静电势为正值,则代表该区域更容易吸引负离子,反之则更容易吸引正离子。图 1-11 是甘氨酸分子的静电势图。可以看出,在一个较大的空间范围内,羧基的一侧明显更容易吸引正离子,而氨基的一侧明显更容易吸引负离子。这就是量子化学所认为的两性分子。

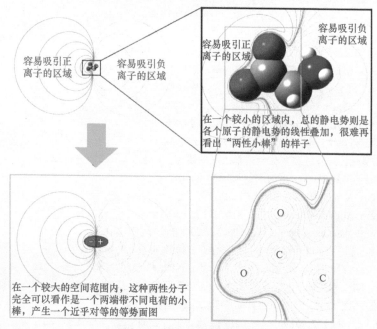

图 1-11 甘氨酸的静电势图

如果进行形式电荷的计算，甘氨酸的分子式如下所示：

$$FC(N) = 5 - (3 + 2) = 0$$
$$FC(O_{C=O}) = 6 - (2 + 4) = 0$$
$$FC(O_{O-H}) = 6 - (2 + 4) = 0$$

形式电荷的计算结果表明甘氨酸分子并不会出现正电或负电中心，显然这与我们认知的事实相反。其次，量子化学计算多为小数或者分数，而形式电荷为整数，同时其与氧化数中将电子完全分配给电负性较大的基团的指定方式有明显差异。因此，量子化学计算更接近真实情况，体现了其处理方式的高级性。

参 考 文 献

[1] 赵梦娇, 王登辉, 惠世恩, 等. 热力发电, 2020, 49(8): 19-28.

[2] André L, Abanades S, Cassayre L. ACS Appl Energy Mater, 2018, 1(7): 3385-3395.

[3] Carrillo A J, Serrano D P, Pizarro P, et al. J Mater Chem A, 2014, 2(45): 19435-19443.

[4] Goswami V, Singh S K, Bhushan R. Chem Geol, 2012, 291(6): 256-268.

[5] 解兴伟, 袁华茂, 宋金明, 等. 海洋学报, 2020, 42(2): 30-43.

[6] 袁振东, 刘立新, 杜卫民. 化学教学, 2019, (1): 93-97.

[7] 李良助. 大学化学, 1987, 2(4): 57-61.

[8] 余天桃, 刘玉玲. 临沂师范学院学报, 2001, 23(6): 141-144.

[9] 马克思, 恩格斯. 马克思恩格斯全集(第一卷). 中共中央马克思恩格斯列宁斯大林著作编译局, 编译. 北京: 人民出版社, 1995.

[10] Wall F E. J Chem Educ, 1948, 25(1): 2.

[11] Lewis G N. J Am Chem Soc, 1916, 38(4): 762-785.

[12] 龚兆胜, 赵正平. 化学通报, 2002, 65(8): 567-574.

[13] 丁伟. 氧化还原反应相关概念内部表征的研究. 上海: 华东师范大学, 2008.

[14] Frankland E. Phil Trans R, 1852, 142: 417-444.

[15] Kekulé A. Ann Chem Soc, 1855, 7: 3-9.

[16] Kekulé A. Ann Chem Phar, 1857, 104(2): 129-150.

[17] Kekulé A. Ann Chem Phar, 1858, 106(2): 129-159.

[18] 马萍, 杨金田. 湖州师专学报(自然科学版), 1997, 19(6): 57-60.

[19] 党民团, 文青. 渭南师专学报(自然科学版), 1998, 13(5): 5-7+35.

[20] 武超, 付阳, 李玉珍. 化学教与学, 2019, (5): 2-5.

[21] 余天桃. 化学世界, 2008, 49(11): 703-704.

[22] Glasstone S. J Chem Educ, 1948, 25(5): 278.

[23] 廖代正. 化学通报, 1979, 42(6): 62-66+88.

[24] 金其请. 化学教学, 1981, (1): 24-27.

[25] 唐瑞娟, 王立芃. 化学教学, 1983, (4): 16-17.

[26] 戚冠发. 辽宁师范大学学报(自然科学版), 1983, (3): 65-68.

[27] 贺传正. 沈阳大学学报, 1992, (4): 1-4.

[28] 王信, 蔡敬杰. 天津化工, 1995, (3): 13-15.

[29] 赵武, 符明淳. 内蒙古电大学刊, 2007, (5): 121-123.

[30] 蒲艳玲, 李静萍. 甘肃教育, 2008, 4(8): 34.

[31] 严宣申. 化学教育, 2011, 32(9): 85.

[32] 李彬. 化学教学, 1982, (1): 3-6.

[33] 张国艳, 权新军. 化学通报, 2020, 83(3): 277-281.

[34] 张颖, 张国艳, 权新军. 大学化学, 2021, 36(2): 202-205.

[35] Seel F. J Chem Educ, 1972, 49(11): 657.

[36] King A, Fromberg H, Patterson W H. J Phys Chem, 1935, 39(2): 309.

[37] Sisler H H, Vanderwerf C A, Davidson A W. General Chemistry: A Systematic Approach. New York: Macmillan Co., 1949.

[38] 戴安邦, 尹敬执, 严志弦, 等. 无机化学教程(上册). 北京: 人民教育出版社, 1958.

[39] Pauling L, Pauling P. Chemistry. San Francisco: W. H. Freeman Company, 1975.

[40] Полинт Л. Общая Химя. Москва: Изд. Мир, 1964.

[41] 桐山良一. 構造無機化学 I . バージョン. 東京: 共立社, 1952.

[42] Packer J E, Woodgate S D. J Chem Educ, 1991, 68(6): 456-458.

[43] Haenish E L, Quan G N. Basic General Chemistry, in Outline Form; Illustrative Examples, Recitation Questions and Problems. Minneapolis: Burgess Publishing Co., 1953.

[44] International Union of Pure and Applied Chemistry. Comission on Nomenclature of Inorganic Chemistry. Oxford: Pergamon Press, 1971.

[45] 顾学成. 无机化学反应机理. 北京: 化学工业出版社, 2009.

[46] Cotton F A, Wilkison G. J Chem Educ, 1963, 40(4): 230.

[47] Jenkins H D B, Sharman L, Finch A, et al. Polyhedron, 1994, 13(9): 1481-1482.

[48] 田存壮. 化学教育, 2002, (2): 57.

[49] 李锋. 中学化学, 2020, (7): 22-23.

[50] 朱庆斌. 中学化学, 2017, (10): 24-25.

[51] 罗杰·德科克, 哈里·格雷. 化学结构和成键. 郑能武, 译. 合肥: 安徽教育出版社, 1985.

[52] 田荷珍. 无机化学疑难问题解答. 北京: 北京师范大学出版社, 1987.

[53] DeWit D G. J Chem Educ, 1994, 71(9): 750-755.

[54] Pardo J Q. J Chem Educ, 1989, 66(6): 456-458.

[55] Perry W D, Vogel G C. J Chem Educ, 1992, 69(3): 222-224.

[56] Pauling L. 化学键的本质: 兼论分子和晶体的结构(现代结构化学导论). 卢嘉锡, 黄耀曾, 曾广植, 等译校. 上海: 上海科学技术出版社, 1966.

[57] Pauling L. J Chem Educ, 1992, 69(7): 519-521.

[58] Welsh I D, Allison J R. J Cheminformatics, 2019, 11(1): 18-29.

[59] Langmuir I. Science, 1921, 54(1386): 59-67.

[60] 崔淑兰. 烟台师范学院学报(自然科学版), 1996, 12(3): 235-237.

[61] 徐瑛. 建材高教理论与实践, 1997, (3): 79-80.

[62] 刘淮, 刘万权. 松辽学刊(自然科学版), 1990, 8(1): 33-35+45.

[63] 秦子斌, 雷秀斌, 梅平. 科学通报, 1986, (6): 477-478.

[64] 周鼎元, 徐之新. 科学教育, 1995, 1(3): 44.

[65] 荣成, 蒋疆. 化学教育(中英文), 2017, 38(12): 72-75.

[66] 周光耀. 物理化学进展, 2018, 7(1): 9-18.

[67] zhou2009. 计算与模拟研究, 2010, 1(2): 133.

[68] zhou2009. 计算与模拟研究, 2010, 1(1): 34-42.

[69] zhou2009. 计算与模拟研究, 2010, 1(1): 80-81.

第2章

氧化还原反应方程式的配平

化学方程式的配平是化学工作者必须具备的一项基本素质,无论在化学教育、化学理论还是工业化学方面都有重要的意义。一些研究者对化学方程式的配平进行了研究,提出许多配平方法。常见的是氧化数法和离子-电子法(也称半反应法),可看作是基本的配平方法。除此之外,还有一些配平氧化还原反应方程式的技巧,本章将归纳介绍。

2.1 氧化还原反应方程式配平的基本方法

2.1.1 氧化还原反应方程式配平的基本原则

依据氧化还原反应发生的相关规律,不难看出氧化还原反应方程式配平的原则有以下几点[1]。

(1) 电子守恒原则:反应前后氧化剂获得的电子总数等于还原剂失去的电子总数。从宏观的角度来看,氧化剂降低的氧化数总和等于还原剂增加的氧化数总和。

(2) 质量守恒原则:化学反应是旧键断裂、原子重组生成新键的过程,因此在反应前后应保持各元素的原子个数相等(图 2-1)。

(3) 电荷守恒原则:在离子反应中,反应前后离子所带电荷总数相等。

2.1.2 氧化数法

利用氧化数变化规律配平氧化还原反应方程式的方法称为氧化数法。氧化数

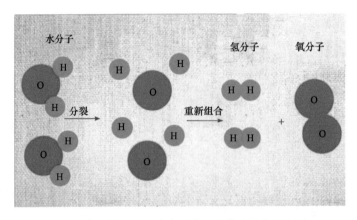

图 2-1　氧化还原反应方程式配平的质量守恒原则

法是配平氧化还原反应方程式的常用方法之一，其具体步骤为[2-3]

(1) 标出氧化数的数值(标氧化数)。

(2) 计算出氧化剂、还原剂氧化数的升(↑)降(↓)值(列变化)。

(3) 计算出氧化剂或还原剂氧化数升降的最小公倍数(找倍数)。

(4) 填写氧化剂、还原剂的系数(填系数)。

(5) 用观察法配平其他反应物和生成物的系数(查缺补漏)。

例题 2-1

配平化学方程式：$\overset{+1}{Cu_2}\overset{-2}{S} + \overset{+5}{HNO_3} \longrightarrow \overset{+2}{Cu}(NO_3)_2 + \overset{+6}{H_2SO_4} + \overset{+2}{NO}$

解

列变化
找倍数
$\begin{cases} 氧化数↓：N\,[(+2)-(+5)]=-3 & ×10=-30 \\ 氧化数↑：Cu\,[(+2)-(+1)]×2=+2 & 总:+10 \\ \qquad\qquad S\,[(+6)-(-2)]=+8 & ×3=+30 \end{cases}$

填系数：$3Cu_2S + 22HNO_3 \longrightarrow 6Cu(NO_3)_2 + 3H_2SO_4 + 10NO\uparrow$

查缺补漏：$3Cu_2S + 22HNO_3 \Longrightarrow 6Cu(NO_3)_2 + 3H_2SO_4 + 10NO\uparrow + 8H_2O$

2.1.3　离子-电子法

离子-电子法，又称半反应法，只适用于对在溶液中进行的氧化还原反应进行配平[4]。其基本原则也遵循氧化还原反应方程式配平的三大基本原则。具体方法及步骤为

(1) 将化学反应式改写为离子反应式。

(2) 将离子反应式拆写成两个半反应式。

(3) 配平两个半反应式左右两边各种原子和电荷数。

(4) 将两个半反应式乘以适当的系数，使得失电子数目等于最小公倍数后相加，化简。

这四个步骤中步骤(3)最关键。电荷数的配平采取在左边或右边加上电子的方法。一个电子带一个单位的负电荷，因此每得到一个电子就相当于增加一个单位的负电荷。相反，失去一个电子，则增加一个单位正电荷。

采用离子-电子法配平的难点在于，根据物质所处的环境，即酸性环境(H^+)、碱性环境(OH^-)或中性环境(H_2O)来确定半反应式左右两边需要补充的介质。添加介质的核心在于依据化学方程式左右两边的 O 原子配平，配平 O 原子的技巧在于添加 H^+、OH^-或 H_2O，一般酸性环境是结合 H^+或 H_2O，碱性环境是结合 OH^-或 H_2O。配平原子时先配 O、H 以外的原子，然后再配 O、H 原子。各种介质中，配平经验规则如表 2-1 所示[5-6]。

表 2-1　配平经验规则

介质	化学方程式箭头左边添加物及右边生成物	
	反应式左边比右边多一个氧原子	反应式左边比右边少一个氧原子
酸性	$+2H^+ \xrightarrow{\text{结合氧原子}} H_2O$	$+H_2O \xrightarrow{\text{提供氧原子}} 2H^+$
中性	$+H_2O \xrightarrow{\text{结合氧原子}} 2OH^-$	$+H_2O \xrightarrow{\text{提供氧原子}} 2H^+$
碱性	$+H_2O \xrightarrow{\text{结合氧原子}} 2OH^-$	$2OH^- \xrightarrow{\text{提供氧原子}} H_2O$

1. 酸性介质

下面以实际情况为例，介绍酸性介质中如何采用离子-电子法配平氧化还原反应。

例题 2-2

配平化学方程式： $K_2Cr_2O_7 + Na_2SO_3 \longrightarrow Cr_2(SO_4)_3 + Na_2SO_4$

解

(1) 先写成离子反应式： $Cr_2O_7^{2-} + SO_3^{2-} \longrightarrow Cr^{3+} + SO_4^{2-}$

(2) 写出两个半反应，第一个半反应： $Cr_2O_7^{2-} \longrightarrow Cr^{3+}$

第二个半反应： $SO_3^{2-} \longrightarrow SO_4^{2-}$

(3) 配平半反应左右两边的原子和电荷。先配平原子，后配平电荷。原子配平先配其他原子，再配平 O 和 H 原子。

所以第一个半反应，先配 Cr，接着配平 O 原子，在少 O 的一边加水，少多少个 O 就加多少个 H_2O；最后配平 H，在少 H 的一边加 H^+，少多少个 H 就加多少个 H^+。结果得

$$Cr_2O_7^{2-} + 14H^+ \longrightarrow 2Cr^{3+} + 7H_2O$$

配平上式左右两边的电荷数，即

$$Cr_2O_7^{2-} + 14H^+ + 6e^- \longrightarrow 2Cr^{3+} + 7H_2O \qquad ①$$

第二个半反应按照相同的方法可得

$$SO_3^{2-} + H_2O \longrightarrow SO_4^{2-} + 2H^+ + 2e^-$$

或 $$SO_3^{2-} + H_2O - 2e^- \longrightarrow SO_4^{2-} + 2H^+ \qquad ②$$

(4) 反应式①和反应式②乘以适当的系数，相加，化简可得

$$Cr_2O_7^{2-} + 3SO_3^{2-} + 8H^+ =\!=\!= 2Cr^{3+} + 4H_2O + 3SO_4^{2-}$$

转化为化学方程式得

$$K_2Cr_2O_7 + 3Na_2SO_3 + 4H_2SO_4 =\!=\!= Cr_2(SO_4)_3 + 3Na_2SO_4 + 4H_2O + K_2SO_4$$

2. 碱性介质

碱性介质中配平 O、H 原子比较困难，因此先按酸性介质配平，然后再根据实际情况，通过在反应式两边同时加入与 H^+ 数目相等的 OH^-，将酸性介质转化为碱性介质。

例题 2-3

配平化学方程式： $NaClO + Na[Cr(OH)_4] \longrightarrow NaCl + Na_2CrO_4$

解

(1) 先写成离子反应式：$ClO^- + [Cr(OH)_4]^- \longrightarrow Cl^- + CrO_4^{2-}$

(2) 写出两个半反应，第一个半反应：$ClO^- \longrightarrow Cl^-$

第二个半反应：$[Cr(OH)_4]^- \longrightarrow CrO_4^{2-}$

(3) 配平半反应的原子和电荷。第一个半反应先配平 Cl 原子，接着配平 O 原子，先按酸性介质的配平方法进行配平，结果得

$$ClO^- + 2H^+ \longrightarrow Cl^- + H_2O$$

实际介质是碱性，所以在上式左右两边同时加上与 H^+ 数量相等的 OH^-，即得

$$ClO^- + 2H^+ + 2OH^- \longrightarrow Cl^- + H_2O + 2OH^-$$

因为 $2H^+ + 2OH^- \longrightarrow 2H_2O$，将上式进行整理并化简后得

$$ClO^- + H_2O \longrightarrow Cl^- + 2OH^-$$

再配电荷即得

$$ClO^- + H_2O + 2e^- \longrightarrow Cl^- + 2OH^- \qquad ①$$

第二个半反应采用同样的方法可得

$$[Cr(OH)_4]^- + 4OH^- \longrightarrow CrO_4^{2-} + 4H_2O + 3e^-$$

或 $$[Cr(OH)_4]^- + 4OH^- - 3e^- \longrightarrow CrO_4^{2-} + 4H_2O \qquad ②$$

(4) 反应式①和反应式②乘以适当的系数，相加，化简可得

$$2[Cr(OH)_4]^- + 3ClO^- + 2OH^- =\!=\!= 2CrO_4^{2-} + 5H_2O + 3Cl^-$$

转化为化学方程式得

$$3NaClO + 2Na[Cr(OH)_4] + 2NaOH =\!=\!= 3NaCl + 2Na_2CrO_4 + 5H_2O$$

3. 中性介质

若反应介质为中性时，先按照酸性介质的配平方法配平各种原子。然后，若左边出现 H^+，则在反应式的两边同时加上与 H^+ 相同数目的 OH^-，把酸性介质转化成中性介质后，再进行电荷的配平；若左边未出现 H^+，则直接进行电荷的配平。

例题 2-4

配平化学方程式：$KMnO_4 + K_2SO_3 \longrightarrow MnO_2\downarrow + K_2SO_4$

解

(1) 先写成离子反应式：$MnO_4^- + SO_3^{2-} \longrightarrow MnO_2\downarrow + SO_4^{2-}$

(2) 写出两个半反应，第一个半反应：$MnO_4^- \longrightarrow MnO_2\downarrow$

第二个半反应：$SO_3^{2-} \longrightarrow SO_4^{2-}$

(3) 配平半反应的原子和电荷。第一个半反应先配平 Mn，接着配平 O 原子，先按酸性介质的配平方法进行配平，结果得

$$MnO_4^- + 4H^+ \longrightarrow MnO_2\downarrow + 2H_2O$$

实际介质是中性，所以上式左边只能出现 H_2O，不能出现 H^+，需要在反应式左右两边同时加上与 H^+ 数目相等的 OH^-，即得

$$MnO_4^- + 4H^+ + 4OH^- \longrightarrow MnO_2\downarrow + 2H_2O + 4OH^-$$

因为 $4H^+ + 4OH^- \longrightarrow 4H_2O$，将上式进行整理化简后得

$$MnO_4^- + 2H_2O \longrightarrow MnO_2\downarrow + 4OH^-$$

再配电荷，可得

$$MnO_4^- + 2H_2O + 3e^- \longrightarrow MnO_2\downarrow + 4OH^- \qquad ①$$

第二个半反应采用同样的方法可得

$$SO_3^{2-} + H_2O \longrightarrow SO_4^{2-} + 2H^+ + 2e^-$$

或 $$SO_3^{2-} + H_2O - 2e^- \longrightarrow SO_4^{2-} + 2H^+ \qquad ②$$

(4) 反应式①和反应式②得失电子的最小公倍数是 6，所以① $\times 2 +$ ② $\times 3$ 得

$$2MnO_4^- + 3SO_3^{2-} + H_2O \longrightarrow 2MnO_2\downarrow + 3SO_4^{2-} + 2OH^-$$

转化为化学方程式得

$$2KMnO_4 + 3K_2SO_3 + H_2O =\!=\!= 2MnO_2\downarrow + 3K_2SO_4 + 2KOH$$

综上所述，氧化还原反应无论是在酸性、碱性，还是在中性介质中进行，采用离子-电子法配平时，都可以先按照酸性介质条件下配平各原子，然后再通过在反应式两边同时加入一定数量的 OH^- 的方法转变成碱性或中性介质。该方法能化难为易，易于掌握，特别是对于在碱性和中性介质进行的复杂氧化还原反应方程式的配平尤为简便快捷。

以上介绍的是氧化还原反应方程式配平的两种常用方法。其中，氧化数法不仅适用于在水溶液中进行的氧化还原反应方程式的配平，同样适用于高温反应，甚至熔融状况下的氧化还原反应方程式的配平，是一种适用范围较广的配平方法。由于许多氧化还原反应是在水溶液中进行的，实际参与反应的只是其中的一部分离子，离子-电子法是把水溶液中实际参与反应的离子作为配平的对象，在给定条件(酸碱性)下配平复杂反应，除较为方便外，在配平过程中更能揭示出电解质溶液发生氧化还原反应的实质，故学习离子-电子法有助于掌握半反应式的书写。半反应式是第 3 章原电池中的电极半反应的基础[7]。

2.2　氧化还原反应方程式的配平技巧

氧化数法和离子-电子法是氧化还原反应方程式配平的一般方法。在掌握一般方法的基础上，根据反应的不同类型和特点，选择和运用一些不同的配平方法和技巧，可提高配平的速度和准确性。下面介绍一些常用的配平技巧[8-10]。

2.2.1　加和法

加和法配平氧化还原反应方程式时，可将比较复杂的反应拆分成若干个简单反应，再将这些反应进行叠加[11]。

> **例题 2-5**
>
> 配平化学方程式：$Na_2O_2 + H_2O \longrightarrow NaOH + O_2\uparrow$
>
> **解**　可将这个反应看成是两个常见反应的叠加，如：
>
> $$Na_2O_2 + 2H_2O \longrightarrow 2NaOH + H_2O_2 \qquad ①$$
>
> $$2H_2O_2 == 2H_2O + O_2\uparrow \qquad ②$$
>
> 反应① × 2 + 反应②，可得 $2Na_2O_2 + 2H_2O == 4NaOH + O_2\uparrow$

这个方法简单易行，不需要计算反应前后氧化数的差异，只需要将反应进行合理拆分即可。但需要平时对化学反应有足够的积累和认识。

2.2.2　氧化数差值法

该法针对同一元素在反应前后氧化数变化的氧化还原反应，因此适用于一般的歧化反应和归中反应，而特殊的歧化反应例外[12]。

例题 2-6

　　配平化学方程式：$Br_2 + OH^- \longrightarrow Br^- + BrO_3^- + H_2O$

　　解　第一步：标出发生变化的原子的氧化数。

$$\overset{0}{Br_2} + OH^- \longrightarrow \overset{-1}{Br^-} + \overset{+5}{BrO_3^-} + H_2O$$

第二步：任意两个不同氧化数差的绝对值为第三个氧化数的原子个数，由此在相应分子式前写出系数。

$$\overset{0}{3Br_2} + OH^- \longrightarrow \overset{-1}{5Br^-} + \overset{+5}{BrO_3^-} + H_2O$$

第三步：原子数和电荷数配平，即

$$3Br_2 + 6OH^- =\!=\!= 5Br^- + BrO_3^- + 3H_2O$$

2.2.3　奇偶数配平法

　　奇偶数配平法重在观察反应物与生成物间元素的奇偶特征，变奇数为偶数从而确定化学计量数。此法适用于物质种类少且分子组成简单的氧化还原反应方程式的配平。

例题 2-7

　　配平化学方程式：$S + C + KNO_3 \longrightarrow CO_2\uparrow + N_2\uparrow + K_2S$

　　解　KNO_3 中三种元素原子个数均为奇数，而生成物均为偶数，故 KNO_3 的计量数为 2，再通过观察可得

$$S + 3C + 2KNO_3 =\!=\!= 3CO_2\uparrow + N_2\uparrow + K_2S$$

2.2.4　待定系数法

　　反应中元素氧化数变化非常复杂，至少出现三个或三个以上的元素氧化数变化，而且不能判断发生氧化数变化的元素的原子个数的比例，这样的反应可采用待定系数法[13]。

　　待定系数法可分为以下两种情况：

　　(1) 对于比较复杂的分解反应及某些氧化数变化复杂的反应，直接设定反应物或某一生成物的系数为 1，然后计算出其他物质的系数，再化简成最简式，这种方法也称为归一法。

　　(2) 对于特别复杂的反应，设定其中组成较为复杂的物质系数为 1，能直接算

出系数的直接算出，不能直接算出的将其系数设定为未知数，然后根据原子守恒规律，列出方程组，把方程组的解代入方程式中，最后化简成最简式。

例题 2-8

　　配平化学方程式：$Fe(NO_3)_2 \longrightarrow Fe_2O_3 + NO_2\uparrow + O_2\uparrow$

　　解　设 $Fe(NO_3)_2$ 的系数为 1，因此 Fe_2O_3 的系数为 1/2，NO_2 的系数为 2，O_2 的系数为 1/4，得

$$Fe(NO_3)_2 =\!=\!= 1/2Fe_2O_3 + 2NO_2\uparrow + 1/4O_2\uparrow$$

化简得　　　　　　$$4Fe(NO_3)_2 =\!=\!= 2Fe_2O_3 + 8NO_2\uparrow + O_2\uparrow$$

2.2.5　左右同时配平法

　　有些物质只有部分作氧化剂或还原剂时，一般以反应物、生成物同时着手处理。此时，用左右同时配平法比较简单。

例题 2-9

　　配平化学方程式：$NH_3 + Cl_2 \longrightarrow N_2 + NH_4Cl$

　　解　该反应中作为还原剂的 NH_3 只有一部分被氧化，另一部分 NH_3 生成了 NH_4Cl，未被氧化。应以氧化剂 Cl_2 和氧化产物 N_2 为基准分析配平。

$$\overset{-3}{N}H_3 + \overset{0}{Cl_2} \longrightarrow \overset{0}{N_2} + \overset{-1}{N}H_4\overset{}{Cl}$$

↓6×1

↑2×3

　　先确定 Cl_2 和 N_2 的化学计量数为 3 和 1，再根据原子守恒确定其他物质的化学计量数：

$$8NH_3 + 3Cl_2 =\!=\!= N_2 + 6NH_4Cl$$

2.2.6　元素消去法

　　化学反应的本质是原子的重新组合，而氧化还原反应的本质是电子的得失或电子对的偏移。若将反应物、生成物拆分成多个微粒，将没有得失电子的微粒消去，整个方程式就被简化了，以此为基础进行氧化还原反应方程式配平的方法称为元素消去法[14]。

　　元素消去法的一般步骤为

　　(1) 元素消去：逐个消去没有发生氧化数变化(氧化数可人为规定，只要满足化

合物氧化数总和为零即可)的原子、离子或原子团，一般优先消去不带电的原子团。

(2) 电荷守恒：根据电荷守恒配平最简的离子方程式。

(3) 复原补全：将各项系数代入原方程式对应物质，并根据原子守恒将方程式配平完整，加上气体、沉淀、加热等符号。

例题 2-10

配平化学方程式：$C_6H_{12}O_6 + K_2Cr_2O_7 + H_2SO_4 \longrightarrow K_2SO_4 + Cr_2(SO_4)_3 + CO_2\uparrow + H_2O$

解 观察方程式两边，H 分别出现在 $C_6H_{12}O_6$、H_2SO_4 和 H_2O 中，因此可以考虑用消去 H_2O 原子团的方法消去氢元素，可得

$$C_6 + K_2Cr_2O_7 + SO_3 \longrightarrow K_2SO_4 + Cr_2(SO_4)_3 + CO_2\uparrow$$

S 出现在 SO_3、K_2SO_4 和 $Cr_2(SO_4)_3$ 中，则通过消去 SO_3 原子团消去硫元素，得

$$C_6 + K_2Cr_2O_7 \longrightarrow K_2O + Cr_2O_3 + CO_2\uparrow$$

继续观察，发现 K 可以以 K_2O 原子团的形式消去，得到

$$C_6 + 2CrO_3 \longrightarrow Cr_2O_3 + CO_2\uparrow$$

这时方程式中只剩下三个元素，虽对配平来说已无难度，但还可以继续消去没有变价的 O^{2-}，得到最简式：

$$C_6 + Cr^{6+} \longrightarrow Cr^{3+} + C^{4+}$$

这里出现了不符合化学常规的 Cr^{6+} 和 C^{4+}，可认为是得失过电子的原子，整个方程式的电子是守恒的，可通过电荷守恒配平最后这个离子方程式，即得

$$C_6 + 8Cr^{6+} \longrightarrow 8Cr^{3+} + 6C^{4+}$$

最后将这四项系数代入原方程式中对应的物质，其余物质的系数根据原子守恒配平：

$$C_6H_{12}O_6 + 4K_2Cr_2O_7 + 16H_2SO_4 \Longrightarrow 4K_2SO_4 + 4Cr_2(SO_4)_3 + 6CO_2\uparrow + 22H_2O$$

2.2.7 平均氧化数法

该法主要针对同一种物质中有多种元素氧化数发生变化的反应。若分子式中同一元素具有不同氧化数，则在配平时，将此化合物相同的原子合并后改写化学式，根据氧化数法先算出该元素在这个化学式中的平均氧化数，再运用氧化数法

进行配平[15]。

例题 2-11

配平化学方程式：$NH_4NO_3 \longrightarrow N_2\uparrow + O_2\uparrow + H_2O\uparrow$

解　分析：此反应中，

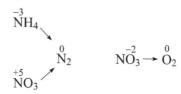

把 NH_4NO_3 改写为 $H_4N_2O_3$，由于 H 只有 +1 价，O 只有 −2 价，根据化合价代数和为零的原则，确定两个 N 的平均化合价为 +1 价。

$$\overset{+1}{H_4}\overset{-2}{N_2O_3} \longrightarrow \overset{0}{N_2}\uparrow + \overset{0}{O_2}\uparrow + H_2O\uparrow$$

$$\downarrow 1\times2$$
$$\uparrow 2\times2$$

2 和 4 的最小公倍数为 4，根据化合价升降法可得

$$2H_4N_2O_3 =\!=\!= 2N_2\uparrow + O_2\uparrow + 4H_2O\uparrow$$

即

$$2NH_4NO_3 =\!=\!= 2N_2\uparrow + O_2\uparrow + 4H_2O\uparrow$$

2.2.8　逆向配平法

生成物一侧拥有氧化数变化多的元素原子时，采用从右向左的配平方法。由于此时电子转移的数目和方向都是逆向的，因此称为逆向配平法[16]。此法在歧化反应配平中运用较多。

例题 2-12

配平化学方程式：$\overset{+3}{H}ClO_2 \longrightarrow \overset{+4}{Cl}O_2 + \overset{0}{Cl_2}$

解

列变化 $\left\{ \begin{array}{l} 氧化数\downarrow：Cl\ (+3)-(+4)=-1 \quad \times 6 \\ 氧化数\uparrow：Cl\ [(+3)-0]\times 2=+6 \quad \times 1 \end{array} \right.$
找倍数

填系数：$8HClO_2 \longrightarrow 6ClO_2 + Cl_2\uparrow$

查补：$8HClO_2 =\!=\!= 6ClO_2 + Cl_2\uparrow + 4H_2O$

2.2.9 零数法

对于有些反应方程式，物质所含元素的氧化数无法直接判断，是不明确的，可用零数法，即将氧化数不明确的元素氧化数标为零，然后按氧化数升降法配平[17]。

例题 2-13

配平化学方程式：$Fe_3C + HNO_3 \longrightarrow Fe(NO_3)_3 + CO_2\uparrow + NO\uparrow + H_2O$

解 Fe_3C 这种物质，不能确定 Fe、C 的氧化数，可将 Fe_3C 中的 Fe、C 元素的氧化数标为零，然后再按氧化数升降法进行配平。

标氧化数：$\overset{0}{Fe_3}\overset{0}{C} + H\overset{+5}{N}O_3 \longrightarrow \overset{+3}{Fe}(NO_3)_3 + \overset{+4}{C}O_2 + \overset{+2}{N}O + H_2O$

列变化
找倍数
$\begin{cases} 氧化数\uparrow: Fe\,[(+3)-0]\times 3 = +9 \\ \qquad\qquad C\,(+4)-0 = +4 \end{cases}$ 总:$+13$ $\quad\times 3$

$\qquad\qquad 氧化数\downarrow: N\,(+2)-(+5) = -3 \qquad\qquad \times 13$

填系数：$3Fe_3C + 40HNO_3 === 9Fe(NO_3)_3 + 3CO_2\uparrow + 13NO\uparrow + 20H_2O$

采用零数法不仅回避了复杂化合物中各元素氧化数难判断的问题，而且对氧化数变化进行了简化。除此之外，零数法也可用于一些组成不确定化合物参与的反应配平。例如，多硫化物(Na_2S_x)，由于 S 的个数不确定，常采用字母代替 S 原子的个数，在配平中化合价变化较难计算，若将它们视为零价，采用零数法配平就会大幅简化。

例题 2-14

配平化学方程式：$Na_2S_x + NaClO + NaOH \longrightarrow Na_2SO_4 + NaCl + H_2O$

解

标氧化数：$\overset{0}{Na_2}\overset{0}{S_x} + Na\overset{+1}{Cl}O + NaOH \longrightarrow \overset{+1}{Na_2}\overset{+6}{S}O_4 + Na\overset{-1}{Cl} + H_2O$

列变化
找倍数
$\begin{cases} 氧化数\uparrow: Na\,[(+1)-0]\times 2 = +2 \\ \qquad\qquad S\ 6\times x = 6x \end{cases}$ 总:$+(6x+2)$ $\quad\times 1$

$\qquad\qquad 氧化数\downarrow: Cl\,(-1)-(+1) = -2 \qquad\qquad \times(3x+1)$

填系数：

$Na_2S_x + (3x+1)NaClO + (2x-2)NaOH === xNa_2SO_4 + (3x+1)NaCl + (x-1)H_2O$

2.2.10 矩阵法

上面介绍了化学方程式配平的一般方法和一些配平的技巧。不难发现,这些方法经验性较强,尤其是一些技巧的使用范围有限,对于一些复杂化学方程式的配平有些力不从心。随着计算机技术的进步与普及,一种利用矩阵法配平化学方程式的方法应运而生,并取得了长足的进步和发展。近几年,化学方程式的配平研究达到了另一高度[18-23]。

在常规的化学反应中,判断一个化学反应是否配平的主要依据有以下几点:第一,反应前后各原子个数必须相同;第二,反应前后离子的电荷数必须相同;第三,得失电子数相等。因此,可以根据这些原则建立矩阵模型,从而求解出配平系数。我国学者耿济在利用矩阵方法配平化学反应方程式方面做了一系列研究[24-25],加拿大学者里斯特斯基(I. B. Risteski)及印度学者肖(R. Shaw)等采用广义逆矩阵法配平化学方程式,并采用软件编程方式通过控制误差得到整数型的化学方程式配平系数[26-27]。本书篇幅有限,详细内容可参阅相关文献[24-25]。此外,一些数学研究者也加入到化学方程式配平的行列中。他们使用智能算法(如粒子群算法、差异演化算法、进化策略等)先将化学方程式的配平问题转化为优化问题进行研究,产生了一些用于化学配平的软件。例如,森(S. K. Sen)等使用 MATLAB 软件编程通过控制误差得到整数型的化学方程式配平系数,同时他们还利用 LINDO 线性规划软件的整数规划模块优化得到整数型的化学方程式配平系数,这些方法都使化学方程式的配平取得了长足的进步和发展[28]。

参 考 文 献

[1] 陈筱勇. 化学教学, 2006, (5): 55-56.

[2] 马荣棣. 承德民族师专学报, 2003, 23(2): 110.

[3] 张晓华. 辽宁师专学报(自然科学版), 1999, (3): 40-42.

[4] 严义芳. 企业科技与发展, 2011, (6): 31-33.

[5] 张建东. 数理化学习, 2013, (12): 45-46.

[6] 史兵. 武汉纺织工学院学报, 1994, (7): 58-60.

[7] 潘振球. 安徽教育, 1984, (10): 44.

[8] 田永报. 中学化学教学参考, 2017, (14): 63-64.

[9] 靳卫. 技术研发, 2012, (20): 2.

[10] 张吉良, 孙德慧, 张吉林. 辽阳石油化工高等专科学校学报, 2000, (3): 12-14.

[11] 朱云, 刘瑞, 廖荣宝, 等. 淮北师范大学学报(自然科学版), 2011, 32(2): 41-43.

[12] 王桂红. 中学化学教学参考, 2019, (10): 57-58.

[13] 张伟路. 贵州师范大学学报(自然科学版), 1998, (4): 92-94.

[14] 沈永红. 中学化学教学参考, 2014, (4): 52-53.

[15] 徐珑迪. 化学教学, 2015, (10): 88-90.

[16] 孙天山. 考试, 2001, (Z1): 96-97.

[17] 赵菁, 华祺年, 杜萍, 等. 化学教育, 2012, (9): 68-70.

[18] 杨海文, 高兴驰. 延安大学学报(自然科学版), 2003, 22(3): 16-17.

[19] 赵晓慧, 戴志亮. 泰山医学院学报, 2013, 34(1): 50-53.

[20] 刘树利. 潍坊学院学报, 2005, 5(2): 81-83.

[21] 邱国平. 数学的实践与认识, 2019, 49(24): 140-147.

[22] 王志刚, 夏慧明. 哈尔滨商业大学学报(自然科学版), 2012, 28(4): 455-458.

[23] 陈素彬. 广州化工, 2016, 44(10): 201-203.

[24] 耿济. 海南大学学报(自然科学版), 2003, 21(1): 11-16.

[25] 耿济. 海南大学学报(自然科学版), 2003, 21(4): 319-325.

[26] Risteski I B. J Korean Chem Soc, 2008, 52(3): 223-238.

[27] Shaw R. Current Science, 2012, 103(11): 1328-1334.

[28] Sen S K, Agarwal H, Sen S. Math Comput Model, 2006, 44(7): 678-691.

第3章

氧化还原反应与原电池

3.1 原 电 池

电池起源于人类对持续电能的渴望，它的发明在电学史、物理学史甚至人类史上都具有重要的意义。电池为早期电气工业的创立和发展奠定了基础，并使工业、科学和技术相互交融，奏响了电器时代的序曲。时至今日，电池仍然渗透在日常生活的方方面面。电池种类众多，小到电子手表使用的纽扣电池，大到宇宙飞船使用的锂离子电池，其原理都基于氧化还原反应，由原电池(primary battery)发展而来。

3.1.1 原电池的原理

1936 年，伊拉克国家博物馆馆长科尼格(W. König)在巴格达附近考古时发掘到一个大约两千年前的陶罐。陶罐约 115 mm 宽、140 mm 高，内置由 Fe 和 Cu 组成的装置，称为巴格达电池[1](图 3-1)。巴格达电池能产生 3~5 V 的电压，这一实物例证说明几千年前的古埃及人们就发明了电池，所以也有人将其认为是化学电源的最早发明。

图 3-1 巴格达电池

伽伐尼　　　　　　伏特

1786 年，意大利动物学家伽伐尼(L. Galvani，1737—1798)发现，在青蛙的左右腿放置两块不同金属，青蛙腿会痉挛，他将这种现象称为生物电[2]。之后意大利物理学家伏特(A. Volta，1745—1827)于 1800 年通过实验证实只要有不同的两种金属及溶液，就可以产生电流。他将金属银和锌的小圆片重叠，在其中用食盐水浸透的厚纸片分开，若干个这样的组分重叠成堆，在最开始和最后的金属片上各连接一根导线，当两条导线接触，会产生火花放电。这就是科学史上的伏特电堆[3]，也称伏打电池(图 3-2)。伏特电堆的出现让人们第一次获得了比较强的、稳定而持续的电流，为科学家转入动电效应的研究创造了模型，导致了电化学、电磁联系等一系列重大的科学发现。它的诞生将电学引入了一个新时代。实际上伏特电堆就是原始的原电池组。

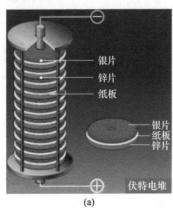

银片
锌片
纸板

银片
纸板
锌片

伏特电堆

(a)

(b)

图 3-2　伏特电堆示意图(a)和伏特向拿破仑展示伏特电堆(b)

　　原电池是最原始的电池，是通过氧化还原反应发电的装置。最常见的原电池是 1836 年英国化学家丹尼尔(J. F. Daniell，1790—1845)设计的丹尼尔电池[4]，即铜锌原电池(图 3-3)。它是用导线将装有铜片的 $Cu(NO_3)_2$ 溶液和装有锌片的 $Zn(NO_3)_2$ 溶液连接起来，再将铜片与锌片分别用导线连接并串联电流表。当构成一个闭合的回路时，电流表指针会偏转，说明导线中有电流通过。经过一定的时间，铜片上有红色的铜析出，Zn 片表面则有金属腐蚀的痕迹。这说明在两种金属

丹尼尔

上分别发生了化学反应。Zn 片浸在 $Zn(NO_3)_2$ 溶液中失去电子被氧化成 Zn^{2+}，$Cu(NO_3)_2$ 溶液中的 Cu^{2+} 从 Cu 片上获得电子，被还原成 Cu 沉积在 Cu 片上。外电路中电子则从 Zn 片流向 Cu 片。盐桥的主要成分是饱和硝酸钠的琼脂凝胶，起到维持电荷平衡的作用，即 $Cu(NO_3)_2$ 溶液中的 Cu^{2+} 不断析出而阳离子减少，因此盐桥中的 K^+ 流入 $Cu(NO_3)_2$ 溶液中补偿正离子的缺失；相反，Zn 失去电子进入 $Zn(NO_3)_2$ 溶液，导致阳离子过剩，需要盐桥中的 Cl^- 中和。这样整个体系既维持了溶液的电荷守恒，又维持了电流的定向移动。观察电流表发现其指针偏向 Zn，即电流从 Cu 片流向 Zn 片，因此将发生还原反应的 Cu 片所在的部分规定为电池的正极，将发生氧化反应的 Zn 片所在的部分规定为电池的负极[5]。

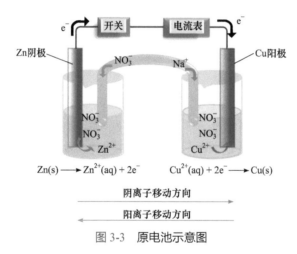

图 3-3　原电池示意图

　　由于 Zn 的金属活性强于 Cu，因此总的电池反应是一个自发过程，原电池反应也是一个自发过程。可见，原电池是以氧化还原反应为基础，自发将化学能转化为电能的装置。从铜锌原电池可以看出，组成原电池的基本条件为：①两个活动性不同的电极；②电极要插入电解质溶液；③两电极的内外电路相通，形成一个闭合回路；④电池总反应是自发进行的氧化还原反应。

　　只要满足上述条件，就可以自己制作一个简易的供电装置。电极上反应物的氧化还原能力越强，电子的传递速度越快，则提供的电能越大。原电池是所有化学电源的雏形。

3.1.2　电极反应与电池反应

　　电极是指在电池中与电解质溶液发生氧化还原反应的场所。1834 年，英国化

法拉第

学家法拉第(M. Faraday，1791—1867)进行电解实验后提出如何组装电极，即将一根电子导体或半导体插入电解质溶液中就构成了一个电极[6]。最简单的电极包括一个金属棒和一个相界面，即构成金属-电解质溶液。在每个电极上发生的电子转移过程称为电极反应，也就是第 1 章所说的半反应。因为电极反应必定存在电子的得失与转移，所以几乎所有的电极反应都是氧化还原反应，将发生氧化或还原反应的电极称为半电极。要组成电池，必须有两个电极同时存在，负极发生氧化反应，正极发生还原反应，这样电子可以通过外电路在两极间定向传递，形成电流，总的电池反应是两个电极反应的叠加，称为总的电池反应。例如，铜锌原电池中，两个半电极发生的氧化还原反应为

负极：$\quad$ $Zn(s) - 2e^- \longrightarrow Zn^{2+}(aq)$ $\quad$ （氧化反应）

正极：$\quad$ $Cu^{2+}(aq) + 2e^- \longrightarrow Cu(s)$ $\quad$ （还原反应）

将两个半反应合并，即得到总反应：

$$Zn(s) + Cu^{2+}(aq) == Cu(s) + Zn^{2+}(aq)$$

在电池反应中，不仅电极会参与电极反应，由于有些电池会处于酸性或碱性环境中，介质中的 H^+ 或 OH^- 也可以参与反应，并以水为最终产物。例如，氢氧燃料电池是以氢气为燃料作负极，以空气中的氧气作正极，其放电时的电池总反应式为 $2H_2(g) + O_2(g) == 2H_2O(l)$，即电池总反应是氢气燃烧生成水的反应。该总反应是热力学自发的，但它的活化能很大，所以在常温下不会发生该反应。一般将电池的活性物质预先放在电池内部，工作时接通正、负极，燃烧的反应过程得以持续进行，氢在负极上的催化剂的作用下分解成正离子 H^+ 和电子 e^-。氢离子进入电解液中，而电子沿外部电路移向正极，从而形成电流。氢氧燃料电池分别有酸式和碱式电解质，电极反应分别为

(1) 在酸性电解质中，

负极：$\quad$ $H_2(g) - 2e^- \longrightarrow 2H^+(aq)$

正极：$\quad$ $O_2(g) + 4e^- + 4H^+(aq) \longrightarrow 2H_2O(l)$

(2) 在碱性电解质中，

负极：$\quad$ $H_2(g) - 2e^- + 2OH^-(aq) \longrightarrow 2H_2O(l)$

正极：$\quad$ $O_2(g) + 4e^- + 2H_2O(l) \longrightarrow 4OH^-(aq)$

由于电池正极发生还原反应，负极发生氧化反应，因此氧化剂与它的还原产

物组成的一对物质，以及还原剂与它的氧化产物组成的一对物质可形成氧化还原电对。例如，铜锌原电池存在两个氧化还原电对——Cu^{2+}/Cu 和 Zn^{2+}/Zn [7]。

例题 3-1

海洋电池大规模应用是我国首创的[8]。该电池是以铝板为负极，铂网为正极，海水为电解质溶液，将空气中的氧气与铝反应产生的电流应用于灯塔等海边或岛屿上的小规模用电。电线难以跨过海为灯塔供电，海洋电池的发明解决了这一难题。海洋电池还用于生产救生衣灯。写出该电池的总反应和电子的流向，海水中的 Na^+ 又是如何移动的？

解　根据题意知，该电池的总反应为

$$4Al(s) + 3O_2(g) + 6H_2O(l) \rule[0.5ex]{1.5em}{0.4pt}\rule[0.5ex]{1.5em}{0.4pt} 4Al(OH)_3(s)$$

负极：$\qquad\qquad Al(OH)_3(s) + 3e^- \longrightarrow Al(s) + 3OH^-(aq)$

正极：$\qquad\qquad O_2(g) + 4e^- + 2H_2O(l) \longrightarrow 4OH^-(aq)$

负极是 Al，失电子被氧化；正极为铂网，电子从负极经外电路到正极。电流正好相反，从正极经外电路到负极；正极上聚集大量电子，由于异性相吸，因此海水中的 Na^+ 移向正极。

3.1.3　电极的分类

根据组成电池的基本反应可以将电极分为正极和负极。现实工作中常采用三电极系统，即工作电极(working electrode)、参比电极(reference electrode)和辅助电极[auxiliary electrode，也称对电极(counter electrode)]，根据电极的功能与用途将其分为以下几类[9]。

1. 工作电极

工作电极也称为研究电极，目前主要研究的电极反应发生在工作电极上。工作电极的种类有很多，一般典型的工作电极主要有图 3-4 所示的几种。

铂电极　　　　旋转圆盘电极　　　　旋转环盘电极　　　　玻碳电极

图 3-4　几种工作电极

1) 金属电极

很多贵重金属可作为电极材料，铂和金是使用较为广泛的金属电极，其性质稳定且氢的超电势小(超电势相关内容见第 4 章)，具有优良的电子传递动力学特性和较大的测试窗口。但由于铂和金比较昂贵，因此一般只有一小段用作电极，它的上部分焊接铜丝作导线。

2) 碳电极

碳电极是主要由碳材料制成的电极，包含玻碳电极、石墨电极、糊状碳电极、碳纤维电极及金刚石电极等，其电势窗口宽、表面化学活性高、使用方便。其中玻碳电极导电性好、化学稳定性高、热膨胀系数小、质地坚硬、气密性好且电势适用范围宽，因此应用最广泛。

3) 旋转圆盘电极

为了研究电极表面电流密度的分布情况，减少或消除扩散层等因素的影响，电化学研究人员通过对比各种电极和搅拌的方式，开发出一种高速旋转的电极，由于这种电极的端面像一个盘，所以称为旋转圆盘电极(rotating disk electrode，RDE)，简称旋盘电极，也称转盘电极[10]。它是根据流体动力学原理提出的 RDE 理论制造的。

4) 旋转环盘电极

旋转环盘电极(rotating ring-disk electrode，RRDE)是旋转圆盘圆环电极的简称，其结构是在圆盘的同一平面上放一个同心圆环，盘与环电极之间用绝缘材料隔离，盘电极通常负载被研究的材料，环电极一般用铂或金制成[11-12]。旋转圆盘电极是单工作电极，多用来测定不同转速下的氧化还原电势等。旋转环盘电极是双工作电极，环用来收集盘上反应的产物。

5) 离子-离子电极

例如，Fe^{2+} 和 Fe^{3+} 组成的电极，其半电池反应为

$$Fe^{2+}(aq) - e^- \longrightarrow Fe^{3+}(aq)$$

由于离子-离子电极只有离子参与反应，因此必须有其他惰性导体来充当电子从体系中供应或转移的通道。常见的惰性导体为 Pt。

6) 气体电极

此类电极也必须以惰性导体作为反应界面，可用于电化学方法测定气态物质的含量，如 H_2、O_2、Cl_2 等。例如，氢气的产生，其电池半反应为

$$2H^+(aq) + 2e^- \longrightarrow H_2(g)$$

具有商业性的大规模进行的典型反应如 Cl_2 的生成:

$$2Cl^-(aq) - 2e^- \longrightarrow Cl_2(g)$$

类似的反应, 如 Br_2 或 I_2 的生成也是在铂表面进行的。

7) 修饰电极

修饰电极代表电极系统的现代进展。在基底电极表面通过共价键合、吸附、聚合等手段有目的地进行修饰剂分子的排列组合, 将一些具有特殊优良性质(包括化学性质、电化学性质或光学性质等)的物质以各种形式(如薄膜、负载或沉积等)引入电极表面, 从而赋予电极新的、特定的功能, 以满足更多电分析和生物分析的要求。这种电极表面的功能化也引发了一系列应用, 具有独特的光电催化、电色效应、表面配合、富集和分离、开关和整流、分子识别、有机合成、生物传感等功能, 在药物分析、有机污染物分析和环境监测及催化领域都有广泛的应用。

2. 参比电极

参比电极是指具有已知电极电势(electrode potential)的半电池。它的作用是作为研究工作电极电势的参考, 测量时参比电极上通过的电流很小, 因此不会引起参比电极的极化。理想的参比电极必须满足①电极反应本身是可逆的, 可以计算; ②该电极的电势稳定, 可用于电化学测定; ③电极制备方法简单。常用的参比电极见图 3-5, 表 3-1 列举了常用参比电极的电极电势。

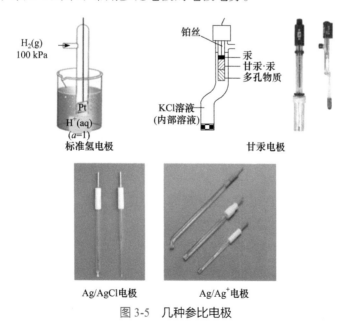

图 3-5　几种参比电极

表 3-1 常用参比电极的电极电势

名称	体系	φ/V*
标准氢电极	Pt, H_2|H^+(a_{H^+}=1)	0.0000
饱和甘汞电极	Hg, Hg_2Cl_2|饱和 KCl	0.2415
标准甘汞电极	Hg, Hg_2Cl_2|1 mol·L^{-1} KCl	0.2800
0.1 mol·L^{-1}甘汞电极	Hg, Hg_2Cl_2|0.1 mol·L^{-1} KCl	0.3337
银-氯化银电极	Ag, AgCl|1 mol·L^{-1} KCl	0.2900
Ag/Ag^+ 电极	Ag|1 mol·L^{-1} $AgNO_3$	0.7990

*表中数值为 298 K 相对于标准氢电极的电极电势。

1) 氢电极

(1) 标准氢电极(standard hydrogen electrode，SHE)[13]，是将镀有一层疏松铂黑的铂片浸到氢离子浓度(准确来说是活度)为 1 mol·L^{-1}的 H_2SO_4 溶液中，在指定温度下不断通入压力为 100 kPa 的 H_2 冲击铂片，使它吸附 H_2 并达到饱和而制备的电极。电极反应为 $2H^+$(aq) $+ 2e^- \longrightarrow H_2$(g)，且完全可逆。规定 SHE 的标准电极电势为零，是其他电极的基准。但氢离子浓度为 1 mol·L^{-1}的理想溶液实际上并不存在，故该电极只是一个理想模型。

(2) 一般氢电极(normal hydrogen electrode，NHE)，是将铂片浸在浓度为 1 mol·L^{-1}的一元强酸溶液中并通入压力约 1 atm(1 atm = 101325 Pa)的 H_2 而制备的电极。因其较标准氢电极易于制备，故为旧时电化学常用的标准电极。但 NHE 并不严格可逆，故电压并不稳定，现已被弃用。

(3) 可逆氢电极(reversible hydrogen electrode，RHE)，其定义为铂片在氢离子溶液中，与 100 kPa 的纯氢气共存的理想氢电极。其与标准氢电极在定义上的唯一区别是可逆氢电极并没有氢离子活度的要求，所以可逆氢电极的电势与 pH 有关。现在电化学论文中常使用 RHE 校准体系[14]。

综上所述，NHE 已基本弃用；SHE 电势恒定为 0 V，为现行电极电势的零点；RHE 电势与 pH 有关，常用于催化领域中。RHE 是 SHE 的一个拓展。

2) 金属-金属难溶盐电极

金属-金属难溶盐电极是在金属表面涂上该金属难溶盐，其性质非常稳定。

(1) 甘汞电极(calomel electrode，SCE)[15]。甘汞电极是实验室中最常用的参比电极之一，是由汞、甘汞(Hg_2Cl_2)和一定浓度的 KCl 溶液构成的微溶盐电极，溶液通常有 0.1 mol·L^{-1} KCl、1 mol·L^{-1} KCl 和饱和 KCl 三种类型。电极反应为

$Hg_2Cl_2(s) + 2e^- \longrightarrow 2Hg(l) + 2Cl^-(aq)$。特点是可逆性好，制作简单且使用方便，但使用温度较低，受温度影响大，因为温度较高时，甘汞发生歧化反应 $Hg_2Cl_2(s) \Longrightarrow Hg(l) + Hg^{2+}(aq) + 2Cl^-(aq)$。表 3-2 列出了不同温度下饱和甘汞电极的电极电势。

表 3-2　不同温度下饱和甘汞电极(SCE)的电极电势(298 K 相对于标准氢电极)

T/K	273	283	293	298	303	313	323	333	343
φ/V	0.2568	0.2507	0.2444	0.2412	0.2378	0.2307	0.2233	0.2154	0.2071

(2) Ag/AgCl 电极。Ag/AgCl 电极也是实验室常用的参比电极之一，通常应用在水溶液中[15]。由表面覆盖 AgCl 的多孔 Ag 浸在含 Cl^- 的溶液中构成，Cl^- 溶液有 $0.1\ mol \cdot L^{-1}$ KCl、$1\ mol \cdot L^{-1}$ KCl 和饱和 KCl 三种类型。电极反应为 $AgCl(s) + e^- \longrightarrow Ag(s) + Cl^-(aq)$。优点是电极电势稳定，重现性很好，升温情况下比甘汞电极稳定。当溶液中有 HNO_3 或 Br^-、I^-、NH_4^+、CN^- 等时，不能使用。

(3) Ag/Ag$^+$ 电极。Ag/Ag$^+$ 电极也是实验室常用的参比电极之一，通常在有机相中使用。它是将银丝浸润在含有 $1\ mol \cdot L^{-1}$ AgNO$_3$ 的有机溶液中制备而成的，通常使用的有机溶剂为乙腈。电极反应为 $Ag^+(aq) + e^- \longrightarrow Ag(s)$。在有机相中通常用二茂铁作内标校准电极电极电势。

3. 辅助电极

辅助电极也称为对电极。其作用是与工作电极形成一个串联回路，使工作电极有电流通过。一般在电化学研究中选用化学性质稳定的材料作辅助电极，常用的有铂电极(图 3-6)或碳电极。为减小辅助电极极化对工作电极的影响，其电极面积要比工作电极大很多倍。

图 3-6　铂电极

3.1.4　原电池的表示方法

为方便，电化学中经常使用简便的符号表示电池。按照 IUPAC 的规定，电池的表示方法如下：

(1) 将氧化反应(负极或阳极)写在左边，还原反应(正极或阴极)写在右边。

(2) 写出电极的化学组成及物质状态，气态注明压力(单位为 kPa)，溶液注明浓度(单位为 $mol \cdot L^{-1}$)。

(3) 单竖线 "|" 表示相界面。

(4) 双竖线 "‖" 表示盐桥。例如，铜锌原电池可表示为

$$(-)\ Zn(s)\ \big|\ Zn^{2+}(aq, c_1)\ \|\ Cu^{2+}(aq, c_2)\ \big|\ Cu(s)\ (+)$$

(5) 同一相中不同物质用逗号 "," 分开。例如，总反应是

$$2MnO_4^-(aq) + 10I^-(aq) + 16H^+(aq) = 2Mn^{2+}(aq) + 5I_2(s) + 8H_2O(l)$$

的电池可以表示为

$$(-)\ Pt(s), I_2(s)\ \big|\ I^-(aq, c_1)\ \|\ H^+(aq, c_2), Mn^{2+}(aq, c_3), MnO_4^-(aq, c_4)\ \big|\ Pt(s)\ (+)$$

(6) 气相或液相参与电极反应不能直接作为电极，需要外加不参与电极反应的惰性导体作电极传输电子[7]。例如，总反应为

$$2AgCl(s) + H_2(g) = 2Ag(s) + 2H^+(aq) + 2Cl^-(aq)$$

的电池可以表示为

$$(-)\ Pt(s)\ \big|\ H^+(aq, c)\ \big|\ H_2(g, p_{H_2})\ \|\ AgCl(s)\ \big|\ Ag(s)\ (+)$$

例题 3-2

将氧化还原反应 $2MnO_4^-(aq) + 10Cl^-(aq) + 16H^+(aq) = 2Mn^{2+}(aq) + 5Cl_2(g) + 8H_2O(l)$ 设计成原电池，写出该原电池的符号及电极反应。

解　先将氧化还原反应分解成两个半反应：

氧化反应　　　　　　　　$2Cl^-(aq) - 2e^- \longrightarrow Cl_2(g)$

还原反应　　　$MnO_4^-(aq) + 8H^+(aq) + 5e^- \longrightarrow Mn^{2+}(aq) + 4H_2O(l)$

在原电池中，正极发生还原反应，负极发生氧化反应，因此组成原电池时，MnO_4^-/Mn^{2+} 电对为正极，Cl_2/Cl^- 电对为负极。故原电池的符号为

$$(-)\ Pt(s)|Cl_2(g, p_{Cl_2})|Cl^-(aq, c_1)\|H^+(aq, c_2), Mn^{2+}(aq, c_3), MnO_4^-(aq, c_4)|Pt(s)\ (+)$$

3.1.5　电极电势与电池的电动势

1. 电极电势

以金属 M^{n+}/M 的电极电势为例讨论电极电势的产生。金属晶体由金属原子、金属离子和自由电子组成，金属插入含有该金属盐的溶液时(如将锌棒插入硫酸锌溶液中)，会同时发生两种相反的过程。一方面，受到极性水分子的作用以及本身

的热运动,金属晶格中的金属 M 有进入溶液成为水合离子而把电子留在金属表面的倾向,金属越活泼,金属离子浓度越小,这种倾向越大。另一方面,溶液中的金属离子 M^{n+} 也有从金属表面获得电子而沉积在金属表面上的倾向,金属越不活泼,溶液中金属离子浓度越大,这种沉积倾向越大。在一定条件下,当金属溶解的速率与金属离子沉积的速率相等时,可建立下列动态平衡:

$$M^{n+}(aq) + ne^- \underset{溶解}{\overset{沉淀}{\rightleftharpoons}} M(s)$$

能斯特

一定浓度的溶液,若金属失去电子溶解的倾向大于金属离子得到电子沉积的倾向,平衡时,金属带负电,靠近金属的溶液带正电。在金属表面和溶液界面处形成一个如图 3-7(a)所示的带相反电荷的双电层(electrical double layer)。若金属离子沉积的倾向大于金属溶解的倾向,平衡时,金属表面带正电,靠近金属的溶液带负电,形成的双电层如图 3-7(b)所示。这就是德国化学家能斯特(H. W. Nernst, 1864—1941)在 1889 年提出的双电层理论(electrical double layer theory)[16]。

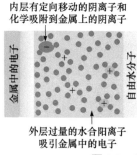

内层有定向移动的阴离子和化学吸附到金属上的阴离子

金属中的电子　自由水分子

外层过量的水合阳离子吸引金属中的电子

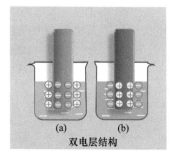

(a)　(b)

双电层结构

图 3-7　电极表面的双电层

若要使金属离子脱离金属晶格,必须克服金属离子与晶格的亲和力作用。金属表面带正电还是带负电,与金属的晶格能和水化能的相对大小有关:

(1) 水化能大于晶格能,金属表面带负电,如 Zn、Cd、Mg、Fe 等;

(2) 水化能小于晶格能,金属表面带正电,如 Cu、Au、Pt 等。

无论形成上述哪种双电层,其厚度虽很小(约为 10^{-8} cm 数量级),但金属和溶液之间都可产生电势差。这种在金属和它的盐溶液之间因形成双电层而产生的电势差称为金属的平衡电极电势,简称电极电势,以符号 $\varphi_{M^{n+}/M}$ 表示,如锌的电极电势用 $\varphi_{Zn^{2+}/Zn}$ 表示,单位为 V(伏)。电极-溶液体系形成的界面电势差最多只有几伏,可见双电层间跨越很小的距离就能产生很大的电势梯度。其大小主要取决于电极的本性，受温度、介质和离子浓度等影响。

标准状态下产生的电极电势为标准电极电势(standard electrode potential)，常用符号 $\varphi^{\ominus}_{Ox/Red}$ 表示。标准态条件没有规定温度。除非特别指明，本书中的标准电极电势均指 298 K 时的数值。

凡符合下述标准态条件的电极都是标准电极：

(1) 所有气体的分压均为 1×10^5 Pa，即 100 kPa。

(2) 溶液中所有物质的浓度均为 $1 \text{ mol} \cdot \text{kg}^{-1}$(一般溶剂都用水，在浓度较低时活度近似等于浓度，所以也可以说是标准浓度，其值为 $1 \text{ mol} \cdot \text{L}^{-1}$)。

(3) 所有的纯液体或固体均为 100 kPa 条件下最稳定或最常见的形态。

电极电势数值越小，金属离子脱离自由电子吸引进入溶液的趋势越大；反之电极电势越大，金属离子越易沉积在金属表面。因此，电对的电极电势越小，其还原态物质还原能力越强，氧化态氧化能力越弱；电极电势越大，其还原态物质还原能力越弱，氧化态氧化能力越强。所以电极电势是表示氧化还原电对中氧化态或还原态物质氧化还原能力相对大小的物理量。

2. 电动势

正、负极电极电势的差值即为电动势(electromotive force)，表示为

$$E = \varphi(+) - \varphi(-) \tag{3-1}$$

若构成两极的各物质均处于标准状态下，则原电池具有标准电动势 $E^{\ominus}$：

$$E^{\ominus} = \varphi^{\ominus}(+) - \varphi^{\ominus}(-) \tag{3-2}$$

所以对于铜锌原电池，上述关系可以扩展为

$$E^{\ominus}_{cell} = \varphi^{\ominus}_{Cu^{2+}/Cu} - \varphi^{\ominus}_{Zn^{2+}/Zn}$$

在 $c(Zn^{2+})$ 和 $c(Cu^{2+})$ 均为 $1 \text{ mol} \cdot \text{L}^{-1}$ 以及 $T = 298$ K 的条件下，实验测得铜锌原电池的电动势为 1.10 V。这个数值反映出锌原子失去电子(阳极的电极反应)和铜离子获取电子(阴极的电极反应)这两种趋势的总结果，即还原剂对电子的"推力"和氧化剂对电子的"拉力"这两种作用力的总结果。姑且不论物理学中如何给电动势下定义，不妨将电化学电池的电动势看作电池反应的化学驱动力。换句话说，电动势正是判断氧化还原反应自发性所需要的一个物理量，至少可以从电动势的概念出发找到表示氧化剂和还原剂强弱的某个物理量。

3. 标准电极电势的测定

如焓、吉布斯函数一样，电极电势的绝对值无法测定，只有相对电极电势。为测定电极电势，通常选择标准氢电极为基准。IUPAC 规定，在 298 K 时，标准

氢电极的电极电势为零, 用符号 $\varphi^{\ominus}_{H^+/H_2}$ 表示, 其电极反应为[17]

$$(-)\,Pt(s)\,|\,\frac{1}{2}\,H_2(g,\,100\,kPa)\,|\,H^+(aq,\,1\,mol\cdot L^{-1})\,|\,\cdots$$

$$\varphi^{\ominus}_{H^+/H_2}\,=\,0.0000\,V$$

且规定在任何温度下, 标准氢电极的电极电势都为零。

为了测量其他 M^{2+}/M 电对的标准电极电势, 可与标准氢电极构建一个电池:

$$(-)\,Pt(s)\,|\,H_2(g,\,100\,kPa)\,|\,H^+(aq,\,1\,mol\cdot L^{-1})\,\|\,M^{2+}(aq,\,1\,mol\cdot L^{-1})\,|\,M(s)\,(+)$$

总反应为

$$H_2(g,\,100\,kPa)+M^{2+}(aq,\,1\,mol\cdot L^{-1})=\!=\!=2H^+(aq,\,1\,mol\cdot L^{-1})+M(s)$$

标准氢电极与 M 标准电极之间的电势差为

$$E=\varphi^{\ominus}_{M^{2+}/M}-\varphi^{\ominus}_{H^+/H_2}=\varphi^{\ominus}_{M^{2+}/M}$$

可求得 M^{2+}/M 的标准电极电势, 即 M 电极上发生半反应 $M^{2+}(aq)+2e^-\longrightarrow M(s)$ 时的电极电势。

例题 3-3

测定 $\varphi^{\ominus}_{Zn^{2+}/Zn}$。

解　标准锌电极与标准氢电极构成电化学电池如图 3-8 所示, 该电池表示为

$$(-)\,Zn(s)\,|\,Zn^{2+}(aq,\,1\,mol\cdot L^{-1})\,\|\,H_3O^+(aq,\,1\,mol\cdot L^{-1})\,|\,H_2(g,\,100\,kPa)\,|\,Pt(s)\,(+)$$

实验测得电池的电动势为 0.7628 V, 将其与标准氢电极的电势一起代入式(3-1):

$$0.7628\,V=0\,V-\varphi^{\ominus}_{Zn^{2+}/Zn}$$

$$\varphi^{\ominus}_{Zn^{2+}/Zn}=-0.7628\,V$$

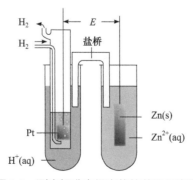

图 3-8　测定标准电极电势的装置示意图

此外，研究人员对金属离子组成的电对的电极电势进行了理论计算和实验探究，确定更为准确的 M^{3+}/M^{2+} 电对的电极电势值，以更正电极电势表。例如，塔姆(T. Tamm，1895—1971)等通过密度泛函理论和连续介质模型计算了第四周期中 9 种过渡金属元素在水溶液中的 M^{3+}/M^{2+} 的氧化还原电极电势[18]，有兴趣的读者可自行查阅。

4. 标准电极电势表

本书附录列出了在酸性介质和碱性介质中电极反应的标准电极电势，表 3-3 给出了酸性溶液中一些常用的 $\varphi_{\mathrm{Ox/Red}}^{\ominus}$ 值。

表 3-3　酸性溶液中的标准电极电势 $\varphi_{\mathrm{Ox/Red}}^{\ominus}$ (298 K)

半反应	$\varphi_{\mathrm{Ox/Red}}^{\ominus}/\mathrm{V}$
$F_2\,(g) + 2e^- \longrightarrow 2F^-(aq)$	+2.87
$Co^{3+}(aq) + e^- \longrightarrow Co^{2+}(aq)$	+1.82
$H_2O_2(l) + 2H_3O^+(aq) + 2e^- \longrightarrow 4H_2O(l)$	+1.77
$Ce^{4+}(aq) + e^- \longrightarrow Ce^{3+}(aq)$	+1.76
$MnO_4^-(aq) + 8H_3O^+(aq) + 5e^- \longrightarrow Mn^{2+}(aq) + 12H_2O(l)$	+1.51
$Au^{3+}(aq) + 3e^- \longrightarrow Au\,(s)$	+1.42
$Cl_2(g) + 2e^- \longrightarrow 2Cl^-(aq)$	+1.358
$Cr_2O_7^{2-}(aq) + 14H_3O^+(aq) + 6e^- \longrightarrow 2Cr^{3+}(aq) + 21H_2O(l)$	+1.33
$O_2(g) + 4H_3O^+(aq) + 4e^- \longrightarrow 6H_2O(l)$	+1.23
$2IO_3^-(aq) + 12H_3O^+(aq) + 10e^- \longrightarrow I_2(s) + 18H_2O(l)$	+1.19
$Br_2(g) + 2e^- \longrightarrow 2Br^-(aq)$	+1.08
$Ag^+(aq) + e^- \longrightarrow Ag(s)$	+0.799
$Fe^{3+}(aq) + e^- \longrightarrow Fe^{2+}(aq)$	+0.771
$O_2(g) + 2H_3O^+(aq) + 2e^- \longrightarrow H_2O_2(l) + 2H_2O(l)$	+0.69
$H_3AsO_4(s) + 2H_3O^+(aq) + 2e^- \longrightarrow HAsO_2(aq) + 4H_2O(l)$	+0.56
$I_2(s) + 2e^- \longrightarrow 2I^-(aq)$	+0.535
$Cu^{2+}(aq) + 2e^- \longrightarrow Cu(s)$	+0.34
$Cu^{2+}(aq) + e^- \longrightarrow Cu^+(aq)$	+0.17

续表

半反应	$\varphi_{Ox/Red}^{\ominus}$/V
$2H_3O^+(aq) + 2e^- \longrightarrow H_2(g) + 2H_2O(l)$	0
$Pb^{2+}(aq) + 2e^- \longrightarrow Pb(s)$	-0.126
$Sn^{2+}(aq) + 2e^- \longrightarrow Sn(s)$	-0.14
$Ni^{2+}(aq) + 2e^- \longrightarrow Ni(s)$	-0.25
$Fe^{2+}(aq) + 2e^- \longrightarrow Fe(s)$	-0.44
$Zn^{2+}(aq) + 2e^- \longrightarrow Zn(s)$	-0.7628
$Mn^{2+}(aq) + 2e^- \longrightarrow Mn(s)$	-1.17
$Al^{3+}(aq) + 3e^- \longrightarrow Al(s)$	-1.66
$Mg^{2+}(aq) + 2e^- \longrightarrow Mg(s)$	-2.37
$Na^+(aq) + e^- \longrightarrow Na(s)$	-2.713
$K^+(aq) + e^- \longrightarrow K(s)$	-2.925
$Li^+(aq) + e^- \longrightarrow Li(s)$	-3.045

一些重要的说明如下[19-23]：

(1) $\varphi^{\ominus}$ 值的大小和符号与组成电极的物质种类(电子得失倾向)有关，而与电极反应的写法无关。无论实际发生的电极反应是氧化还是还原，表中的半反应均表示为还原过程，即

$$氧化型 + ze^- \longrightarrow 还原型$$

例如，尽管铜锌原电池的标准锌电极上发生的是氧化过程 $Zn(s) \longrightarrow Zn^{2+}(aq) + 2e^-$，但在表 3-3 中仍用还原半反应 $Zn^{2+}(aq) + 2e^- \longrightarrow Zn(s)$ 表示。

与标准氢电极构成的电池中，另一标准电极的实际过程由其 $\varphi_{Ox/Red}^{\ominus}$ 值的正、负号显示：实际过程与半反应表达式相同时(即还原过程)，$\varphi_{Ox/Red}^{\ominus}$ 值为正值；与半反应表达式不同时(即氧化过程)，$\varphi_{Ox/Red}^{\ominus}$ 值为负值。

此外，$\varphi^{\ominus}$ 值的大小与电极反应中物质的计量系数无关。这是因为电极电势是一强度量，与电极反应得失电子的数目无关。例如，无论电极反应为 $Zn^{2+}(aq) + 2e^- \longrightarrow Zn(s)$，还是 $2Zn^{2+}(aq) + 4e^- \longrightarrow 2Zn(s)$，$\varphi^{\ominus}$ 值的大小均为-0.7628 V。

(2) 表中电对按 $\varphi_{Ox/Red}^{\ominus}$ 代数值由大到小的顺序排列。$\varphi_{Ox/Red}^{\ominus}$ 代数值越大，正向半反应进行倾向越大，即氧化型的氧化性越强；$\varphi_{Ox/Red}^{\ominus}$ 代数值越小，正向半反应进行倾向越小，或者说逆向半反应进行倾向越大，即还原型的还原性越强(可通过双电层理论理解)。表中最强的氧化剂和还原剂分别为 F_2 和 Li。但必须注意，$\varphi^{\ominus}$ 值是标准状态下水溶液体系的标准电极电势，对于非标准状态，非水溶液体系，都不能使用 $\varphi^{\ominus}$ 值比较物质的氧化还原能力。

(3) 对同一电对而言，氧化型的氧化性越强，其还原型的还原性就越弱。这种关系与布朗斯台德(Brönsted)共轭酸碱之间的关系类似。

(4) 一个电对的还原型能够还原处于该电对上方任何一个电对的氧化型。这是能从表中获得的最重要的信息之一，其实质是氧化还原反应总是由强氧化剂和强还原剂向生成弱还原剂和弱氧化剂的方向进行。这里再一次出现了与酸碱反应类似的关系。

$$强氧化剂 + 强还原剂 \longrightarrow 弱还原剂 + 弱氧化剂$$

例如，H^+/H_2 和 Cu^{2+}/Cu 两个电对都位于 Zn^{2+}/Zn 电对的上方，Zn 可与 H^+ 发生反应生成 Zn^{2+} 和 H_2，也可与 Cu^{2+} 发生反应生成 Zn^{2+} 和 Cu。

(5) 负的标准电极电势意味着电对中的还原型(如 Zn^{2+}/Zn 中的 Zn)在标准条件下的水溶液中是 H^+ 的还原剂，即 $\varphi_{Ox/Red}^{\ominus} < 0\,V$，还原型物种的还原性足以将 H^+ 还原。

表 3-3 给出了 298 K 时的一些 $\varphi_{Ox/Red}^{\ominus}$ 值，表中由上到下的顺序即电化学序列(electrochemical series)[24-26]，其重要特征是：电对中的还原型在热力学上能够还原位于它上方的任何一个电对的氧化型。$\varphi_{Ox/Red}^{\ominus}$ 是电极处于平衡状态时表现的特征值，这一特征仅指反应的热力学方面，而不是反应速率。这就是说，根据电化学序列做出的判断只是热力学结果；如果在动力学上不利，实际反应可能不会发生或者进行得极慢。

3.2 电池反应的热力学

3.2.1 可逆电池电动势与电池反应吉布斯自由能的关系

1. 可逆电池与可逆电极

可逆电池是指正向、逆向电池反应都是热力学可逆且无液体接界的电池。可逆电池必须具备以下 3 个条件，缺一不可[27]：

(1) 电池反应可逆。正向电池反应与逆向电池反应为互逆反应——物质转移可逆。

(2) 能量转变可逆。电池在正向、逆向反应过程中能量的转变可逆。即电池反应是在无限接近平衡的状态下进行的。在经历过多次正、逆反应的循环都可使系统恢复到原来的状态。

(3) 电池中进行的其他过程也必须是可逆的。

使用盐桥连接的铜锌原电池可近似认为是可逆电池，但并非严格意义上的热力学可逆电池，因为盐桥与电解质溶液界面存在因离子扩散引起的相间电势差，而扩散是不可逆的。虽然铜锌原电池的两个电极反应是可逆的，但在正反应进行过程中，要发生 Zn^{2+} 向 $CuSO_4$ 溶液的扩散过程。发生逆反应时，电极反应虽可逆向进行，但是在溶液接界处离子的移动与原来不同，是 Zn^{2+} 向 $CuSO_4$ 溶液的迁移，因此整个电池工作过程实际上是不可逆的。

可逆电极为构成可逆电池的两个电极，需满足单一电极和反应可逆两个条件。单一电极是指电极上只能发生一种电化学反应；反应可逆是指电极反应可逆。此外，一般还要求可逆电极能够迅速建立和保持平衡态。凡是不能满足可逆电池(极)条件的电池(极)称为不可逆电池(极)。现实中的电池一般是不可逆电池，因为实际用的电池不是处在平衡状态。

2. 可逆电池电动势与电池反应摩尔吉布斯自由能变的相互换算

将铜锌原电池近似认为是可逆电池，在不考虑热功等损失，等温等压条件下，体系吉布斯自由能的变化等于对外所做的最大非膨胀功，用公式可表示为

$$\Delta G = -W_{f,max} \tag{3-3}$$

如果非膨胀功只有电功一种，而过程中的电功等于电荷量与电势差之积，即

$$W_{电功} = W_{f,max} = -qE \tag{3-4}$$

当反应进度为 ξ 时，转移电子的物质的量为 n，电荷量为 q，则

$$q = nF \tag{3-5}$$

式中，法拉第常量 $F = 96500\ C\cdot mol^{-1}$，故电功 $W_{电功}$ 可表示为

$$W_{电功} = W_{f,max} = -nEF \tag{3-6}$$

因此联立得

$$\Delta G = -nFE \tag{3-7}$$

此时，等号两边的单位均为 J。

当方程两边同时除以反应进度 ξ 时，电池反应吉布斯自由能的变化值可表示为

$$\Delta_r G_m = -zFE \tag{3-8}$$

式中，z 为电极反应式中电子的计量系数，量纲为一。$\Delta_r G_m^\ominus$ 的单位为 $J \cdot mol^{-1}$ ($1\ V \cdot C = 1\ J$)。

由于自发反应进行的判据为

$$\Delta G < 0 \tag{3-9}$$

处于标准态时，$E = E^\ominus$，它们之间的关系为

$$\Delta_r G_m^\ominus = -zFE^\ominus \tag{3-10}$$

式(3-10)的应用主要有[28-29]：

(1) 判断电池反应的自发性。若一化学反应能自发进行，必有 $E^\ominus > 0$，而 $\Delta_r G_m^\ominus < 0$；或者等温等压下，若 $E^\ominus > 0$，该电池可自发进行。

(2) 测定原电池可逆电动势，从而计算该温度与压力下的电池反应 $\Delta_r G_m^\ominus$ 的变化。原电池电动势很容易测到 4 位有效数字，而用量热法测定与计算的 $\Delta_r G_m^\ominus$ 就不那么容易达到这个精度，实验难度也较大。

(3) 用热力学数据从理论上计算电池电动势，尤其是计算某些不易测量的电极电势。

3.2.2 能斯特方程

标准电极电势是指所有溶解物质都处于单位活度，同时参与电极反应的气体的有效压力是 100 kPa 时标准状况的电极电势。但是在实际应用中，电化学池电解质并不总是有固定浓度。如果电解液中这些物质的浓度或压力值发生了变化，电池电动势也必将发生变化。德国化学家能斯特在 1889 年提出了能斯特方程 (Nernst equation)[30]，用以反映在同一温度下，电动势和标准电动势的关系，即在非标准状态下电动势偏离标准电动势的状况。需要指出的是，能斯特方程仅能应用于达到电化学平衡的体系，即可逆电池中。

1. 电动势的能斯特方程

假设 Zn^{2+} 在铜锌原电池中的标准有效浓度从 $1\ mol \cdot L^{-1}$ 降低到更小值：

$(-)\ Zn(s)\,|\,Zn^{2+}(aq,\ 0.001\ mol\cdot L^{-1})\,\|\,Cu^{2+}(aq,\ 1\ mol\cdot L^{-1})\,|\,Cu(s)\ (+)$

该电池反应 $Zn(s) + Cu^{2+}(aq) \rightleftharpoons Zn^{2+}(aq) + Cu(s)$ 的 Q 值(即反应熵,是初始浓度而不是平衡浓度的平衡表达式)将会减小。

为使整个反应自发进行,或根据勒夏特列原理(Le Chatelier's principle)使反应向右进行,自由能变化 ΔG 要比 $\Delta G^{\ominus}$ 更负, E 比 $E^{\ominus}$ 更负。

$$\Delta_r G_m^{\ominus} = -zFE^{\ominus}$$

$$\Delta_r G_m = -zFE$$

将两式代入以下方程

$$\Delta_r G_m = \Delta_r G_m^{\ominus} + RT\ln Q \tag{3-11}$$

得

$$-zFE = -zFE^{\ominus} + RT\ln Q \tag{3-12}$$

整理得

$$E = E^{\ominus} - \frac{RT}{zF}\ln Q \tag{3-13}$$

此方程为能斯特方程。通常在 298 K 时写成 lg 形式,即

$$E = E^{\ominus} - \frac{0.0592}{z}\lg Q \tag{3-14}$$

在 T 时为

$$E = E^{\ominus} - \frac{2.303RT}{zF}\lg Q \tag{3-15}$$

2. 电极电势的能斯特方程

电池反应 $aA + bB \rightleftharpoons cC + dD$ 可拆分成两个半反应:

正极 $aA + ze^- \rightleftharpoons cC$　　(A 为氧化型,C 为还原型)

负极 $dD + ze^- \rightleftharpoons bB$　　(D 为氧化型,B 为还原型)

电池反应电动势的能斯特方程为

$$E = E^{\ominus} - \frac{RT}{zF}\ln\frac{a_C^c\,a_D^d}{a_A^a\,a_B^b}$$

将其改写为

$$\varphi(+) - \varphi(-) = [\varphi^{\ominus}(+) - \varphi^{\ominus}(-)] - \frac{RT}{zF} \ln \frac{a_C^c \, a_D^d}{a_A^a \, a_B^b}$$

将正极和负极分别归在一起，得

$$\varphi(+) - \varphi(-) = \left[\varphi^{\ominus}(+) + \frac{RT}{zF} \ln \frac{a_A^a}{a_C^c} \right] - \left[\varphi^{\ominus}(-) + \frac{RT}{zF} \ln \frac{a_D^d}{a_B^b} \right]$$

对应有

$$\varphi(+) = \varphi^{\ominus}(+) + \frac{RT}{zF} \ln \frac{a_A^a}{a_C^c}$$

$$\varphi(-) = \varphi^{\ominus}(-) + \frac{RT}{zF} \ln \frac{a_D^d}{a_B^b}$$

一般关系式为

$$\varphi(+) = \varphi^{\ominus}(+) + \frac{RT}{zF} \ln \frac{[氧化型]}{[还原型]} \tag{3-16}$$

当温度为 298 K 时，有

$$\varphi(+) = \varphi^{\ominus}(+) + \frac{0.0592}{z} \lg \frac{[氧化型]}{[还原型]} \tag{3-17}$$

此式即为电极电势的能斯特方程。它反映了同一温度下，非标准电极电势和标准电极电势的关系。注意，能斯特方程中[氧化型]和[还原型]必须严格按照电极反应式书写。例如，298 K 时的电极反应 $Cr_2O_7^{2-}(aq) + 14H^+(aq) + 6e^- \Longrightarrow$ $2Cr^{3+}(aq) + 7H_2O(l)$ 的能斯特方程为

$$\varphi(+) = \varphi^{\ominus}(+) + \frac{0.0592}{6} \lg \frac{[c(Cr_2O_7^{2-})][c(H^+)]^{14}}{[c(Cr^{3+})]^2}$$

又如，298 K 时电极反应 $2H^+(aq) + 2e^- \longrightarrow H_2(g)$ 的能斯特方程为

$$\varphi(+) = \varphi^{\ominus}(+) + \frac{0.0592}{2} \lg \frac{[c(H^+)]^2}{\dfrac{p(H_2)}{p^{\ominus}}}$$

3.2.3 电动势与电池反应平衡常数的关系

1. 电动势、电池反应平衡常数和标准吉布斯自由能的关系

在一定温度下，可逆电池电动势与吉布斯自由能之间的关系可表示为

$$\Delta_r G_m^\ominus = -zFE^\ominus \tag{3-10}$$

已知

$$\Delta_r G_m^\ominus = -RT\ln K^\ominus \tag{3-18}$$

将两式联立可得

$$E^\ominus = \frac{RT}{zF}\ln K^\ominus \tag{3-19}$$

当温度为 298 K 时，

$$\lg K^\ominus = \frac{zE^\ominus}{0.0592} \tag{3-20}$$

标准电动势 $E^\ominus$ 值可通过标准电极电势表进行计算，从而通过上式计算反应的平衡常数 $K^\ominus$，进而判断化学反应进行的程度和限度[30-32]。当 $E^\ominus = 0.20$ V 时，$K^\ominus$ 就已经达到了 10^3 数量级，反应进行的程度已经相当大了。图 3-9 展示了能斯特方程、平衡常数 $K^\ominus$ 与 $\Delta G^\ominus$ 之间的关系，将热力学与电化学紧密地联系在一起。

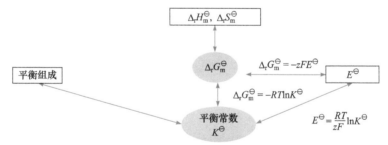

图 3-9　能斯特方程、平衡常数与 $\Delta G^\ominus$ 之间的关系

必须注意的是，E 和 $E^\ominus$ 是强度性质，与电池反应方程的写法无关，$\Delta_r G_m^\ominus$ 是容量性质，与电池反应方程的写法有关。例如，

电池反应 1：$2AgCl(s) + H_2(p_{H_2}) \rightleftharpoons 2Ag + 2H^+(a_{H^+}) + 2Cl^-(a_{Cl^-})$

$$E_1 = E_1^\ominus - \frac{RT}{2F}\ln\frac{(a_{Ag})^2(a_{H^+})^2(a_{Cl^-})^2}{(a_{H_2})(a_{AgCl})^2}$$

$$= E_1^\ominus - \frac{RT}{2F}\ln\frac{(a_{HCl})^2}{\dfrac{p_{H_2}}{p^\ominus}} = E_1^\ominus - \frac{RT}{F}\ln\frac{a_{HCl}}{\left(\dfrac{p_{H_2}}{p^\ominus}\right)^{\frac{1}{2}}}$$

电池反应 2：$AgCl(s) + \dfrac{1}{2}H_2(p_{H_2}) \Longrightarrow Ag + H^+(a_{H^+}) + Cl^-(a_{Cl^-})$

$$E_2 = E_2^{\ominus} - \dfrac{RT}{F}\ln\dfrac{(a_{Ag})(a_{H^+})(a_{Cl^-})}{(a_{H_2})^{\frac{1}{2}}(a_{AgCl})}$$

$$= E_2^{\ominus} - \dfrac{RT}{F}\ln\dfrac{a_{HCl}}{\left(\dfrac{p_{H_2}}{p^{\ominus}}\right)^{\frac{1}{2}}}$$

因为是同一电池，故 $E_1^{\ominus} = E_2^{\ominus}$，$E_1 = E_2$，但 $K_1^{\ominus} = K_2^{\ominus 2}$，因此

$$\Delta_r G_{m1}^{\ominus} = -2E_1^{\ominus}F$$

$$\Delta_r G_{m2}^{\ominus} = -E_2^{\ominus}F$$

利用能斯特方程、平衡常数 $K^{\ominus}$ 与 $\Delta G^{\ominus}$ 之间的关系，可以计算反应的标准电极电势、平衡常数及标准吉布斯自由能。

2. 标准电极电势的计算

标准电极电势除了通过测定获得，还可利用能斯特方程、平衡常数 $K^{\ominus}$ 与 $\Delta G^{\ominus}$ 之间的关系来计算。

例题 3-4

计算多酸银盐 $Ag_3PMo_{12}O_{40}\cdot 4H_2O$ 的标准电极电势[33]。

解 假设 $Ag_3PMo_{12}O_{40}$ / Ag 原电池为

$$(-)\ Ag(s)\,|\,Ag^+(aq)\,\|\,[PMo_{12}O_{40}]^{3-}(aq),\ Ag_3PMo_{12}O_{40}(s)\,|\,Ag(s)(+)$$

该原电池的两个半反应为

$(-)$ $3Ag(s) \longrightarrow 3Ag^+(aq) + 3e^-$ $\varphi^{\ominus}(+)$

$(+)$ $Ag_3PMo_{12}O_{40}(s) + 3e^- \longrightarrow 3Ag + [PMo_{12}O_{40}]^{3-}(aq)$ $\varphi^{\ominus}(-)$

电池反应为

$$Ag_3PMo_{12}O_{40}(s) \Longrightarrow 3Ag^+(aq) + [PMo_{12}O_{40}]^{3-}(aq)$$

在一定温度下，反应的平衡常数 $K^{\ominus}$ 可以表示为

$$K^{\ominus} = [Ag^+]^3 \times [PMo_{12}O_{40}]^{3-} = K_{sp}^{\ominus}$$

反应平衡时，有

$$E^\ominus = \frac{RT}{zF} \ln K^\ominus$$

当温度为 25℃时，原电池的标准电动势为

$$E_{\text{cell}}^\ominus = \frac{0.0592}{3} \lg K_{\text{sp}}^\ominus = \varphi^\ominus(+) - \varphi^\ominus(-)$$

可得

$$\varphi^\ominus(+) = \varphi^\ominus(-) + \frac{0.0592}{3} \lg K_{\text{sp}}^\ominus$$

根据标准电极电势表，可以查到 $\varphi_{\text{Ag}^+/\text{Ag}}^\ominus$ 为 0.799 V，$\text{Ag}_3\text{PMo}_{12}\text{O}_{40} \cdot 4\text{H}_2\text{O}$ 在温度为 25℃时的 $K_{\text{sp}}^\ominus$ 为 2.25×10^{-10}，因此 $\varphi^\ominus(+)$ 为 0.6092 V，即 $\varphi_{\text{Ag}_3\text{PMo}_{12}\text{O}_{40}/\text{Ag}}^\ominus$ 为 0.361 V。

许多电极电势不可能直接通过实验测定获得。例如，碱金属等活泼金属遇水剧烈反应，显然不能构成稳定的半电池来测定电极电势。又如，氟与水剧烈反应，也不可能直接用实验测得其电极电势。这些电极电势数值可利用热力学方法计算间接获得。

用热力学方法求算电极电势的一般方法是确定半反应的标准吉布斯自由能。这种一般方法有一个非常重要的假设，如前所述，假定标准氢电极的电极电势为零，因此事实上已经假定了它的标准吉布斯自由能变化 $\Delta_r G^\ominus (= -nFE^\ominus)$ 也是零。由氢电极的电极反应 $2\text{H}^+ + 2\text{e}^- \rule[0.5ex]{1.5em}{0.4pt} \text{H}_2$ 可见，氢气是单质，根据定义，它的标准摩尔生成自由能 $\Delta_f G_m^\ominus$ 为零，所以事实上已经假定了水合氢离子和水合电子的标准摩尔生成自由能 $\Delta_f G_m^\ominus$ 等于零。这些假定便形成了通过热力学方法计算半反应电极电势的基础。

例题 3-5

利用热力学数据计算 Na^+/Na 和 Ca^{2+}/Ca 的标准电极电势。

解 可以想象把欲求电极电势的半电池与标准氢电极连接成原电池，如

$$\text{Na (s)} + \text{H}^+(\text{aq}) \rule[0.5ex]{1.5em}{0.4pt} \frac{1}{2}\text{H}_2(\text{g}) + \text{Na}^+(\text{aq}) \tag{a}$$

反应的自由能变化为

$$\Delta_r G_m^\ominus = \sum \nu_B \Delta_f G_m^\ominus(\text{B}) = 0 + 0 + 0 + \Delta_f G_m^\ominus(\text{Na}^+) = \Delta_f G_m^\ominus(\text{Na}^+)$$

反应的电动势为

$$E^\ominus = \varphi^\ominus(+) - \varphi^\ominus(-) = 0 \text{ V} - \varphi_{\text{Na}^+/\text{Na}}^\ominus = -\varphi_{\text{Na}^+/\text{Na}}^\ominus$$

已知 $\Delta_r G_m^{\ominus} = -nFE^{\ominus}$，由以上关系式可得

$$\varphi_{Na^+/Na}^{\ominus} = \Delta_f G_m^{\ominus}(Na^+)/nF \tag{b}$$

查热力学数据表得到 Na^+ 的标准摩尔生成自由能为 $-262\ kJ \cdot mol^{-1}$，代入此式，得

$$\varphi_{Na^+/Na}^{\ominus} = -\frac{262\ kJ \cdot mol^{-1}}{96500\ C \cdot mol^{-1}} = -2.72\ V$$

同理：

$$\varphi_{Ca^{2+}/Ca}^{\ominus} = -\frac{553.5\ kJ \cdot mol^{-1}}{2 \times 96500\ C \cdot mol^{-1}} = -2.87\ V$$

将上述过程普遍化即可将上述例题 3-5 中的方程式(b)泛化为

$$\varphi^{\ominus} = \frac{\sum \nu_B \Delta_f G_m^{\ominus}(B)}{nF} \tag{3-21}$$

由此可见，例题 3-5 中方程式(a)相当于欲求标准电极电势的半反应，此半反应中各物质的 $\Delta_f G_m^{\ominus}(B)$ 加和时不包括电子，可见相当于把 H^+ 和电子的标准摩尔生成自由能当作零了。

例题 3-6

计算 $F_2(g) + 2e^- \longrightarrow 2F^-(aq)$ 的标准电极电势(注:式中未标状态均为水合物)。

解

$$\varphi^{\ominus} = \frac{\sum \nu_B \Delta_f G_m^{\ominus}(B)}{nF}$$

$$= \frac{2 \times \Delta_f G_m^{\ominus}(F^-) - 0 - 0}{2F}$$

$$= \frac{2 \times (-279\ kJ \cdot mol^{-1})}{2 \times 96500\ C \cdot mol^{-1}} = -2.89\ V$$

3. 标准电极电势的热力学说明

吉布斯-亥姆霍兹(Gibbs-Helmholtz)公式表明自由能可分解为焓变项和熵变项 ($\Delta G = \Delta H - T\Delta S$)，熵的贡献($T\Delta S^{\ominus}$ 值)在 $20 \sim 40\ kJ \cdot mol^{-1}$，与焓变相比数值较小，因此标准电极电势主要包括金属升华焓($\Delta_{sub} H^{\ominus}$)、电离能(I)、解离能(D)、离子水合焓($\Delta_{hyd} H^{\ominus}$)的贡献。影响电对 M^+/M 标准电极电势的因素可通过热力学循环相应的吉布斯能变对下述总反应的贡献来说明：

$$M^+(aq) + \frac{1}{2}H_2(g) \longrightarrow H^+(aq) + M(s)$$

图 3-10 是简化的热力学循环。这里 H$^+$ 和 M$^+$ 生成焓是绝对值，而不是按常规 $\Delta_f H_m^\ominus(H^+, aq) = 0$，即 $\Delta_f H_m^\ominus(H^+, aq)$ 值为 $+445\ kJ \cdot mol^{-1}$，是通过 $\frac{1}{2}H_2(g)$ 形成 1 个 H 原子($+218\ kJ \cdot mol^{-1}$)、H 原子电离为 H$^+$(g)($+1312\ kJ \cdot mol^{-1}$)、H$^+$(g)发生水合(约 $-1085\ kJ \cdot mol^{-1}$)等三个过程计算得到的。

用热力学贡献讨论电极电势有助于解释标准电极电势的变化趋势[34]。例如，第 ⅠA 族中，Cs$^+$/Cs 电对和 Li$^+$/Li 电对的标准电极电势似乎与电负性预期的结果相反。尽管 Li 的电负性($\chi = 2.20$)比 Cs 的电负性($\chi = 0.79$)大，但 Cs$^+$/Cs 的标准电极

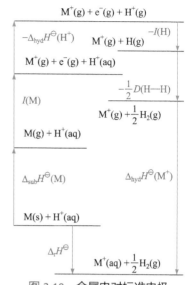

图 3-10　金属电对标准电极
电势的热力学循环
向上箭头表示吸热过程，向下箭头表示放热过程

电势($\varphi^\ominus = -3.03\ V$)与 Li$^+$/Li 的标准电极电势($\varphi^\ominus = -3.04\ V$)相近。Li 的升华焓和电离能比 Cs 的高，因此前者更不易形成离子，其标准电极电势的负值更小些。然而 Li$^+$ 离子水合焓的负值很大，这是因为 Li$^+$ 离子半径(90 pm)比 Cs$^+$ 离子半径(181 pm)小得多，与水分子之间的静电作用强得多。总体上，Li$^+$ 更负的离子水合焓在分量上超过了形成 Li$^+$(g)的两个能量项，使其标准电极电势更负。此外，Na$^+$/Na 电对的标准电极电势(−2.71 V)比第 ⅠA 族其他金属的(接近−2.9 V)相对较低，这是由 Na 的高升华焓和中等大小的水合焓两个因素共同造成的(表 3-4)。

表 3-4　几种热力学因素对 $\varphi^\ominus$ 的贡献

参数	Li	Na	Cs	Ag
$\Delta_{sub}H^\ominus / (kJ \cdot mol^{-1})$	+161	+109	+79	+284
$I / (kJ \cdot mol^{-1})$	520	495	376	735
$\Delta_{hyd}H^\ominus / (kJ \cdot mol^{-1})$	−520	−406	−264	−468
$\Delta_f H^\ominus(M^+, aq) / (kJ \cdot mol^{-1})$	+167	+206	+197	+551
$\varphi^\ominus / V$	−3.04	−2.71	−3.03	+0.80

注：$\Delta_f H_m^\ominus(H^+, aq) = +445\ kJ \cdot mol^{-1}$。

$\varphi_{Na^+/Na}^{\ominus}$ 值也可与 $\varphi_{Ag^+/Ag}^{\ominus}$ 值做比较。两种离子的六配位半径(r_{Na^+} = 116 pm, r_{Ag^+} = 129 pm)相近,所以离子的水合焓接近。然而,Ag 具有高得多的升华焓,特别是 4d 电子的弱屏蔽作用造成的高电离能,导致 $\varphi_{Ag^+/Ag}^{\ominus}$ 为正值。这种差别表现在金属与稀酸的反应上:钠剧烈反应并放出氢气而溶解,银则不反应。类似的热力学分析可用来解释很多表 3-4 中的标准电极电势数据的变化趋势。例如,贵金属具有正电极电势,主要因为它们中的多数具有高升华焓。

3.2.4 通过电动势 E 及其温度系数计算反应的 $\Delta_r H_m$ 和 $\Delta_r S_m$

根据吉布斯-亥姆霍兹公式:

$$\left(\frac{\partial \Delta_r G_m^{\ominus}}{\partial T}\right)_p = \frac{\Delta G - \Delta H}{T} \tag{3-22}$$

$$T\left(\frac{\partial \Delta_r G_m^{\ominus}}{\partial T}\right)_p = \Delta G - \Delta H \tag{3-23}$$

$$(\Delta_r G_m^{\ominus})_{T,p} = \frac{-nEF}{\xi} = -zEF \tag{3-24}$$

当反应进度 ξ = 1 mol 时,将式(3-24)代入式(3-23)得

$$-zEF\left(\frac{\partial E}{\partial T}\right)_p = -\Delta_r H_m^{\ominus} - zEF \tag{3-25}$$

则

$$\Delta_r H_m^{\ominus} = -zEF + zEF\left(\frac{\partial E}{\partial T}\right)_p \tag{3-26}$$

式中, $\left(\dfrac{\partial E}{\partial T}\right)_p$ 称为可逆电池电动势的温度系数。由式(3-26)可知,只要由实验测得电池电动势 E 和 $\left(\dfrac{\partial E}{\partial T}\right)_p$,便可计算电池反应焓变 $\Delta_r H_m$[35]。

由热力学第二定律基本公式知

$$\Delta H = \Delta G + T\Delta S \tag{3-27}$$

与式(3-26)相比较得

$$\Delta_r S_m = zF\left(\frac{\partial E}{\partial T}\right)_p \tag{3-28}$$

3.2.5　可逆电池的热效应

在等温条件下，电池在 $W_{f,max} = -zEF$ 的情况下可逆放电，则电池中可逆反应的热效应为

$$Q_R = T\Delta_r S_m = zTF\left(\frac{\partial E}{\partial T}\right)_p = \Delta_r H_m + zEF \tag{3-29}$$

$$\begin{cases} 若\left(\dfrac{\partial E}{\partial T}\right)_p > 0，\ 则\ Q_R > 0，\ 说明电池等温等压可逆放电是吸热反应；\\[2mm] 若\left(\dfrac{\partial E}{\partial T}\right)_p < 0，\ 则\ Q_R < 0，\ 说明电池等温等压可逆放电是放热反应；\\[2mm] 若\left(\dfrac{\partial E}{\partial T}\right)_p = 0，\ 则\ Q_R = 0。 \end{cases}$$

例题 3-7

在 298 K 和 313 K 时分别测定铜锌原电池的电动势得到 E_1(298 K) = 1.103 V，E_2(313 K) = 1.096 V，设铜锌原电池的反应为

$$Zn(s) + CuSO_4(aq,\ a=1) \Longrightarrow Cu(s) + ZnSO_4(aq,\ a=1)$$

并设在 298～313 K 的 $\left(\dfrac{\partial E}{\partial T}\right)_p$ 为一常数，试计算电池反应在 298 K 时的 $\Delta_r G_m$、$\Delta_r H_m$、$\Delta_r S_m$ 和可逆热效应 Q_R 及反应的平衡常数 $K^{\ominus}$。

解

$$\left(\frac{\partial E}{\partial T}\right)_p = \frac{E_2 - E_1}{T_2 - T_1} = \frac{(1.096 - 1.103)\ V}{(313 - 298)\ K}$$

$$= -4.667 \times 10^{-4}\ V \cdot K^{-1}$$

$$\Delta_r G_m = -zEF = -2 \times 1.103\ V \times 96500\ C \cdot mol^{-1}$$

$$= -212.9\ kJ \cdot mol^{-1}$$

$$\Delta_r S_m = zF\left(\frac{\partial E}{\partial T}\right)_p$$

$$= 2 \times 96500\ C \cdot mol^{-1} \times (-4.667 \times 10^{-4}\ V \cdot K^{-1})$$

$$= -90.07\ J \cdot K^{-1} \cdot mol^{-1}$$

$$\Delta_r H_m = \Delta_r G_m + T\Delta_r S_m$$

$$= -212.9\ kJ \cdot mol^{-1} + 298\ K \times (-90.07\ J \cdot K^{-1} \cdot mol^{-1})$$

$$= -239.7\ kJ \cdot mol^{-1}$$

$$Q_R = T\Delta_r S_m^\ominus = 298\,K \times (-90.07\,J\cdot K^{-1}\cdot mol^{-1})$$
$$= -26.84\,kJ\cdot mol^{-1}$$

因反应在标准状态下进行，

$$\lg K^\ominus = \frac{zFE^\ominus}{2.303\times RT} = \frac{2\times96500\,C\cdot mol^{-1}\times1.103\,V}{2.303\times298\,K\times8.314\,J\cdot mol^{-1}\cdot K^{-1}}$$
$$K^\ominus = 2.057\times10^{37}$$

3.2.6 影响电极电势和电动势的因素

实际体系中各物质不可能都处于标准态浓度，用非标准态下的电动势为判据才能得到正确的结论。能斯特方程表达了浓度、酸度等对电动势和电极电势的影响，这种关系可以细分为浓度、酸度、沉淀物的生成和配合物生成的影响。

1. 浓度和压力对电极电势的影响

根据能斯特方程：

$$E = E^\ominus - \frac{RT}{zF}\ln Q \tag{3-13}$$

在 T 时写成 lg 形式，即

$$E = E^\ominus - \frac{2.303RT}{zF}\lg Q \tag{3-15}$$

式中，反应商 Q 的浓度项是反应式两端相关物种的浓度。当有气体参与电极反应时，反应商 Q 必然还有气体的压力相，因此浓度和压力均会影响电极电势[36]。

例题 3-8

$\varphi_{Cu^{2+}/Cu}^\ominus = +0.342\,V$，在 298 K、溶液中 Cu^{2+} 的浓度为 0.001 mol·L^{-1}时，铜电极的电极电势为多少？

解 由能斯特方程知

$$\varphi_{Cu^{2+}/Cu} = \varphi_{Cu^{2+}/Cu}^\ominus + \frac{0.0592\,V}{2}\lg c(Cu^{2+}) = +0.342\,V + \frac{0.0592\,V}{2}\lg 0.001 = 0.253\,V$$

计算结果表明，对指定电极来说，氧化型物质的浓度越小，电极电势越小；同理，还原型物质的浓度越大，电极电势越小。

图 3-11 为浓差电池(concentration cell)，右部是标准氢电极，左部是 $c(H_3O^+) < 1$ mol·L^{-1}的氢电极。该电池可表示为

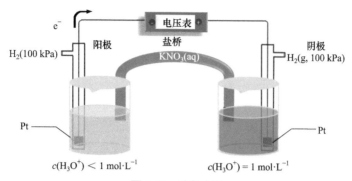

图 3-11 浓差电池

$$(-) \, Pt \mid H_2(g,100\,kPa) \mid H_3O^+(aq,\, x\,mol\cdot L^{-1}) \parallel H_3O^+(aq,\, 1\,mol\cdot L^{-1}) \mid$$
$$H_2(g,100\,kPa) \mid Pt \, (+)$$

负极发生 H_2 的氧化，结果导致 $c(H_3O^+)$ 不断增大；正极发生 H_3O^+ 的还原，结果导致 $c(H_3O^+)$ 不断减小；两边 $c(H_3O^+)$ 相等时电池耗尽，外电路不再有电流通过。这种只涉及同一物种(此处为 H_3O^+)浓度变化的电池称为浓差电池[37]。

例题 3-9

如果上文中电池表达式中的 x 值等于(a) 1.0×10^{-1}，(b) 1.0×10^{-2}，(c) 1.0×10^{-3}，试计算三种氢电极分别与标准氢电极构成的浓差电池的电动势。

解 题给三种情况下对应的 pH 分别等于 1.0、2.0 和 3.0，代入计算电动势的公式得

(a) $E_{池} = \varphi_{正} - \varphi_{负} = 0\,V + 0.0592\,V \times 1.0 = +0.0592\,V$

(b) $E_{池} = \varphi_{正} - \varphi_{负} = 0\,V + 0.0592\,V \times 2.0 = +0.118\,V$

(c) $E_{池} = \varphi_{正} - \varphi_{负} = 0\,V + 0.0592\,V \times 3.0 = +0.178\,V$

此结果表明电池电动势与溶液的 pH 成正比。事实上，测量溶液酸度的装置(酸度计)就是根据浓差电池的原理设计的。

2. pH 对电极电势的影响

由例题 3-9 可知，当 H^+ 或 OH^- 参与电极反应时，溶液中酸碱度的改变必将引起体系离子浓度的变化，因此必会发生电极电势的改变。

例题 3-10

$MnO_4^-(aq) + 5e^- + 8H^+(aq) \rightleftharpoons Mn^{2+}(aq) + 4H_2O(l)$，$\varphi_{MnO_4^-/Mn^{2+}}^{\ominus} = 1.507\ V$，

当 H^+ 浓度分别为 $0.01\ mol \cdot L^{-1}$、$10\ mol \cdot L^{-1}$ 时，其他物质都处于标准状态下，计算
$\varphi_{MnO_4^-/Mn^{2+}}$。

解 由能斯特方程可得

$$\varphi_{MnO_4^-/Mn^{2+}} = \varphi_{MnO_4^-/Mn^{2+}}^{\ominus} + \frac{0.0592\ V}{5} lg \frac{c(MnO_4^-)[c(H^+)]^8}{c(Mn^{2+})}$$

由于其他物质处于标准状态下，故浓度均为 $1\ mol \cdot L^{-1}$。

当 H^+ 浓度为 $0.01\ mol \cdot L^{-1}$ 时，

$$\varphi_{MnO_4^-/Mn^{2+}} = 1.507\ V + \frac{0.0592\ V}{5} lg\ 0.01^8 = 1.318\ V$$

当 H^+ 浓度为 $10\ mol \cdot L^{-1}$ 时，

$$\varphi_{MnO_4^-/Mn^{2+}} = 1.507\ V + \frac{0.0592\ V}{5} lg\ 10^8 = 1.602\ V$$

中性溶液(pH = 7)中的标准电极电势用 $\varphi_{ow}^{\ominus}$ 表示。因为细胞液的 pH 约为 7，所以 $\varphi_{ow}^{\ominus}$ 数据在生物化学中非常重要。pH = 7 相当于所谓的生物标准态 (biological standard state)，生物化学上有时将其表示为 $\varphi^{\oplus}$ 或 $\varphi_{m7}^{\ominus}$，"m7" 表示 pH = 7 的 "中点" 电极电势。

3. 沉淀剂对电极电势的影响

加入沉淀剂会改变体系中离子的浓度，有此离子参与的电极反应，其电极电势必然改变。

例题 3-11

已知 $\varphi_{Ag^+/Ag}^{\ominus} = 0.799\ V$，在含有 Ag^+/Ag 电对的体系中，加入 NaCl 溶液，使溶液中的 $c(Cl^-) = 1.0\ mol \cdot L^{-1}$，计算 $\varphi_{Ag^+/Ag}$。[已知 $K_{sp}^{\ominus}(AgCl) = 1.77 \times 10^{-10}$]

解 加入 Cl^- 后发生反应 $Ag^+(aq) + Cl^-(aq) \rightleftharpoons AgCl(s)$，产生白色沉淀，导致 Ag^+ 浓度改变，因此 $\varphi_{Ag^+/Ag}$ 的计算需考虑变化后 Ag^+ 的浓度，可通过新建立起来的沉淀平衡来确定浓度。

$$K_{sp}^{\ominus}(AgCl) = [Ag^+][Cl^-]$$

由于 $c(Cl^-) = 1.0\ mol \cdot L^{-1}$，则

$$[Ag^+] = \frac{K_{sp}^{\ominus}(AgCl)}{[Cl^-]} = \frac{1.77 \times 10^{-10}}{1.0} = 1.77 \times 10^{-10}(mol \cdot L^{-1})$$

因此，$[Ag^+]$ 的大小由 $K_{sp}^{\ominus}(AgCl)$ 决定。

加入 Cl^- 后，在新的 $[Ag^+]$ 条件下建立起来的电极电势为

$$\varphi_{Ag^+/Ag} = \varphi_{Ag^+/Ag}^{\ominus} - 0.0592\ V\ lg\frac{1}{c(Ag^+)}$$

$$= \varphi_{Ag^+/Ag}^{\ominus} - 0.0592\ V\ lg\frac{c(Cl^-)}{K_{sp}^{\ominus}(AgCl)}$$

$$= 0.799\ V + 0.0592\ V\ lg\ (1.77 \times 10^{-10})$$

$$= 0.222\ V$$

显然，沉淀的生成使 $[Ag^+]$ 减小，$\varphi_{Ag^+/Ag}$ 也明显减小，Ag^+ 的氧化能力显著降低。对于 Cl^- 的加入，在新的 $[Ag^+]$ 条件下建立起来的电对相当于 $\varphi_{AgCl/Ag}^{\ominus}$，即 $\varphi_{Ag^+/Ag} = \varphi_{AgCl/Ag}^{\ominus}$，对应电极反应为

$$AgCl(s) + e^- \longrightarrow Ag(s) + Cl^-(aq)$$

可以看出，氧化还原电对中有沉淀生成时，会使其对应物质浓度减小，电极电势发生变化。若氧化型物质生成沉淀，则电极电势减小；反之，若还原型物质生成沉淀，则电极电势增大。

4. 配合物对电极电势的影响

与生成沉淀相同，配合物的生成也是由于生成配离子改变了溶液中的离子浓度，从而影响电极电势[38]。

例题 3-12

已知 $\varphi_{Au^+/Au}^{\ominus} = 1.692\ V$，$[Au(CN)_2]^-$ 的稳定常数 $K_{稳}^{\ominus} = 10^{38.3}$，计算 $\varphi_{[Au(CN)_2]^-/Au}^{\ominus}$ 的值。

解　要想求出 $\varphi_{[Au(CN)_2]^-/Au}^{\ominus}$，必须先写出电极反应，并明确什么是标准态。电极反应为 $[Au(CN)_2]^-(aq) + e^- \longrightarrow Au(s) + 2CN^-(aq)$，而 $\varphi_{[Au(CN)_2]^-/Au}^{\ominus}$ 是指 $[Au(CN)_2]^-$ 的浓度与 CN^- 的浓度均为 $1\ mol \cdot L^{-1}$ 时，上述电极反应的电极电势，它

的大小本质上是由体系中 Au^+ 得到电子决定的, 而体系中存在以下平衡:

$$Au^+(aq) + 2CN^-(aq) \rightleftharpoons [Au(CN)_2]^-(aq)$$

因此,

$$[Au^+] = \frac{1}{K_{稳}^{\ominus}}$$

$$\begin{aligned}
\varphi_{[Au(CN)_2]^-/Au}^{\ominus} &= \varphi_{Au^+/Au}^{\ominus} + 0.0592 \text{ V lg } c(Au^+) \\
&= \varphi_{Au^+/Au}^{\ominus} + 0.0592 \text{ V lg } \frac{1}{K_{稳}^{\ominus}} \\
&= 1.692 \text{ V} + 0.0592 \text{ V lg } \frac{1}{10^{38.3}} \\
&= -0.575 \text{ V}
\end{aligned}$$

一般而言, 当金属离子形成配离子, 其配体为简单配体, 如 NH_3、CN^- 等, 由于氧化态离子比还原态电荷高, 半径小, 离子势大, 与配体间键合牢固, 即对应配离子的稳定性前者要好得多, 导致形成配离子时电极电势比简单金属水合离子的标准电极电势要下降得更多一些。例如, $\varphi_{Co^{3+}/Co^{2+}}^{\ominus}$ 到 $\varphi_{[Co(NH_3)_6]^{3+}/[Co(NH_3)_6]^{2+}}^{\ominus}$ 从 1.82 V 降到 0.108 V, $\varphi_{Fe^{3+}/Fe^{2+}}^{\ominus}$ 到 $\varphi_{[Fe(CN)_6]^{3-}/[Fe(CN)_6]^{4-}}^{\ominus}$ 从 0.771 V 降到 0.360 V。要注意的是: 电极电势并不是都会降低[39], 如二价铁的邻菲啰啉配合物, 其稳定性比三价铁的邻菲啰啉配合物大 1.8×10^6 倍, 即导致该配离子电对电极电势反而升高至 1.14 V。同样的, Fe 的联吡啶配合物相应电对电极电势为 0.96 V, 其原因可能是芳环堆积效应对稳定性影响起主导作用[39]。

思考题

3-1 为什么 Co^{3+} 能将水氧化放出氧气, 而 $[Co(NH_3)_6]^{3+}$ 却不能?

3-2 在定量分析中, 为消除离子干扰, 常加掩蔽剂使之形成稳定的配合物而获得精确的测定结果, 如用碘量法测定铜含量时, 通常存在 Fe^{3+} 的干扰, 为消除干扰, 常加 KF 或 NH_4F, 为什么?

3.2.7 电极电势的应用

在电化学中, 标准电极电势是重要的物理量, 它的应用如下。

1. 计算原电池的电动势

应用标准电极电势和能斯特方程, 可计算出原电池的电动势, 并由此推断出电池反应式。

例题 3-13

25℃时，将下列反应设计成原电池，并计算电动势。已知 $\varphi^{\ominus}_{Fe^{3+}/Fe^{2+}} = 0.771\,V$，$\varphi^{\ominus}_{Sn^{4+}/Sn^{2+}} = 0.151\,V$。

$$2Fe^{3+}(aq, 0.1\,mol\cdot L^{-1}) + Sn^{2+}(aq, 0.01\,mol\cdot L^{-1})$$
$$=\!=\!= 2Fe^{2+}(aq, 0.1\,mol\cdot L^{-1}) + Sn^{4+}(aq, 0.2\,mol\cdot L^{-1})$$

解

$$\varphi_{Fe^{3+}/Fe^{2+}} = \varphi^{\ominus}_{Fe^{3+}/Fe^{2+}} + \frac{0.0592\,V}{1}\lg\frac{c(Fe^{3+})}{c(Fe^{2+})}$$

$$= 0.771\,V + \frac{0.0592\,V}{1}\lg\frac{0.1}{0.1} = 0.771\,V$$

$$\varphi_{Sn^{4+}/Sn^{2+}} = \varphi^{\ominus}_{Sn^{4+}/Sn^{2+}} + \frac{0.0592\,V}{2}\lg\frac{c(Sn^{4+})}{c(Sn^{2+})}$$

$$= 0.151\,V + \frac{0.0592\,V}{2}\lg\frac{0.2}{0.01}$$

$$= 0.190\,V$$

所以 $\quad E = \varphi_{Fe^{3+}/Fe^{2+}} - \varphi_{Sn^{4+}/Sn^{2+}} = 0.771\,V - 0.190\,V = 0.581\,V$

也可以直接根据电动势的能斯特方程进行计算，即

$$E = E^{\ominus} - \frac{0.0592\,V}{2}\lg\frac{[c(Fe^{2+})]^2[c(Sn^{4+})]}{[c(Fe^{3+})]^2[c(Sn^{2+})]}$$

$$= (0.771\,V - 0.151\,V) - \frac{0.0592\,V}{2}\lg\frac{0.1^2\times0.2}{0.1^2\times0.01}$$

$$= 0.620\,V - 0.039\,V$$

$$= 0.581\,V$$

电池符号为

(−) Pt | $Sn^{2+}(0.01\,mol\cdot L^{-1})$, $Sn^{4+}(0.2\,mol\cdot L^{-1})$ ‖ $Fe^{2+}(0.1\,mol\cdot L^{-1})$,
$Fe^{3+}(0.1\,mol\cdot L^{-1})$ | Pt (+)

2. 判断氧化剂、还原剂的相对强弱

电极电势大小反映了电对中氧化型物质得电子能力和还原型物质失电子能力的强弱。电对的电极电势越小，还原型物质越易失去电子，还原型的还原能力越

强；反之，若电对的电极电势越大，氧化型物质的氧化能力越强，还原型物质的还原能力越弱。所以在指定状态下对电极电势进行比较，可以确定电对中氧化还原型物质氧化还原能力的相对强弱[40]。

例题 3-14

在下列电对中选择最强的氧化剂和最强的还原剂，并列出各氧化型物质的氧化能力和各还原型物质的还原能力强弱的顺序。

$$MnO_4^-/Mn^{2+}, \quad Cu^{2+}/Cu, \quad Fe^{3+}/Fe^{2+}, \quad I_2/I^-, \quad Cl_2/Cl^-, \quad Sn^{4+}/Sn^{2+}$$

解 查表得各电对的标准电极电势：

$$MnO_4^-(aq) + 8H^+(aq) + 5e^- \longrightarrow Mn^{2+}(aq) + 4H_2O(l) \qquad \varphi^{\ominus} = 1.510 \text{ V}$$

$$Cu^{2+}(aq) + 2e^- \longrightarrow Cu(s) \qquad \varphi^{\ominus} = 0.345 \text{ V}$$

$$Fe^{3+}(aq) + e^- \longrightarrow Fe^{2+}(aq) \qquad \varphi^{\ominus} = 0.771 \text{ V}$$

$$I_2(s) + 2e^- \longrightarrow 2I^-(aq) \qquad \varphi^{\ominus} = 0.536 \text{ V}$$

$$Cl_2(g) + 2e^- \longrightarrow 2Cl^-(aq) \qquad \varphi^{\ominus} = 1.360 \text{ V}$$

$$Sn^{4+}(aq) + 2e^- \longrightarrow Sn^{2+}(aq) \qquad \varphi^{\ominus} = 0.150 \text{ V}$$

电对 MnO_4^-/Mn^{2+} 的 $\varphi^{\ominus}$ 值最大，其氧化型物种 MnO_4^- 是最强的氧化剂，电对 Sn^{4+}/Sn^{2+} 的 $\varphi^{\ominus}$ 值最小，其还原型物种 Sn^{2+} 是最强的还原剂。

各氧化型物种氧化能力由强到弱的顺序为

$$MnO_4^- > Cl_2 > Fe^{3+} > I_2 > Cu^{2+} > Sn^{4+}$$

各还原型物种还原能力由强到弱的顺序为

$$Sn^{2+} > Cu > I^- > Fe^{2+} > Cl^- > Mn^{2+}$$

通常实验室用的强氧化剂其电对的 $\varphi^{\ominus}$ 值往往大于 1，如 $KMnO_4$、$K_2Cr_2O_7$ 等；常用的强还原剂电对的 $\varphi^{\ominus}$ 值往往小于 0 或稍大于 0，如 Zn、Fe 等。必须指出，由于电极电势受 pH、沉淀剂、配位剂的影响，当电极反应不在标准状态时，应计算出实际情况下的电极电势，再进行选择和比较。例如，电对 ClO_4^-/ClO_3^- 的半反应为

$$ClO_4^-(aq) + 2H^+(aq) + 2e^- \longrightarrow ClO_3^-(aq) + H_2O(l)$$

pH = 0 时，电对电极电势为 +1.201 V，pH = 7 时，为 +0.788 V。所以，ClO_4^- 在酸性条件下是强氧化剂。

3. 判断氧化还原反应进行的次序

一般规律：氧化还原反应中，标准电极电势值相差最大的电对之间首先发生氧化还原反应。通常可通过比较各电对 M^{3+}/M^{2+} 电极电势的大小，判断元素的氧化剂或还原剂的强弱。在进行实验时，选择合适电极电势值的电对，进而选择合适的氧化剂或还原剂。

例题 3-15

要对含有 Cl^-、Br^-、I^- 的混合溶液做 I^- 的定性鉴定时，需选择合适的氧化剂只氧化 I^-，而不氧化 Cl^- 和 Br^-。I^- 被氧化成 I_2，而用 CCl_4 将 I_2 萃取出来呈紫红色即可鉴定 I^-。根据下面的标准电极电势表选择合适的氧化剂。

电对	电极反应	$\varphi^\ominus$/V
I_2/I^-	$I_2(s) + 2e^- \longrightarrow 2I^-(aq)$	0.536
Fe^{3+}/Fe^{2+}	$Fe^{3+}(aq) + e^- \longrightarrow Fe^{2+}(aq)$	0.771
Br_2/Br^-	$Br_2(g) + 2e^- \longrightarrow 2Br^-(aq)$	1.066
Cl_2/Cl^-	$Cl_2(g) + 2e^- \longrightarrow 2Cl^-(aq)$	1.360

解　根据电极电势的大小可判断出氧化剂的相对强弱：$Cl_2 > Br_2 > Fe^{3+} > I_2$；还原剂的相对强弱：$I^- > Fe^{2+} > Br^- > Cl^-$。

$\varphi^\ominus_{Fe^{3+}/Fe^{2+}}$ 大于 $\varphi^\ominus_{I_2/I^-}$，小于 $\varphi^\ominus_{Br_2/Br^-}$ 和 $\varphi^\ominus_{Cl_2/Cl^-}$，因此 Fe^{3+} 可将 I^- 氧化成 I_2，而不能氧化 Br^- 和 Cl^-，Br^- 和 Cl^- 仍留在溶液中，该反应为

$$2Fe^{3+}(aq) + 2I^-(aq) \Longrightarrow 2Fe^{2+}(aq) + I_2(s)$$

4. 判断氧化还原反应进行的方向

等温等压下化学反应自发进行的条件是 $\Delta G < 0$。氧化还原反应组成原电池的电动势与其 ΔG 的关系表示为

$$\Delta G = -zEF \tag{3-7}$$

$$\Delta G^\ominus = -zFE^\ominus \tag{3-30}$$

在任意状态下，判断氧化还原反应进行的方向遵循以下规律：

$$\begin{cases} \Delta G < 0, & E > 0, \quad \text{反应向正向进行;} \\ \Delta G = 0, & E = 0, \quad \text{反应处于平衡状态;} \\ \Delta G > 0, & E < 0, \quad \text{反应向逆向进行。} \end{cases}$$

研究人员利用氧化还原反应自发进行的判据,对实验现象进行了解释和验证。例如,陕西师范大学杨鹏课题组发现半胱氨酸与天然溶菌酶的二硫键可发生硫醇-二硫键交换反应,连接到溶菌酶的巯基上[41]。计算二硫键氧化还原电势的大小表明, 只有某一物种二硫键的氧化还原电势高于半胱氨酸的氧化还原电势 φ = -160 mV 时, 此反应才能发生,而溶菌酶中只有 Cys6-Cys127 二硫键的氧化还原电势高于-160 mV, 因此该反应只能打断溶菌酶中的 Cys6-Cys127 二硫键。这与实验结果相吻合。

利用这一原理,也可促进氧化还原反应的发生。天津大学胡文彬和韩晓鹏等通过一种基于室温下自发性氧化还原反应(spontaneous redox reaction, SRR), 成功制备了金属/过渡金属氢氧化物复合材料[42]。他们利用载体 $M(OH)_2$(M = Co , Ni)与金属 Ag^+ 之间的标准氧化还原电势差为反应驱动力, 成功地在层状 $M(OH)_2$ 表面均匀沉积 Ag 纳米颗粒,在两者之间形成了紧密而稳定的界面结构(图 3-12)。仪器分析表征结果表明, 利用 SRR 合成的 $Ag@Co(OH)_x$ 粒径在 5 nm 左右, 且分布均匀, 具有优异的电化学析氧反应(oxygen evolution reaction, OER)活性。载体 $M(OH)_2(M = Co, Ni)$ 和金属 Ag^+ 的标准电极电势为

$$Ag^+(aq) + e^- \longrightarrow Ag(s) \qquad \varphi^\ominus = 0.799 \text{ V}$$

$$Co(OH)_3(s) + e^- \longrightarrow Co(OH)_2(s) + OH^-(aq) \qquad \varphi^\ominus = 0.17 \text{ V}$$

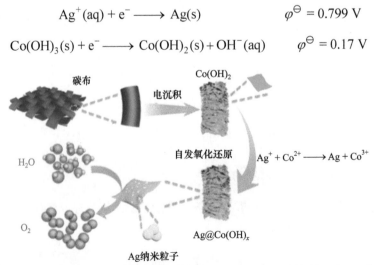

图 3-12 生长在碳布上的银纳米颗粒修饰的 $Co(OH)_2$ 纳米片的合成过程示意图

一定温度下，电极电势 φ 是由标准电极电势 $\varphi^{\ominus}$ 和相应离子活度两因素决定的。比较两个电极时，若 $\varphi^{\ominus}$ 值相差较大或活度相近的情况下，可用 $\varphi^{\ominus}$ 数据直接判断反应的方向。否则，需要根据标准电极电势 $\varphi^{\ominus}$ 和相应离子活度计算出电极电势 φ 值后，才能进行判断。

例题 3-16

(1) 试判断反应 $MnO_2(s) + 4HCl(aq) \Longrightarrow MnCl_2(aq) + Cl_2(g) + 2H_2O(l)$ 在 25℃时的标准状态下能否向右自发进行？ (2) 实验室中为什么能用 MnO_2 与 HCl 反应制取 Cl_2？

解 (1) 查表可知：

$$MnO_2(s) + 4H^+(aq) + 2e^- \longrightarrow Mn^{2+}(aq) + 2H_2O(l) \qquad \varphi^{\ominus} = 1.224\ V$$

$$Cl_2(g) + 2e^- \longrightarrow 2Cl^-(aq) \qquad\qquad\qquad \varphi^{\ominus} = 1.360\ V$$

$$E^{\ominus} = \varphi^{\ominus}_{MnO_2/Mn^{2+}} - \varphi^{\ominus}_{Cl_2/Cl^-} = -0.13\ V < 0$$

所以在标准状态下，上述反应不能从左向右自发进行。

(2) 在实验室中制取 $Cl_2(g)$ 时，用的是浓盐酸($12\ mol \cdot L^{-1}$)。根据能斯特方程分别估算上述两电对的电极电势，并假定 $c(Mn^{2+}) = 1.0\ mol \cdot L^{-1}$，$p(Cl_2) = 100\ kPa$。在浓盐酸中，$c(H^+) = 12\ mol \cdot L^{-1}$，$c(Cl^-) = 12\ mol \cdot L^{-1}$，因此

$$\begin{aligned} \varphi_{MnO_2/Mn^{2+}} &= \varphi^{\ominus}_{MnO_2/Mn^{2+}} - \frac{0.0592}{2}\lg\frac{c(Mn^{2+})}{[c(H^+)]^4} \\ &= 1.224\ V - \frac{0.0592\ V}{2}\lg\frac{1.0}{12^4} \\ &= 1.35\ V \end{aligned}$$

$$\begin{aligned} \varphi_{Cl_2/Cl^-} &= \varphi^{\ominus}_{Cl_2/Cl^-} - \frac{0.0592\ V}{2}\lg\frac{[c(Cl^-)]^2}{\dfrac{p_{Cl_2}}{p^{\ominus}}} \\ &= 1.360\ V - 0.0592\ V \times \lg 12 \\ &= 1.30\ V \end{aligned}$$

$$E = 1.35\ V - 1.30\ V = 0.05\ V > 0$$

因此，从平衡的观点来看，MnO_2 可与浓 HCl 反应制取 Cl_2。

5. 计算氧化还原反应进行的程度

当温度为 298 K 时，

$$\lg K^{\ominus} = \frac{zE^{\ominus}}{0.0592}$$

氧化还原反应可以用两电极的标准电极电势差来衡量反应进行的程度，其差值越大，反应平衡常数越大，反应进行得越完全。

例题 3-17

试计算 25℃时，反应 $Sn(s) + Pb^{2+}(aq) \Longrightarrow Sn^{2+}(aq) + Pb(s)$ 的平衡常数；如果反应开始时，$c(Pb^{2+}) = 2.0 \ mol \cdot L^{-1}$，平衡时 $c(Pb^{2+})$ 和 $c(Sn^{2+})$ 各为多少？

解 设生成 Sn^{2+} 的浓度为 x，则

$$Sn(s) + Pb^{2+}(aq) \Longrightarrow Sn^{2+}(aq) + Pb(s)$$

平衡时 $\qquad\qquad\qquad 2.0 - x \qquad\qquad\qquad x$

$$E^{\ominus} = \varphi^{\ominus}_{Pb^{2+}/Pb} - \varphi^{\ominus}_{Sn^{2+}/Sn} = -0.126 \ V - (-0.136 \ V) = 0.010 \ V$$

$$\lg K^{\ominus} = \frac{zE^{\ominus}}{0.0592} = \frac{2 \times 0.010}{0.0592} = 0.338$$

$$K^{\ominus} = 2.19, \quad \frac{[Sn^{2+}]}{[Pb^{2+}]} = K^{\ominus}$$

$$\frac{x}{2.0 - x} = 2.19, \quad x = 1.4$$

因此，平衡时 $\qquad [Sn^{2+}] = 1.4 \ mol \cdot L^{-1}$，$[Pb^{2+}] = 0.6 \ mol \cdot L^{-1}$

由于 $K^{\ominus}$ 较小，平衡时，$[Pb^{2+}]$ 仍然较大，反应进行得很不完全。

研究人员利用这一规律合成的催化剂能有效提高反应性能。日本京都大学北川宏(H. Kitagawa, 1962—)课题组通过化学还原法成功合成了可混溶的 Au_xRu_{1-x} 固溶体合金纳米颗粒(图 3-13)[43]。Ru 元素是析氧反应最好的单金属催化剂之一，但是由于 Ru 在 OER 的工作电势范围内很容易被氧化，因此在酸性溶液中通常不稳定。Au 被认为是最稳定的金属之一，用于提高金属催化剂的稳定性。此外，由于 Au 和 Ru 这两种元素在贵金属中的氧化还原电极电势差值最大，少量 Au 的掺杂能显著提高 Ru 的催化性能。

$$Ru^{3+}(aq) + 3e^- \longrightarrow Ru(s) \qquad \varphi^{\ominus} = 0.455 \ V$$

$$Au^{3+}(aq) + 3e^- \longrightarrow Au(s) \qquad \varphi^{\ominus} = 1.498 \ V$$

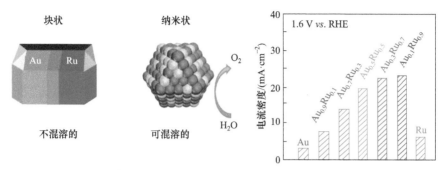

图 3-13　可混溶的 Au_xRu_{1-x} 固溶体合金纳米颗粒提高 OER 反应催化效率

　　对于氧化还原反应进行方向和程度的判断属于化学热力学范畴，未涉及反应速率的动力学方面。必须指出的是，通过热力学计算判断的可进行完全的反应，实际上反应速率不一定很快。因为反应进行的程度与速率是两个不同性质的问题。

6. 测定某些化学常数

1) 求难溶电解质的溶度积常数、弱酸或弱碱的解离常数和配合物的稳定常数

　　将难溶电解质、弱酸或弱碱以及配合物的解离反应设计成原电池的总反应，根据能斯特方程与反应平衡常数的关系，计算出难溶电解质的溶度积常数、弱酸或弱碱的解离常数和配合物的稳定常数[44]。

例题 3-18

　　氯化银在水中的溶解平衡表示为

$$AgCl(s) \rightleftharpoons Ag^+(aq) + Cl^-(aq)$$

试将上述溶解平衡设计成一个电池，并求出 AgCl 的溶度积。

　　解　电极反应：

负极　　　　　　　$Ag(s) \longrightarrow Ag^+(aq, a_{Ag^+}) + e^-$

正极　　　　$AgCl(s) + e^- \longrightarrow Ag(s) + Cl^-(aq, a_{Cl^-})$

设计成电池为

　　　$Ag(s) \mid Ag^+(aq, a_{Ag^+}) \parallel Cl^-(aq, a_{Cl^-}) \mid AgCl(s) \mid Ag(s)$

298 K 时，电池的电动势为

$$E^\ominus = \varphi_+^\ominus - \varphi_-^\ominus = 0.222\ V - 0.799\ V = -0.577\ V$$

由于
$$\ln K^{\ominus} = \frac{zFE^{\ominus}}{RT}$$

即
$$\lg K^{\ominus} = \frac{E^{\ominus}}{0.0592} = \frac{-0.577}{0.0592} = -9.747$$

$$K_{sp}^{\ominus} = a_{Ag^+} a_{Cl^-} = K^{\ominus} = 1.714 \times 10^{-10}$$

2) 求离子平均活度系数

实验测定一电池的电动势 E，可依据能斯特方程求算电池电解质溶液中的离子平均活度 $a_{\pm}$ 及离子平均活度系数 $\gamma_{\pm}$。

对下列电池：

$$(-)\, Pt \mid H_2(g, p^{\ominus}) \mid H^+ (aq, a_{H^+}) \parallel Cl^- (aq, a_{Cl^-}) \mid AgCl(s) \mid Ag(s)\, (+)$$

电池反应为

$$H_2(g, p^{\ominus}) + 2AgCl(s) \Longrightarrow 2H^+ (aq, a_{H^+}) + 2Cl^- (aq, a_{Cl^-}) + 2Ag(s)$$

电池电动势为

$$E = E^{\ominus} - \frac{RT}{2F} \ln \frac{a_{H^+}^2 a_{Cl^-}^2}{p_{H_2}/p^{\ominus}} = \left(\varphi_{AgCl/Ag}^{\ominus} - \varphi_{H^+/H_2}^{\ominus} \right) - \frac{RT}{F} \ln(a_{H^+} a_{Cl^-})$$

式中的氢标准电极电势为零，而对于阴、阳离子均为 1 价型的 I-I 型电解质，阴、阳离子的质量摩尔浓度相等，即 $m_{H^+} = m_{Cl^-} = m_{HCl}$，故

$$a_{H^+} a_{Cl^-} = \gamma_+ \frac{m_{H^+}}{m^{\ominus}} \times \gamma_- \frac{m_{Cl^-}}{m^{\ominus}} = \left(\gamma_{\pm} \frac{m_{HCl}}{m^{\ominus}} \right)^2 \tag{3-31}$$

代入电动势计算式得

$$E = \varphi_{AgCl/Ag}^{\ominus} - \frac{2RT}{F} \ln \frac{m_{HCl}}{m^{\ominus}} - \frac{2RT}{F} \ln \gamma_{\pm} \tag{3-32}$$

$\varphi_{AgCl/Ag}^{\ominus}$ 可从电极电势表中查得，不同浓度 HCl 溶液的电池电动势 E 可通过实验测得，因此通过式(3-32)可求出不同浓度时的 $\gamma_{\pm}$ 值。反之，如果已知平均活度系数，则可根据德拜-休克尔公式(Debye-Hückel equation)求得 $\varphi_{电极}^{\ominus}$ 值。对于上述电池，假设 $\varphi_{AgCl/Ag}^{\ominus}$ 未知，根据式(3-32)，则

$$\varphi_{AgCl/Ag}^{\ominus} = E + \frac{2RT}{F} \ln \frac{m_{HCl}}{m^{\ominus}} + \frac{2RT}{F} \ln \gamma_{\pm} \tag{3-33}$$

对 I-I 型电解质，有离子强度 $I = m$，$z_+ = |z_-| = 1$，则德拜-休克尔公式为

$$\ln \gamma_{\pm} = -A' |z_+ z_-| \sqrt{I} = -A' \sqrt{m} \tag{3-34}$$

式中，A' 为德拜-休克尔公式中的常数，与离子平均有效半径有关[45]。

将式(3-34)代入式(3-33)，得

$$\varphi_{\text{AgCl/Ag}}^{\ominus} - \frac{2RTA'}{F}\sqrt{m_{\text{HCl}}} = E + \frac{2RT}{F}\ln\frac{m_{\text{HCl}}}{m^{\ominus}}$$

$$(3\text{-}35)$$

令 $E + \dfrac{2RT}{F}\ln\dfrac{m_{\text{HCl}}}{m^{\ominus}} = E'$，以 E' 对 $\sqrt{m_{\text{HCl}}}$ 作图，如

图 3-14 所示，在稀溶液范围内可近似得一直线，
外推至 $m \to 0$ 时，纵坐标所得截距为 $\varphi_{\text{AgCl/Ag}}^{\ominus}$。

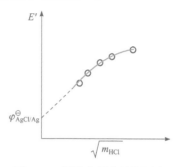

图 3-14　标准电极电势的测定

例题 3-19

25℃ 时，电池：$(-) \text{Pt} \,|\, \text{H}_2(\text{g}, p^{\ominus}) \,|\, \text{H}^+ (\text{aq}, 0.1\ \text{mol·kg}^{-1}) \,\|\, \text{Cl}^- (\text{aq}, 0.1\ \text{mol·kg}^{-1}) \,|\, \text{AgCl(s)} \,|\, \text{Ag(s)}(+)$ 的电动势 $E = 0.352\ \text{V}$。求该 HCl 溶液中离子的平均活度系数 $\gamma_{\pm}$。

解　查表可得 $\varphi_{\text{AgCl/Ag}}^{\ominus} = 0.222\ \text{V}$，

$$E^{\ominus} = \varphi_{\text{AgCl/Ag}}^{\ominus} - \varphi_{\text{H}^+/\text{H}_2}^{\ominus} = 0.222\ \text{V} - 0.000\ \text{V} = 0.222\ \text{V}$$

该电池反应为

$$\frac{1}{2}\text{H}_2(p^{\ominus}) + \text{AgCl(s)} =\!=\!= \text{HCl}\,(m = 0.1\ \text{mol·kg}^{-1}) + \text{Ag(s)}$$

由能斯特方程得

$$E = E^{\ominus} - \frac{RT}{F}\ln\frac{a_{\text{HCl}} \cdot a_{\text{Ag}}}{\left(\dfrac{p_{\text{H}_2}}{p^{\ominus}}\right)^{\frac{1}{2}} \cdot a_{\text{AgCl}}}$$

由于 $a_{\text{Ag}} = 1$，$a_{\text{AgCl}} = 1$，$\dfrac{p_{\text{H}_2}}{p^{\ominus}} = 1$，而 $a_{\text{HCl}} = a_{\pm}^2$，所以

$$E = E^{\ominus} - \frac{RT}{F}\ln a_{\pm}^2$$

$$\ln a_{\pm} = \frac{F}{2RT}(E^{\ominus} - E) = \frac{96500}{2\times 8.314\times 298}\times(0.222 - 0.352) = -2.525\,(\text{V})$$

$$a_{\pm} = 0.080 \qquad\qquad \gamma_{\pm} = \frac{0.080}{0.1} = 0.800$$

3) pH 的测定

溶液的 pH 是 H^+ 活度的负对数，即 $\text{pH} = -\lg a(\text{H}^+)$。用电动势法测量溶液

的 pH,组成电池时必须有一个电极是已知电极电势的参比电极,通常用甘汞电极;另一个电极是对 H^+ 可逆的电极,常用的有氢电极和玻璃电极。

(1) 氢电极测 pH。通常将待测溶液组成下列电池:

$$(-)\ Pt\mid H_2(p^{\ominus})\mid 待测溶液[a(H^+)]\parallel 甘汞电极\ (+)$$

此电池在 25℃时的电动势为

$$E = \varphi_{甘汞}^{\ominus} - \varphi_{H^+/H_2}^{\ominus} = \varphi_{甘汞}^{\ominus} - \frac{RT}{F}\ln a_{H^+} = \varphi_{甘汞}^{\ominus} + 0.0592\,pH \tag{3-36}$$

因此

$$pH = \frac{E - \varphi_{甘汞}^{\ominus}}{0.0592} \tag{3-37}$$

(2) 玻璃电极测 pH。用玻璃薄膜将两个 pH 不同的溶液分隔开,膜两侧会产生电势差,数值与两侧溶液的 pH 有关。玻璃电极测 pH 的根据:固定一侧溶液的 pH,电势差仅随另一侧溶液的 pH 变化。玻璃电极的构造如图 3-15 所示:使用特殊玻璃吹制成很薄的小泡,放置浓度为 $0.1\ mol\cdot kg^{-1}$ 的 HCl 溶液和 AgCl/Ag 电极 (或甘汞电极)。将玻璃泡放入待测液中,即成玻璃电极,其电极电势公式为

$$\varphi_{玻璃} = \varphi_{玻璃}^{\ominus} + \frac{RT}{F}\ln a_{H^+} = \varphi_{玻璃}^{\ominus} - \frac{RT}{F} \times 2.303\,pH \tag{3-38}$$

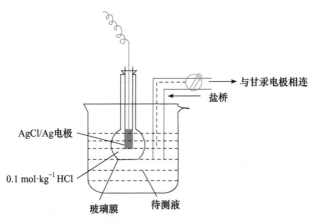

图 3-15 玻璃电极

将玻璃电极和甘汞电极组成下列电池:

$$(-)\ Ag(s)\mid AgCl(s)\mid HCl(0.1\ mol\cdot kg^{-1})\mid 玻璃膜\mid 待测溶液[a(H^+)]\parallel 甘汞电极\ (+)$$

用这一电池的电动势计算待测溶液的 pH,必须先知道玻璃电极的电极电势 $\varphi^{\ominus}$,但不同的玻璃电极有不同的电极电势。即使是同一玻璃电极,放置时间不

同，其电极电势也会发生变化。因此，在实际测量中需要先对玻璃电极的 $\varphi^\ominus$ 进行校准：通常先用 pH 已知的标准缓冲溶液进行标定，然后再对待测溶液进行测量。若令 pH_x 和 pH_s 分别表示待测溶液和标准缓冲溶液的 pH，E_x 和 E_s 分别表示待测溶液和标准缓冲溶液所构成电池的电动势，则

$$pH_x = pH_s + \frac{E_x - E_s}{2.303 \times (RT/F)} \tag{3-39}$$

利用对 H^+ 活度有响应的玻璃薄膜制备的玻璃电极可以测定待测溶液的 pH。常用的 pH 计[图 3-16(a)]就是基于这个原理制成的。为了更准确地测定某溶液的pH，研究人员在玻璃电极方面进行了大量的研究。日本大阪大学土井健太郎(K. Doi)和川野聪恭(S. Kawano)等将两个填充有不同浓度缓冲溶液的玻璃毛细管结合在一起，构建成一个整流质子传导的离子二极管。图 3-16(b)是组装的玻璃微电极，工作电极、参比电极和对电极组成三电极体系，该体系使用 1.0 $mol \cdot L^{-1}$ KCl溶液作为电解液。基于玻璃微电极原理即微通道和纳米通道中的电磁场会诱发特殊的电动传输现象，处于微通道和纳米通道中的带电粒子会受到库仑力和液体黏性阻力，通过扫描注入通道的电解液，利用玻璃尖端尺寸的空间分辨率确定电解液中不同位置 X 的电势。当参比电极电势稳定，温度等外部环境保持稳定时，溶液和电极体系的电势变化只与玻璃电极的电势有关，而玻璃电极的电势取决于待测溶液的酸碱度，因此通过对电势的测量，就可以得到溶液的酸碱度[46]。

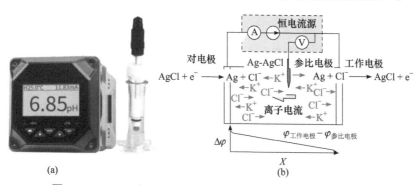

图 3-16　(a) pH 计；(b) 用玻璃微电极监测其电势差的实验装置

3.2.8　标准电极电势表的适用范围

根据标准电极电势可判断金属活动性顺序，它是根据金属在酸性介质中和298 K 时，能形成稳定存在的金属简单离子的标准电极电势由小到大的顺序排列的。其顺序按照电化学序列表还原态的形式自上而下，由 K 到 Au 金属单质的还原性依次减弱；金属单质氧化所生成的阳离子的氧化性由 K^+ 到 Au^{3+} 依次增强。

根据金属活动性顺序表可以判断金属置换反应的方向，比较溶液中金属单质的还原性及其阳离子的氧化性强弱，也可估计两组金属单质与其盐溶液在 298 K 的标准态时所组成原电池电动势的大小，并判断哪个为正极，哪个为负极。但是，在应用金属活动性顺序表时，如果不适当地扩大该表的应用范围，就有可能导致某些错误。因此，有必要弄清利用标准电极电势表推断金属活动性的适用范围[25-26]。

1. 不能作为气态金属原子还原性强弱的判据

比较气态金属原子还原性的强弱，可用其电离能。因为电离能是在绝对温度(0 K)时，反应

$$M(g) \longrightarrow M^{n+}(g) + ne^-(g)$$

热力学能的变化(ΔU)。电离能越小，气态金属原子还原性越强。例如，碱金属的第一电离能(I_1)为

元素	Li	Na	K	Rb	Cs
$I_1/(10^5 \ \text{J} \cdot \text{mol}^{-1})$	5.202	4.958	4.188	4.030	3.757

显而易见，由 Li(g)到 Cs(g)还原性依次增强。

但是用金属活动性顺序表只能比较溶液中金属单质的还原性。例如，碱金属的标准电极电势为

元素	Li	Na	K	Rb	Cs
$\varphi_{M^+/M}^{\ominus}/V$	−3.045	−2.713	−2.925	−2.98	−2.93

显然，$\varphi_{Li^+/Li}^{\ominus}$ 最小，Li 的还原性最强，而 $\varphi_{Na^+/Na}^{\ominus}$ 最大，钠的还原性最弱。这是由于 Li$^+$ 的裸露半径小，水合能最大。因此，溶液中碱金属单质的还原性递变规律为

$$Li > Rb > Cs = K > Na$$

由此可见，对碱金属而言，在气态时 Li 的还原性最弱；在溶液中时 Li 的还原性最强，因此在比较金属单质还原性强弱时，应指出金属的形态。

2. 不能作为判断金属热还原反应方向的依据

对金属热还原反应：

$$MX_n + M' \xmdash{\triangle} M'X_n + M$$

可用其在某一温度 T 时的标准反应自由能($\Delta_r G_T^{\ominus}$)来判断反应能否进行。当 $\Delta_r G_T^{\ominus} < 0$ 时，反应能自发向右进行，反之则不可能。例如，反应 $2KF + Ca \xmdash{\triangle}$ $CaF_2 + 2K$，从氟化物的埃林厄姆图(Ellingham map)[3,47]可知，T(K)时的标准生成自由能 $(\Delta_f G_T^{\ominus})$ 是 $\Delta_f G_{T(CaF_2)}^{\ominus} < \Delta_f G_{T(KF)}^{\ominus}$，则总反应的 $\Delta_r G_T^{\ominus} < 0$。此外，单质 K 的沸点(1030.5 K)比 Ca 的沸点(1712 K)低，因此实际上这个反应能向右进行。若用金属活动性顺序表来判断，这个反应是不能进行的。

3. 不能作为有难溶物或配合物生成的置换反应方向的判据

当金属阳离子生成难溶物时，其溶解度越小，电极电势越小，则金属的还原性越强，可能改变该金属在金属活动性顺序表中的位置。例如，反应 $2Cu + 2HI \xmdash{}$ $2CuI\downarrow + H_2\uparrow$，根据金属活动性顺序是不能发生的。但是难溶物 CuI 的生成导致 $\varphi_{CuI/Cu}^{\ominus}$ 的标准电极电势比 $\varphi_{H^+/H_2}^{\ominus}$ 的更负，因此该反应能够向右进行。

思考题

3-3　Cu 和 $HgCl_2$ 能反应吗？若能，写出相应的反应方程式。

若金属阳离子能生成稳定的配合物，其稳定性越大，则电极电势越小，也能使金属还原性的相对强弱发生变化。例如，在氰化物溶液中，Au 可置换 $[Ag(CN)_2]^-$ 中的 Ag^+ 生成 Ag 单质，自身生成 $[Au(CN)_2]^-$。虽然在此例中是 Au(Ⅰ)，而不是金属活动性顺序表中的 Au(Ⅲ)，但是仍可以说明当所生成的配合物越稳定，其单质的还原性越强。

4. 当金属单质与变价金属阳离子的溶液作用时，可能发生非置换的氧化还原反应

例如，反应 $Cu(s) + 2FeCl_3(aq) \xmdash{} CuCl_2(aq) + 2FeCl_2(aq)$，因为 $\varphi_{Fe^{3+}/Fe^{2+}}^{\ominus}$ $(0.771\ V) > \varphi_{Cu^{2+}/Cu}^{\ominus}(0.345\ V)$，所以该反应可自发向右进行。而 $FeCl_2$ 不能继续被 Cu 还原，这是由于 $\varphi_{Fe^{2+}/Fe}^{\ominus}(-0.447\ V) < \varphi_{Cu^{2+}/Cu}^{\ominus}(0.345\ V)$。

5. 不能作为置换反应速率的判据

金属活动性顺序表是按热力学数据标准电极电势排列的。它只能用于判断反

应能否进行，而不能比较其速率的快慢。例如，表中 Ca 在 Na 之前，而与水反应时，前者的速率却比后者的慢。这是由于同温度下 $Ca(OH)_2$ 的溶解度比 NaOH 的溶解度小，在固体 Ca 表面覆盖着一层难溶的 $Ca(OH)_2$，阻碍了金属 Ca 与水的进一步反应。

某些活泼的纯净金属置换酸中的氢时，如果 H^+ 的超电势大(见第 4 章)，则往往反应速率较慢，而含杂质的金属与酸反应速率可能较快。例如，纯 Zn 与稀硫酸反应速率较慢，若加入少许 $CuSO_4$，则反应速率显著加快。这是由于 H^+ 在纯 Zn 表面还原的超电势为 0.70 V，反应开始所生成的水合锌离子在其表面形成正离子层，阻止了 H^+ 接近 Zn 表面得电子被还原。而加入 $CuSO_4$ 后，Zn 可置换 Cu^{2+}，在其表面析出疏松的单质铜，而形成锌为负极、铜为正极的微电池。H^+ 在铜极上还原的超电势为 0.20 V，较之 Zn 表面明显减小，因此还原生成 H_2 的速率明显加快。

3.3 电极电势的图解法表示

电势数据除用表格方式表示外，还可以用图形表示，主要有拉提莫(Latimer)图、弗洛斯特(Froster)图、泡佩克斯(Pourbaix)图等[48-70]。元素的电极电势关联元素的氧化态、溶液的酸碱性、氧化还原行为，因此用图解的形式更直观、形象，并且在阐述无机物在水溶液进行氧化还原反应的过程中得到了广泛应用。

3.3.1 Latimer 图

若一元素能够形成三种及以上氧化数的物质，各氧化态之间都有相应的标准电极电势，美国化学家拉提莫(W. M. Latimer)提出将它们的标准电极电势以图解的方式表示，这种图称为元素电极电势图，也称 Latimer 图[71]。

1. Latimer 图的构筑

以酸性溶液(pH = 0)中氯元素为例说明构筑 Latimer 图的方法：

$$ClO_4^- \xrightarrow{+1.189\,V} ClO_3^- \xrightarrow{+1.152\,V} ClO_2^- \xrightarrow{+1.719\,V} HClO$$
$${+7}{+5}{+3}{+1}$$

$$\xrightarrow{+1.611\,V} Cl_2 \xrightarrow{+1.360\,V} Cl^-$$
$${0}{-1}$$

各物种按氧化数降低的方向从左至右排列(有时采用相反的方向，使用中需特别谨慎)；将元素的氧化数标在各物种的下方(有时标在上方)；相邻两物种连线上方的数字表示两物种构成电对的 $\varphi^{\ominus}_{\mathrm{Ox/Red}}$ 值。

相邻两物种间的 $\varphi^{\ominus}_{\mathrm{Ox/Red}}$，推导计算公式的依据是：① $\varphi^{\ominus}_{\mathrm{Ox/Red}}$ 与 $\Delta_{\mathrm{r}}G^{\ominus}_{\mathrm{m}}$ 之间存在关系 $\Delta_{\mathrm{r}}G^{\ominus}_{\mathrm{m}} = -zF\varphi^{\ominus}_{\mathrm{Ox/Red}}$；② $\Delta_{\mathrm{r}}G^{\ominus}_{\mathrm{m}}$ 具有加和性，即连续多步的总 $\Delta_{\mathrm{r}}G^{\ominus}_{\mathrm{m}}$ 等于各分步 $\Delta_{\mathrm{r}}G^{\ominus}_{\mathrm{m}}$ 之和。

假定元素的 Latimer 图为

$$A \xrightarrow{\varphi^{\ominus}_{\mathrm{A/B}}} B \xrightarrow{\varphi^{\ominus}_{\mathrm{B/C}}} C$$
$$\underset{\varphi^{\ominus}_{\mathrm{A/C}}}{\underline{\qquad\qquad\qquad}}$$

设与 $\varphi^{\ominus}_{\mathrm{A/B}}$、$\varphi^{\ominus}_{\mathrm{B/C}}$ 和 $\varphi^{\ominus}_{\mathrm{A/C}}$ 对应的半反应和 $\Delta G^{\ominus}$ 分别为

$$A + n_1 e^- \longrightarrow B \qquad \Delta G^{\ominus}_1$$

$$B + n_2 e^- \longrightarrow C \qquad \Delta G^{\ominus}_2$$

$$A + n_3 e^- \longrightarrow C \qquad \Delta G^{\ominus}_3$$

由依据①可得

$$\Delta G^{\ominus}_1 = -n_1 F \varphi^{\ominus}_{\mathrm{A/B}}$$

$$\Delta G^{\ominus}_2 = -n_2 F \varphi^{\ominus}_{\mathrm{B/C}}$$

$$\Delta G^{\ominus}_3 = -n_3 F \varphi^{\ominus}_{\mathrm{A/C}} \qquad (n_3 = n_1 + n_2)$$

由依据②可得

$$\Delta G^{\ominus}_3 = \Delta G^{\ominus}_1 + \Delta G^{\ominus}_2$$

$$-(n_1 + n_2) F \varphi^{\ominus}_{\mathrm{A/C}} = -n_1 F \varphi^{\ominus}_{\mathrm{A/B}} + (-n_2 F \varphi^{\ominus}_{\mathrm{B/C}})$$

整理得

$$\varphi^{\ominus}_{\mathrm{A/C}} = \frac{n_1 \varphi^{\ominus}_{\mathrm{A/B}} + n_2 \varphi^{\ominus}_{\mathrm{B/C}}}{n_1 + n_2} \tag{3-40}$$

对 i 个连续的相邻电对而言，首尾两个物种构成电对时，其标准电极电势 $\varphi^{\ominus}_{\mathrm{Ox/Red}}$ 为

$$\varphi_{Ox/Red}^{\ominus} = \frac{n_1\varphi_{1(Ox/Red)}^{\ominus} + n_2\varphi_{2(Ox/Red)}^{\ominus} + \cdots + n_i\varphi_{i(Ox/Red)}^{\ominus}}{n_1 + n_2 + \cdots + n_i} \tag{3-41}$$

例如，氧元素在酸性溶液中的元素电势图为

$$O_2 \xrightarrow{+0.695\ V} H_2O_2 \xrightarrow{+1.776\ V} H_2O$$
$$\xrightarrow{+1.229\ V}$$

各半反应的反应式以及标准电极电势为

$$O_2(g) + 2H^+(aq) + 2e^- \longrightarrow H_2O_2(aq) \qquad \varphi^{\ominus} = 0.695\ V$$

$$H_2O_2(aq) + 2H^+(aq) + 2e^- \longrightarrow 2H_2O(l) \qquad \varphi^{\ominus} = 1.776\ V$$

$$O_2(g) + 4H^+(aq) + 4e^- \longrightarrow 2H_2O(l) \qquad \varphi^{\ominus} = 1.229\ V$$

2. 影响 Latimer 图的因素

同一种元素，在不同的介质、不同的溶剂及不同的沉淀剂和配位剂的影响下，其 Latimer 图不同，以下讨论影响 Latimer 图的因素[72]。

1) 介质的影响

有些元素在不同的介质中存在形式不同，对应电对的电极电势也不相同，因此 Latimer 图也不同。例如，过渡金属元素 Fe 在酸性溶液中 Fe^{2+} 和 Fe^{3+} 均以水合离子形式存在，而在碱性溶液中则以 $Fe(OH)_2$ 和 $Fe(OH)_3$ 的形式存在，因此在酸性介质中的 Latimer 图为

$$FeO_4^{2-} \xrightarrow{+2.2\ V} Fe^{3+} \xrightarrow{+0.771\ V} Fe^{2+} \xrightarrow{-0.447\ V} Fe$$

在碱性介质中的 Latimer 图为

$$FeO_4^{2-} \xrightarrow{+0.72\ V} Fe(OH)_3 \xrightarrow{-0.560\ V} Fe(OH)_2 \xrightarrow{-0.877\ V} Fe$$

2) 溶剂的影响

金属离子与不同溶剂之间的溶剂化能不同，如果改变溶剂，该元素的 Latimer 图也不同。

例如，Cu 在不同溶剂中的 Latimer 图为

$$Cu^{2+} \xrightarrow{+0.153\ V} Cu^+ \xrightarrow{+0.521\ V} Cu(水中)$$

$$Cu^{2+} \xrightarrow{+1.242\ V} Cu^+ \xrightarrow{-0.118\ V} Cu(乙腈中)$$

美国密歇根大学辛格(N. Singh)等发现，盐酸、硫酸和混合盐酸/硫酸这三种常见的电解质中阴离子配位对玻碳电极上 V^{3+}/V^{2+} 氧化还原能力有影响[73]。其中在盐

酸溶液中 V^{3+}/V^{2+} 的电极电势最大，因此在盐酸溶液中 V^{3+}/V^{2+} 的氧化还原能力最强。这是由于不同的溶液可以形成不同的中间体，盐酸溶液形成的中间体的势垒较低，因此更有利于反应的发生(图 3-17)。

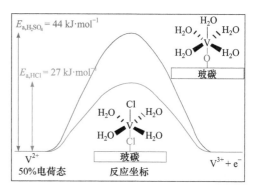

图 3-17　电解质中阴离子配位对玻碳电极上 V^{3+}/V^{2+} 氧化还原能力的影响

3) 沉淀剂和配位剂的影响

当溶液中存在沉淀剂或配位剂时，由于元素与沉淀剂或配位剂发生反应，该元素的电极电势会发生改变，Latimer 图也会发生变化。

例如，当溶液中存在 I^- 时，Cu^+ 以 CuI 的形式稳定存在，因此

$$Cu^{2+} \xrightarrow{\ +0.153\ V\ } Cu^+ \xrightarrow{\ +0.521\ V\ } Cu$$

$$Cu^{2+} \xrightarrow{\ +0.86\ V\ } CuI \xrightarrow{\ -0.185\ V\ } Cu$$

3. Latimer 图的应用

1) 计算未知的 $\varphi^{\ominus}_{\text{Ox/Red}}$

例题 3-20

从碘在碱性溶液($pH = 14$)中的 Latimer 图的已知标准电极电势求 $\varphi^{\ominus}_{IO^-/I_2}$。

$$IO^- \xrightarrow{\quad ? \quad} I_2 \xrightarrow{\ +0.536\ V\ } I^-$$
$$\underset{+0.485\ V}{\underline{\phantom{IO^- \xrightarrow{\qquad\qquad} I_2 \xrightarrow{\qquad} I^-}}}$$

解　根据式(3-41)，

$$\varphi^{\ominus}_{IO^-/I^-} = \frac{n_1\varphi^{\ominus}_{IO^-/I_2} + n_2\varphi^{\ominus}_{I_2/I^-}}{n_1 + n_2}$$

$$\varphi^{\ominus}_{IO^-/I_2} = \frac{(n_1 + n_2)\,\varphi^{\ominus}_{IO^-/I^-} - n_2\varphi^{\ominus}_{I_2/I^-}}{n_1}$$

代入有关数值得

$$\varphi^{\ominus}_{IO^-/I_2} = \frac{(1+1)\times 0.485\ V - 1\times 0.536\ V}{1} = +0.434\ V$$

这类计算十分简单,唯一要注意的是 z 值的确定。z 指半反应中转移的电子数,在计算中采用氧化数的变化。例如,电对 IO^-/I_2 和 I_2/I^- 氧化数的变化均为 1。例题 3-20 表明,式(3-41)不仅可计算不相邻物种之间的 $\varphi^\ominus_{Ox/Red}$,而且可由已知的 $\varphi^\ominus_{Ox/Red}$ 计算任何未知的 $\varphi^\ominus_{Ox/Red}$ [74]。

2) 判断歧化过程发生的可能性

铜在酸性溶液中的 Latimer 图具有如下形式:

$$Cu^{2+} \xrightarrow{\ +0.153\ V\ } Cu^+ \xrightarrow{\ +0.521\ V\ } Cu$$

事实证明,Cu^+ 在水溶液中不能稳定存在,能发生以下反应:

$$2Cu^+(aq) \Longleftrightarrow Cu^{2+}(aq) + Cu(s)$$

反应中 Cu^+ 发生歧化,与之有关的两个半反应和 $\varphi^\ominus_{Ox/Red}$ 分别为

$$Cu^{2+}(aq) + e^- \longrightarrow Cu^+(aq) \qquad \varphi^\ominus = +0.153\ V$$

$$Cu^+(aq) + e^- \longrightarrow Cu(s) \qquad \varphi^\ominus = +0.521\ V$$

则总反应的电动势为

$$E^\ominus = (+0.521\ V) - (+0.153\ V) = +0.368\ V$$

计算可得反应的平衡常数为

$$K^\ominus = 1.645 \times 10^6$$

$E^\ominus_{池}$ 为正表明反应可自发进行,平衡常数很大说明反应几乎能进行到底。这是由于:① Cu^{2+} 的电荷是 Cu^+ 的 2 倍,其半径小于 Cu^+。水溶液中,Cu^{2+} 与水的静电作用能远大于 Cu^+。② Cu^{2+} 为 d^9 结构,在配体作用下,d 轨道发生能级分裂,同时存在配位场稳定化能和姜-泰勒效应(Jahn-Teller effect)稳定化能,而 Cu^+ 为 d^{10} 结构,d 轨道不发生能级分裂,因此不存在配位场稳定化能和姜-泰勒效应稳定化能。故在水溶液中,Cu^+ 发生歧化反应生成 Cu^{2+} 和 $Cu^{[75]}$。

由此得出一般性规律:如果 Latimer 图中物种左边的标准电极电势低于右边的标准电极电势($\varphi^\ominus_{左} < \varphi^\ominus_{右}$),该物种可歧化为与其相邻的物种。但一定要注意 Latimer 图中物种的排列顺序。

例题 3-21

反歧化过程(也称为归中反应)是歧化过程的逆过程，它是由同一元素的高氧化态和低氧化态反应生成中间氧化态的过程。试根据铁在酸性溶液中的 Latimer 图

$$Fe^{3+} \xrightarrow{\ +0.771\,V\ } Fe^{2+} \xrightarrow{\ -0.447\,V\ } Fe$$

判断反应 $2Fe^{3+}(aq) + Fe(s) \Longrightarrow 3Fe^{2+}(aq)$ 能否发生。

解　由于 $\varphi_{左}^{\ominus} > \varphi_{右}^{\ominus}$，$Fe^{2+}$ 在水溶液中不能发生歧化，这意味着反歧化可以发生。

Latimer 图在工业中也用途广泛。例如，在酸性介质中溴元素的 Latimer 图为

$$\varphi_a^{\ominus} \qquad BrO_3^- \xrightarrow{\ +1.454\,V\ } HBrO \xrightarrow{\ +1.596\,V\ } Br_2 \xrightarrow{\ +1.066\,V\ } Br^-$$
$$\underset{+1.482\,V}{\underline{\qquad\qquad\qquad\qquad}}$$

由于 $\varphi_{BrO_3^-/Br_2}^{\ominus} > \varphi_{Br_2/Br^-}^{\ominus}$（1.482 V > 1.066 V），$BrO_3^-$ 与 Br^- 生成 Br_2 的反应可自发进行，其进行的程度与体系 pH 相关。在工业上从海水中提取溴时，为了提高溴的产量，可以通过调节 pH 控制发生逆歧化反应得到 Br_2，总反应为

$$HBrO_3(aq) + 5HBr(aq) \Longrightarrow 3Br_2(l) + 3H_2O(l)$$

通过能斯特方程计算可知，当控制溶液 pH 大于 3.5，就可使单质 Br_2 在溶液中稳定存在。

3) 判断元素不同氧化态的氧化还原能力

元素的 Latimer 图表明，电对的电极电势越大，氧化态物质的氧化能力越强，相应的还原态物质的还原能力越弱。例如，根据 Fe 在酸性条件下的 Latimer 图(例题 3-21 中所示)可知，由于+0.771 V>−0.447 V，所以 Fe^{3+} 的氧化能力大于 Fe^{2+}，Fe 的还原能力大于 Fe^{2+}。

美国特拉华大学严玉山等[76]通过对比一系列电对的电极电势，选用 Fe^{3+}/Fe^{2+} 调控阴极(图 3-18)，设计了一种电解氯化氢回收 Cl_2 的过程。该过程主要包括电化学过程和化学过程两部分。电化学过程：阳极一侧通入氯化氢气体，氯化氢气体直接氧化生成氯气、质子和电子；阴极一侧加入 Fe^{3+}，发生还原反应生成 Fe^{2+}。化学过程：阴极一侧发生还原反应生成的 Fe^{2+} 直接导入独立的 Fe^{3+} 再生反应器，通入氧气或空气将 Fe^{2+} 氧化为 Fe^{3+}，再将生成的 Fe^{3+} 循环加入电解池，促进电解池发生循环反应。Fe^{3+}/Fe^{2+} 具有相对较高的标准电极电势(0.771 V)，因此利用 Fe^{3+}/Fe^{2+} 氧化还原电对调控阴极，电解池的电压大幅度降低，减少了能耗。

通过 Latimer 图还可以寻找合适的氧化剂或还原剂。

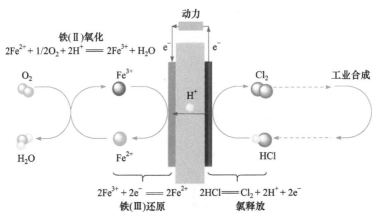

图 3-18　利用气态 HCl 原料生成 Cl_2 的电解过程的工作原理[75]

例题 3-22

　　钒的体系中需要 V(Ⅱ)稳定存在，用 Zn、Sn^{2+} 和 Fe^{2+} 作为还原剂时，应如何选择？

　　解　通过 V、Zn 和 Sn^{2+} 的电势图进行讨论：

$$
\begin{array}{c}
\xrightarrow{+0.041\ V} \\[4pt]
V(V) \xrightarrow{+0.991\ V} V(Ⅳ) \xrightarrow{+0.337\ V} V(Ⅲ) \xrightarrow{-0.255\ V} V(Ⅱ) \\[4pt]
\xleftarrow{+0.358\ V}
\end{array}
$$

$$Zn^{2+} \xrightarrow{-0.762\ V} Zn$$

$$Sn^{4+} \xrightarrow{-0.151\ V} Sn^{2+}$$

$$Fe^{3+} \xrightarrow{+0.771\ V} Fe^{2+}$$

　　为了只使 V(Ⅱ)稳定存在于体系，选择的还原剂必须符合以下条件：① $\varphi^{\ominus}_{V(V)/V(Ⅱ)} > \varphi^{\ominus}_{M^{n+}/M^{m+}}$，只有 Zn、$Sn^{2+}$ 符合；② $\varphi^{\ominus}_{V(Ⅳ)/V(Ⅱ)} > \varphi^{\ominus}_{M^{n+}/M^{m+}}$，只有 Zn、$Sn^{2+}$ 符合；③ $\varphi^{\ominus}_{V(Ⅲ)/V(Ⅱ)} > \varphi^{\ominus}_{M^{n+}/M^{m+}}$，只有 Zn 符合。

　　因为只有 Zn 满足上述条件要求，故选择 Zn 作为还原剂。

　　4) 对氧化还原的产物做分析判断

　　由于元素的 Latimer 图给出了各个电对之间氧化还原能力的大小，如果将多个元素的 Latimer 图放在一起进行比较，则可以推断出物质之间发生氧化还原反应的产物。

例题 3-23

由电势图判断 H_2O_2 与 I^- 发生氧化还原反应的产物：

$$IO_3^- \xrightarrow{+1.195\,V} I_2 \xrightarrow{+0.536\,V} I^-$$

$$\xrightarrow{+1.08\,V}$$

$$O_2 \xrightarrow{+0.695\,V} H_2O_2 \xrightarrow{+1.776\,V} H_2O$$

解　当 H_2O_2 作氧化剂时，其还原产物只能是 H_2O，I^- 却因使用量的不同而得到不同的产物：

(1) I^- 不足量，H_2O_2 过量时，H_2O_2 先将 I^- 氧化为 I_2，再将 I_2 继续氧化，最终产物是 IO_3^-，即发生反应：

$$3H_2O_2(aq) + I^-(aq) =\!\!=\!\!= IO_3^-(aq) + 3H_2O(l)$$

(2) 当 I^- 过量，H_2O_2 不足量时，H_2O_2 将部分 I^- 氧化为 I_2，生成的 I_2 与过量的 I^- 生成 I_3^-，即发生反应：

$$H_2O_2(aq) + 2I^-(aq) + 2H^+(aq) =\!\!=\!\!= I_2(s) + 2H_2O(l)$$

$$I_2(s) + I^-(aq) =\!\!=\!\!= I_3^-(aq)$$

(3) 当控制用量 $n(H_2O_2):n(I^-) = 1:2$ 时，产物为 I_2，即发生反应：

$$H_2O_2(aq) + 2I^-(aq) + 2H^+(aq) =\!\!=\!\!= I_2(s) + 2H_2O(l)$$

3.3.2　Froster 图

Froster 图，即吉布斯自由能-氧化态图，最早由弗洛斯特(A. A. Frost)于 1951 年根据可逆电极的电势与反应过程中自由能变化的关系提出[77]，后经埃布斯沃斯 (E. A. V. Ebsworth, 1933—2015)于 1964 年发展完善，因此又称埃布斯沃斯图[78]。

1. Froster 图的构筑

氧化还原反应可以设计成原电池，电池半反应为

$$M^{z+} + ze^- \longrightarrow M$$

或

$$M \longrightarrow M^{z+} + ze^-$$

$$\Delta_r G_m^{\ominus} = -zF\varphi^{\ominus} \tag{3-14}$$

若 $\Delta_r G_m^{\ominus}$ 的单位以 $kJ \cdot mol^{-1}$ 表示，则根据式(3-14)可得 $\Delta_r G_m^{\ominus} = -96.5z\varphi^{\ominus}$ $(kJ \cdot mol^{-1})$；若 $\Delta_r G_m^{\ominus}$ 的单位以 eV 表示，由于 $1\ eV = -96.5\ kJ \cdot mol^{-1}$，因此

$\Delta_r G_m^{\ominus} = z\varphi^{\ominus}(\text{eV})$。

若以 $\Delta_r G_m^{\ominus}$ 对 z 作图，得到一条直线，其斜率为电对 M^{n+}/M 的电极电势。同样，若 $M^{n+} \longrightarrow M^{m+} + (m-n)e^-\ (m>n)$，则 $\Delta_r G_m^{\ominus} = (m-n)\varphi^{\ominus}(\text{eV})$，以 $\Delta_r G_m^{\ominus}$ 对 $(m-n)$ 作图也可得一条直线，其斜率为电对 M^{m+}/M^{n+} 的电极电势。用同样的方法将各氧化态物种的直线连起来，即得元素的 Froster 图。由于 $z\varphi^{\ominus}$ 与物种转化的反应自由能成正比，因此也可将 Froster 图看作是标准生成自由能与氧化数之间的关系图。这意味着元素最稳定的氧化态总是相应于图上位置最低的那个物种(图 3-19)。

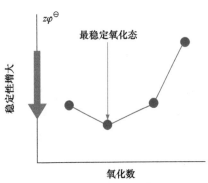

图 3-19　元素的 Froster 图

例题 3-24

例如，已知元素 Mn 在酸性介质中(pH = 0)的电势图为

$$\text{MnO}_4^- \xrightarrow{+0.558\,\text{eV}} \text{MnO}_4^{2-} \xrightarrow{+2.240\,\text{eV}} \text{MnO}_2 \xrightarrow{+0.906\,\text{eV}} \text{Mn}^{3+} \xrightarrow{+1.542\,\text{eV}}$$

$$\text{Mn}^{2+} \xrightarrow{-1.185\,\text{eV}} \text{Mn}$$

求 $\varphi^{\ominus}_{\text{MnO}_4^-/\text{Mn}}$ 和 Mn $\longrightarrow$ MnO$_4^-$ 的 $\Delta_r G_m^{\ominus}$ 值。

解

$$\varphi^{\ominus} = \frac{0.558\ \text{eV} + 2.240\,\text{eV}\times2 + 0.906\,\text{eV} + 1.542\,\text{eV} + (-1.185\,\text{eV})\times2}{7}$$

$$= \frac{5.116\,\text{eV}}{7} = 0.731\,\text{eV}$$

$$\Delta_r G_m^{\ominus} = zF\varphi^{\ominus} = 493.7\,\text{kJ}\cdot\text{mol}^{-1}$$

而由热力学数据计算的 $\Delta_r G_m^{\ominus}$ 值如下：

$$\text{Mn} + 4\text{H}_2\text{O} \longrightarrow \text{MnO}_4^- + 8\text{H}^+ + 7\text{e}^-$$

$$\Delta_r G_m^{\ominus} = [\Delta_f G_m^{\ominus}(\text{MnO}_4^-) + 8\Delta_f G_m^{\ominus}(\text{H}^+)] - [\Delta_f G_m^{\ominus}(\text{Mn}) + 4\Delta_f G_m^{\ominus}(\text{H}_2\text{O})]$$

$$= (-447.2\,\text{kJ}\cdot\text{mol}^{-1} + 0\,\text{kJ}\cdot\text{mol}^{-1}) - (0\,\text{kJ}\cdot\text{mol}^{-1} - 4\times237\,\text{kJ}\cdot\text{mol}^{-1})$$

$$= 500.8\,\text{kJ}\cdot\text{mol}^{-1}$$

可见，利用电化学数据和热力学数据计算的 $\Delta_r G_m^{\ominus}$ 非常接近。同理，依次可求出由元素 Mn 生成其他氧化态物种的标准吉布斯自由能 $\Delta_r G_m^{\ominus}$ 值(表 3-5)。

表 3-5　在不同介质中由单质生成不同氧化态物种的相对自由能 $\Delta_r G_m^{\ominus}$ [78]

氧化数(N)	pH = 0		pH = 14	
	物种	$\Delta_r G_m^{\ominus}$ /eV	物种	$\Delta_r G_m^{\ominus}$ /eV
+ 7	$HMnO_4$	5.184	MnO_4^-	−1.44
+ 6	MnO_4^{2-}	4.62	MnO_4^{2-}	−2.0
+ 4	MnO_2	0.1	MnO_2	−3.2
+ 3	Mn^{3+}	−0.85	$Mn(OH)_3$	−3.0
+ 2	Mn^{2+}	−2.36	$Mn(OH)_2$	−3.1
+ 0	Mn	0	Mn	0

利用上述结果，以 $\Delta_r G_m^{\ominus}$ 为纵坐标，以氧化数 N 为横坐标作图可得到元素 Mn 的 Froster 图，如图 3-20 所示，图中红线对应的条件为酸性介质，蓝线为碱性介质。

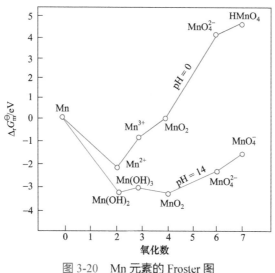

图 3-20　Mn 元素的 Froster 图

2. Froster 图的热力学图示

Froster 图最大的优点是给出了某一元素化学性质的轮廓。由于 Froster 图以热力学 $\Delta_r G_m^{\ominus}$ 为作图依据，因此依图所得的信息都是有热力学依据的。根据图 3-21 [79-80]，可得如下一些重要的定性信息。

(1) 图中任何两点连线的斜率都等于该两点所代表的物种构成电对的标准电极电势。

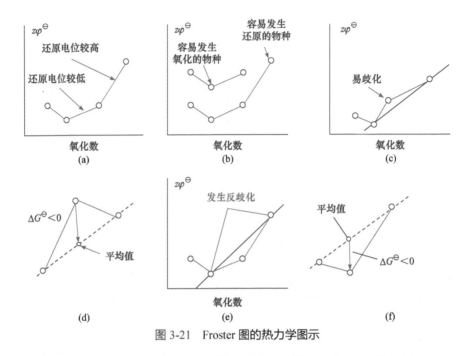

图 3-21　Froster 图的热力学图示

(2) 如图 3-21(a)所示，图中两点之间的连线越陡，相应电对的电极电势越高。因此，可通过比较相应线段的斜率判断任意两个电对所组成反应的自发性。

(3) 如图 3-21(b)所示，斜率较大($\varphi^{\ominus}$ 正值较大)的电对中氧化剂容易被还原，而斜率较小($\varphi^{\ominus}$ 正值较小)的电对中还原剂容易被氧化。

(4) 如图 3-21(c)所示，离子或分子在 Froster 图中如果处于其两侧物种连线的上方，则该离子或分子就容易发生歧化反应。这是因为中间物种的反应自由能高于两侧物种[图 3-21 (d)]，歧化过程在热力学上是有利的。

(5) 如图 3-21(e)所示，如果中间物种在图上处于其两侧物种连线的下方，两侧物种则更倾向于发生反歧化而转化为中间物种。这是因为两侧物种的平均反应自由能[图 3-21(f)]高于中间物种，所以反歧化过程在热力学上是有利的。

3. Froster 图的应用

1) 利用 Froster 图求算各电极反应的电极电势
(介绍 Froster 图的热力学图示时已阐述)

2) 判断元素的各氧化态物种发生歧化反应的可能性及反应平衡常数

判断歧化反应发生的可能性在介绍 Froster 图的热力学图示时已阐述。根据 Froster 图还可计算某物种发生歧化反应的平衡常数值。如图 3-22 所示，要计算物种 F 发生歧化反应生成 A 和 B 的平衡常数，将 A 和 B 连成直线，然后从 F 点作一直线垂直于横坐标，量取线段 x 的长度，经推导，不难发现按式(3-42)可以计算 F 发生歧化反应的平衡常数 K。

$$\lg K = \frac{(N_A - N_B)x}{0.0592} \tag{3-42}$$

式中，N_B 为比歧化离子 F 的氧化数更高的物种 B 的氧化数；N_A 为比歧化离子 F 的氧化数更低的物种 A 的氧化数；x 为从图上量得的 x 线段的长度(eV)。

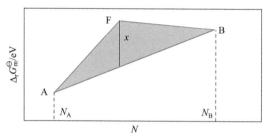

图 3-22　歧化反应平衡常数的图解计算

结合图 3-22 及歧化反应的平衡常数计算式可知：如果物质 F 的反应自由能位于线段 AB 的上方，则线段 x 为正值，因此 $\lg K>0$，$K>1$。随着 x 值的增大，平衡常数 K 值也增大，歧化反应进行得也越完全。

3) 判断氧化还原反应自发进行的方向[81-82]

此问题在判断歧化反应可能性时已阐述。例如，图 3-23 是 I 元素的 Froster 图。图中 I^- 和 IO_3^- 连线的斜率为负值，说明 I^- 和 IO_3^- 形成的氧化还原电对的还原

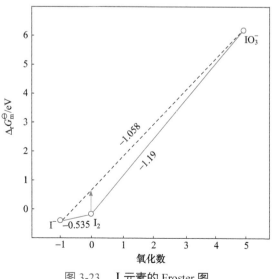

图 3-23　I 元素的 Froster 图

型不稳定,所以两者之间发生反歧化的趋势比较大,即发生反应 $5I^-(aq) + IO_3^-(aq) + 6H^+(aq) === 3I_2(s) + 3H_2O(l)$。

4) 比较元素的各种氧化态在不同介质中的稳定性及其氧化还原能力

图 3-24 是 N 元素的 Froster 图,由图可知氧化数为+5 和−3 含氮化合物氧化还原性的比较结果(表 3-6)。图中 N_2、NO、N_2O_4 各点在酸性和碱性介质中的 $\Delta_r G_m^\ominus$ 值没有差别,在图线上显示为重合点,可称为中性氧化态,其氧化还原性不受介质影响。

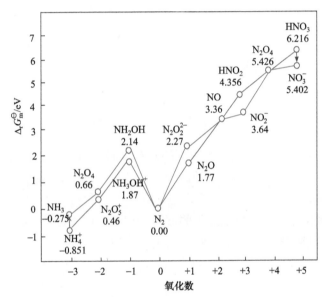

图 3-24 N 元素的 Froster 图(红线为酸性介质,蓝线为碱性介质)

表 3-6 氧化数为+5 和 −3 含氮化合物在不同介质中的氧化还原性比较

介质	氧化态	$\Delta_r G_m^\ominus$ /eV	氧化还原性
酸性 pH = 0	HNO_3	6.216 下降	氧化性强
碱性 pH = 14	NO_3^-	5.402 0.814	氧化性较强
酸性 pH = 0	NH_4^+	−0.851 上升	还原性较弱
碱性 pH = 14	NH_3	−0.275 0.576	还原性较强

5) 说明元素周期表中同族或同周期元素氧化还原性递变的规律

图 3-25 是氮族元素的 Froster 图。从图中可以看出,氮族元素的周期性变化非常明显,有以下规律[83-84]:

(1) 位于相应曲线最低点的 NH_4^+、PO_4^{3-}、As、Sb、Bi 为稳定态。

(2) NH_2OH 最突出，可歧化，发生反应 $3NH_3OH^+(aq) \Longrightarrow NH_4^+(aq) + N_2(g) + 3H_2O(l) + 2H^+(aq)$。

(3) 其余各氧化态则位于相邻连线的下方或几乎呈一直线，因而难以歧化。

(4) 比较图线的斜率可知，最低氧化态的还原性顺序为 $NH_4^+ < PH_3 < AsH_3$；最高氧化态的氧化性顺序为 $BiO_3^- > HNO_3 > H[Sb(OH)_6] > H_3AsO_4$；而 H_3PO_4 至 H_3PO_3 的连线斜率为负，故不显示氧化性。

同周期元素氧化还原性的变化规律如下：

(1) 第四周期过渡元素。

图 3-26 是第四周期过渡元素的 Froster 图。酸性条件下最稳定的氧化数是+2 和+3，处于图中各条连线上的最低点。各元素(除 Co 外)氧化数小于 5 的物种的 $\Delta_r G_m^{\ominus}$ 小于 0，表明这些元素的氧化态较稳定；而 $Cr(VI)$、$Mn(V、VI、VII)$、$Fe(VI)$、$Co(III、IV)$ 等物种对应的 $\Delta_r G_m^{\ominus}$ 大于 0，表明该氧化态的物种相对不稳定，具有较强的氧化性。

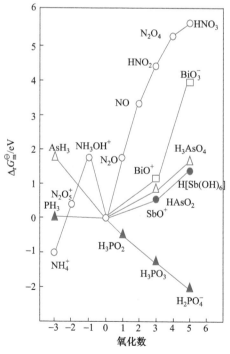

图 3-25　氮族元素的 Froster 图

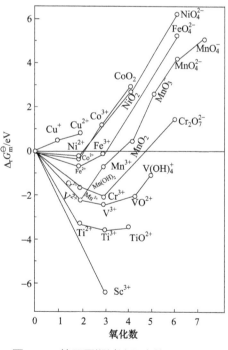

图 3-26　第四周期过渡元素的 Froster 图

从 Sc 到 Cr，氧化数为+2 的离子位于图低谷处，Mn 到 Ni，氧化数为+3 的离子位于低谷处，反映了这些氧化态的离子相对于其他氧化态离子来说有较低的 $\Delta_r G_m^\ominus$ 值，因而稳定性较高。且这些稳定价态的离子从 Sc 到 Ni 在图上的位置依次上移，即这些氧化态离子对应的 $\Delta_r G_m^\ominus$ 值逐渐增大。因此，直观形象地表示了第一过渡元素(从左到右)随原子序数递增，金属的活泼性呈递减变化，即氧化生成 M^{2+} 或 M^{3+} 的倾向逐渐困难。Ti 极易转变成 Ti^{2+}，所以 Ti 是很强的还原剂，Zn 转变成 Zn^{2+} 的能力比 Ti 弱，Ni 更加困难，Cu 与非氧化性酸不发生反应，只有氧化性酸如 HNO_3 才能与 Cu 发生反应，将 Cu 氧化成 Cu^{2+}。

此外，Co^{3+}、$Cr_2O_7^{2-}$、MnO_4^-、FeO_4^{2-} 等处于连线最高点，因此非常不稳定，是最强的氧化剂。

还可以发现，仅 Cu 能形成氧化数为+1 的 Cu^+。由于 Cu^+、Mn^{3+}、MnO_4^{2-} 均处于曲线向上的凸起部分，因此均易发生歧化反应。

(2) 第五、第六周期过渡元素。

第五与第六周期过渡元素的 Froster 图特别相似，如图 3-27 所示，这可能与镧系收缩的影响有关。

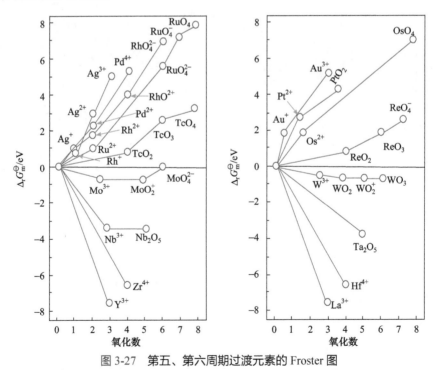

图 3-27 第五、第六周期过渡元素的 Froster 图

第五与第六周期过渡元素的金属活泼性较差，但在强氧化剂的作用和苛刻条

件下，可被氧化，直到氧化数与族数相同。

同一系列过渡元素的电极电势随原子序数的递增而增大，即氧化性随原子序数的递增而增强。例如，

$$\begin{array}{cccc} & Ta_2O_5 & WO_3 & Re_2O_7 \\ \varphi_{M^{n+}/M}^{\ominus}/V & -0.75 & -0.09 & -0.37 \end{array}$$

同一族过渡元素最高氧化态含氧酸的电极电势随周期数的增加而略有下降，表明它们的氧化性随周期数的增加逐渐减弱，趋于稳定。例如，

$$\begin{array}{cccc} & MnO_4^- & TcO_4^- & ReO_4^- \\ \varphi_{MO_4^-/M}^{\ominus}/V & +0.731 & +0.472 & +0.368 \end{array}$$

思考题

3-4　利用 Froster 图说明 MnO_4^- 在酸性水溶液中作氧化剂时，产物中 Mn 的氧化数是多少。

4. 应用 Froster 图应注意的几个问题

(1) Froster 图中涉及 $\Delta_r G_m^{\ominus}$ 和标准电极电势数据，以热力学为作图的依据，所得到的结论只有热力学意义，即仅反映反应的方向、趋势与限度，不能说明反应速率等动力学问题。

(2) Froster 图的作图数据来自水溶液体系的热力学标准态，因此 Froster 图只适用于满足这一条件的化学反应。对于非标准态反应，由图得到的结论只能作为参考。

(3) Froster 图给出的结果基本是定性的，有些也只是半定量，不能定量说明氧化还原反应。

3.3.3　Pourbaix 图

Pourbaix 图也称为电势-pH 图，由比利时科学家泡佩克斯(M. Pourbaix，1904—1998)于 1938 年首创。他根据能斯特方程和物种在水溶液中的性质创制了第一幅 Pourbaix 图，后用热力学数据,结合金属氧化物和氢氧化物的溶解度即有关反应的平衡常数绘制了 90 种元素和水构成的 Pourbaix 图，形成一部大型 Pourbaix 图图集[85]。Pourbaix 图也称为

泡佩克斯

物质优势范围图或优势区相图[86]，可清晰地反映一个电化学体系中，发生各种化学反应必须具备的电极电势和溶液 pH，在金属腐蚀、电化学、无机化学、分析化学、地质科学、湿法冶金等方面应用广泛[87-92]。英国剑桥大学埃文斯(U. R. Evans，1889—1980)将 Pourbaix 图对腐蚀电化学的贡献与微分方程对数学的贡献相提并论。

埃文斯

1. Pourbaix 图的基本类型和性质

Pourbaix 图以电极电势为纵坐标，pH 为横坐标。对所要研究的体系，只需要找出存在的各个重要反应，根据能斯特方程计算各反应的电极电势，作图而得。根据反应性质，在 Pourbaix 图上会出现三种不同类型的曲线。

(1) 反应中无 H^+ (或 OH^-)而有电子参与，如反应 $Cl_2(g) + 2e^- \longrightarrow 2Cl^-(aq)$ 的电极电势为

$$\varphi_{Cl_2/Cl^-} = \varphi_{Cl_2/Cl^-}^{\ominus} + \frac{0.0592\ V}{2} \lg \frac{\frac{p_{Cl_2}}{p^{\ominus}}}{[c(Cl^-)]^2}$$

$$= 1.358\ V + 0.0296\ V \lg \frac{p_{Cl_2}}{p^{\ominus}} - 0.0592\ V \lg c(Cl^-)$$

因此，电极电势既与 $c(Cl^-)$ 有关，也与 Cl_2 分压 p_{Cl_2} 有关。

当 $p_{Cl_2} = 100\ kPa$、$c(Cl^-) = 1\ mol \cdot L^{-1}$ 时，

$$\varphi_{Cl_2/Cl^-} = 1.358\ V$$

可见这类反应的电极电势与 pH 无关，在 Pourbaix 图上是一条平行于横坐标的直线，见图 3-28(a)。类似反应的通式可表示为

$$a\ Ox + n\ e^- \longrightarrow b\ Red$$

Ox 代表氧化型物质，Red 代表还原型物质。

(2) 反应中有 H^+ (或 OH^-)而无电子参与，如反应 $Fe(OH)_3(s) + 3H^+(aq) \Longrightarrow Fe^{3+}(aq) + 3H_2O(l)$，不难推导出该反应的平衡常数 K 为

$$K = \frac{[Fe^{3+}]}{[H^+]^3} = \frac{[Fe^{3+}][OH^-]^3}{[H^+]^3[OH^-]^3}$$

$$= \frac{K_{sp}[Fe(OH)_3]}{(K_w)^3} = \frac{4 \times 10^{-38}}{(10^{-14})^3}$$

$$= 4 \times 10^4$$

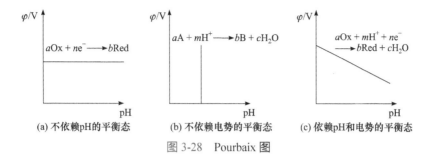

图 3-28 Pourbaix 图

两边取对数，可得

$$lg[Fe^{3+}] + 3pH = 4.60$$

这表明 Fe^{3+} 浓度与 pH 有关。

假设溶液中 $[Fe^{3+}] = 1 \ mol \cdot L^{-1}$，则

$$pH = \frac{4.60 - lg1}{3} = 1.53$$

这表明当 $[Fe^{3+}] = 1 \ mol \cdot L^{-1}$ 时，达平衡时溶液的 pH 为 1.53，与电极电势无关，在 Pourbaix 图上是平行于纵坐标即垂直于横坐标的直线，见图 3-28(b)。

类似反应的通式可表示为

$$a A + m H^+ \longrightarrow b B + c H_2O$$

它们都是平行于纵坐标的直线。

有些学者认为这种方式有一定的问题[93]，因为通式是在平衡且指定溶液中 $[Fe^{3+}]$ 浓度为 $1 \ mol \cdot L^{-1}$ 时所得，导致 H^+ 浓度为一个常量。但实际在平衡条件下，溶液离子的浓度往往不等于 $1 \ mol \cdot L^{-1}$，pH 随溶液离子浓度变化而变化，基于此提出采用广义氧化还原理论处理这类问题[94]。这里只介绍一般情况，在 Pourbaix 图应用的若干问题部分将有所提及。

(3) 反应中既有 H^+（或 OH^-）又有电子参与，如反应 $2H^+(aq) + 2e^- \longrightarrow H_2(g)$ 的电极电势为

$$\varphi_{H^+/H_2} = \varphi_{H^+/H_2}^{\ominus} + \frac{0.0592 \ V}{2} lg \frac{[c(H^+)]^2}{\dfrac{p_{H_2}}{p^{\ominus}}}$$

$$= \varphi_{H^+/H_2}^{\ominus} + 0.0592 \ V \ lg c(H^+) - 0.0296 \ V \ lg \frac{p_{H_2}}{p^{\ominus}}$$

即
$$\varphi_{H^+/H_2} = -0.0592\ V\ pH - 0.0296\ V\ lg\frac{p_{H_2}}{p^{\ominus}}$$

这表明电极电势既与 pH 有关，又与氢的分压 p_{H_2} 有关。

当指定 $p_{H_2} = 100\ kPa$ 时，则

$$\varphi_{H^+/H_2} = -0.0592\ V\ pH$$

此时，反应电极电势与 pH 有关，在 Pourbaix 图上为一条斜线，见图 3-28(c)。

类似反应式可表示为

$$a\ Ox + m\ H^+ + n\ e^- \longrightarrow b\ Red + c\ H_2O$$

当[氧化态] = [还原态] = 1 mol · L^{-1} 时，Pourbaix 图为基线，斜率为 $-\dfrac{0.0592m}{n}$，截距为 $\varphi^{\ominus}$。

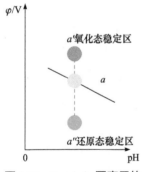

图 3-29   Pourbaix 图离子的
稳定区

2. Pourbaix 图的性质

Pourbaix 图曲线上的每一个点都表示电极反应在一定条件(浓度、酸度)下达到平衡时，电极电势与 pH 之间的关系，因此称为优势区相图[95]。如图 3-29 所示，当物种离子浓度改变，则意味着氧化态、还原态的浓度改变，电极电势随之改变，新的平衡点就要移动(或上或下)，造成了直线上方为氧化态的稳定区，下方为还原态的稳定区。对图 3-29 中的直线而言，左边是物种离子的稳定区，右边是沉淀的稳定区[95]。

3. Pourbaix 图的构成与应用示例

1) 判断物质在水中的热力学稳定性

水的氧化-还原性与以下两个电极反应有关。

$$2H^+(aq) + 2e^- \longrightarrow H_2(g) \qquad \varphi^{\ominus} = 0.00\ V \qquad (1)$$

$$O_2(g) + 4H^+(aq) + 4e^- \longrightarrow 2H_2O(l) \qquad \varphi^{\ominus} = 1.229\ V \qquad (2)$$

两个电极反应中都有 H$^+$ 和电子参与，因此两电极反应的电极电势均受 pH 影响，对反应(1)，当指定 $p_{H_2} = 100\ kPa$ 时，则

$$\varphi_{\mathrm{H^+/H_2}} = -0.0592\ \mathrm{V\ pH} \tag{3-43}$$

利用式(3-43)可计算在不同 pH(0～14)时的 $\varphi_{\mathrm{H^+/H_2}}$，绘于图 3-30 上得到曲线 k，即氢线。曲线 k 的上方是 $\mathrm{H^+}$ 的稳定区，下方是 $\mathrm{H_2}$ 的稳定区。

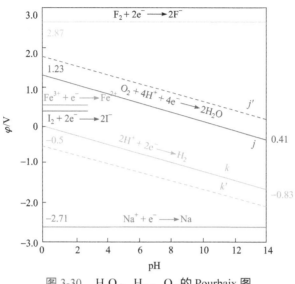

图 3-30　$\mathrm{H_2O}$、$\mathrm{H_2}$、$\mathrm{O_2}$ 的 Pourbaix 图

同理，反应(2)的电极电势为

$$\varphi_{\mathrm{O_2/H_2O}} = \varphi_{\mathrm{O_2/H_2O}}^{\ominus} + \frac{0.0592\ \mathrm{V}}{4}\lg\left\{[c(\mathrm{H^+})]^4 \cdot \frac{p_{\mathrm{O_2}}}{p^{\ominus}}\right\}$$

$$= 1.229\ \mathrm{V} + 0.0592\ \mathrm{V}\lg c(\mathrm{H^+}) + 0.0148\ \mathrm{V}\lg\frac{p_{\mathrm{O_2}}}{p^{\ominus}}$$

$$= 1.229\ \mathrm{V} - 0.0592\ \mathrm{VpH} + 0.0148\ \mathrm{V}\lg\frac{p_{\mathrm{O_2}}}{p^{\ominus}}$$

指定 $p_{\mathrm{O_2}}=100\ \mathrm{kPa}$ 时，则

$$\varphi_{\mathrm{O_2/H_2O}} = 1.229\ \mathrm{V} - 0.0592\ \mathrm{V\ pH} \tag{3-44}$$

式(3-44)相当于图 3-30 上的曲线 j，即氧线。曲线 j 上方是 $\mathrm{O_2}$(氧化态)的稳定区，下方为 $\mathrm{H_2O}$ (还原态)的稳定区。

从热力学上判断，电极电势值低于曲线 k 的任何电对的还原型都可将 $\mathrm{H_2O}$ 还原为 $\mathrm{H_2}$；高于曲线 j 的任何电对的氧化型都可将 $\mathrm{H_2O}$ 氧化为 $\mathrm{O_2}$；处于两线之间的任何电对不能使水氧化或还原，因此曲线 j 和曲线 k 之间的区域在热力学上是 H_2O 的稳定区。例如，pH = 0 时，表 3-3 中处于 H_2 下方的物种都可将 H_2O 还原为 H_2，处于 O_2 上方的物种都可将 H_2O 氧化为 O_2，而 IO_3^-/I_2 至 Cu^{2+}/Cu^+ 之间的所有电对在这个区域对水均稳定。水的 Pourbaix 图可以用来判断某种物种在水中存在的区域，或者提供制备的条件。需要说明的是，由于超电势的原因(见第 4 章)，H_2O 的稳定区比曲线 j 和曲线 k 规定的区域要大。H_2O 实际的稳定区是曲线 j 向上和曲线 k 向下各移动 0.5 V，即为曲线 j' 和曲线 k'。

只有为数不多的氧化剂(如 Co^{3+}、Ag^+、Ce^{4+}、$Cr_2O_7^{2-}$、MnO_4^-)能将水氧化，这是因为这些氧化剂与还原产物形成电对的电极电势均高于+1.229 V。受到动力学因素的阻滞，除 Co^{3+}、Ag^+ 外，其余离子释氧速率并不快。这是由于水氧化需要转移 4 个电子，由两个水分子形成一个 O—O 键。目前发展的一个科学前沿是寻找高效的水氧化催化剂以促进水分解，从而释放出质子，将其还原制取氢气。无机化学家面临的挑战是寻找高效的释氧催化剂。科学家在植物光合活性中心释氧机制中发现辅酶。如图 3-31 所示，该辅酶含有 4 个 Mn 原子和 1 个 Ca 原子。中国科学院植物研究所的匡廷云等[96]、沈建仁等[97]在解释光合作用方面做了大量研究工作。因在理解生物氧化还原金属簇方面做出的原创性贡献，沈建仁获得了由瑞典皇家科学院颁发的 2020 年的爱明诺夫奖(Gregori Aminoff Prize)。在模仿大自然的效率方面，Ru、Ir 和 Co 配合物催化剂的研究已取得重要进展[98-99]。中国科学院大连化学物理研究所李灿[100]、西湖大学孙立成[101]、中国科学院理化技术研究所吴骊珠[102]、天津理工大学鲁统部[103]、陕西师范大学曹睿[104]等贡献显著。

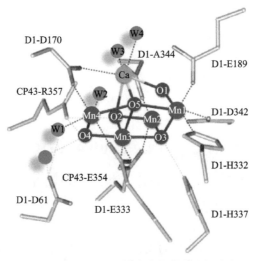

图 3-31　具有 CaMn 结构的自然界放氧中心

例题 3-25

确定单质卤素在水中反应的情况。

解　有关电极反应及所对应的电极电势为

$$Cl_2(g) + 2e^- \longrightarrow 2Cl^-(aq) \quad \varphi = 1.358\ V + 0.0296\ V\ lg\frac{p_{Cl_2}}{p^{\ominus}} - 0.0592\ V\ lgc(Cl^-)$$

$$Br_2(g) + 2e^- \longrightarrow 2Br^-(aq) \quad \varphi = 1.065\ V + 0.0296\ V\ lg\frac{p_{Br_2}}{p^{\ominus}} - 0.0592\ V\ lgc(Br^-)$$

$$I_2(s) + 2e^- \longrightarrow 2I^-(aq) \quad \varphi = 0.535\ V - 0.0592\ V\ lgc(I^-)$$

以上电极反应均无 OH^- 和 H^+ 参与，故均为平行于横坐标的直线。卤素单质的 Pourbaix 图见图 3-32。

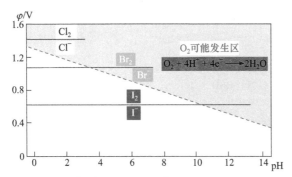

图 3-32　Cl_2、Br_2、I_2 的部分 Pourbaix 图（设 $[Cl^-] = [Br^-] = [I^-] = 1\ mol \cdot L^{-1}$）

图 3-32 中彩色部分代表氧的存在区，由图可知，单质氯、溴、碘与水反应的趋势以氯为最大，它在一般的酸性溶液中就能进行，即发生 $2Cl_2(g) + 2H_2O(l) \Longrightarrow$ $4HCl(aq) + O_2(g)$ 的反应。但对溴来说，只有溶液的 pH 在 3 以上时才可以与水发生反应；当 pH 提高到 12 以上时，碘才能与 H_2O 发生反应。

思考题

3-5　解释为什么在水中不能制备出 Na、F_2。

2）判断氧化还原反应进行的方向与顺序

用 Pourbaix 图可更加直观、全面地判断不同浓度和酸度条件下反应进行的

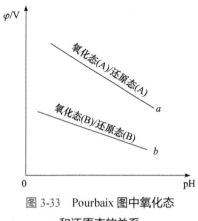

图 3-33　Pourbaix 图中氧化态
和还原态的关系

方向和顺序。图 3-33 绘制了 Pourbaix 图中氧化态和还原态的关系，图中反映了以下信息：

(1) 相同 pH，位于上方直线的氧化态可与下方直线的还原态物种发生反应。直线之间的距离就是两个电极组成电池的电动势，直线之间的距离越大，代表 $\Delta E^{\ominus}$ 越大，$\Delta_r G_m^{\ominus}$ 越负，反应自发进行的趋势越大。

(2) 对同时存在的几个反应，氧化还原反应进行的顺序可按直线之间距离的大小排列。

例题 3-26

绘制盐酸与 MnO_2 反应的 Pourbaix 图，说明制取 Cl_2 必须用浓盐酸。

解

反应 $MnO_2(s) + 4H^+(aq) + 2e^- \longrightarrow Mn^{2+}(aq) + 2H_2O(l)$ 的基线方程为

$$\varphi_1 = 1.23\ V - 0.118\ pH$$

反应 $Cl_2(g) + 2e^- \longrightarrow 2Cl^-(aq)$ 的基线方程为

$$\varphi_2 = 1.358\ V$$

绘制盐酸与 MnO_2 反应的 Pourbaix 图，如图 3-34 所示。

两直线交点 A 的坐标为 $\varphi_2 = 1.358\ V$，此时对应的 pH = −1.10，即 $[H^+] = 12.5\ mol \cdot L^{-1}$。因此：

(1) 当 $[Cl^-] = 1\ mol \cdot L^{-1}$，$p_{H_2} = 100\ kPa$ 时，即处于基线时，$[H^+] = 12.5\ mol \cdot L^{-1}$；当 pH < −1.10 时，有 Cl_2 产生，反应向右进行；当 pH > −1.10 时，反应向左进行；当 pH = −1.10 时，体系建立平衡。

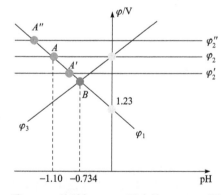

图 3-34　盐酸与 MnO_2 反应的 Pourbaix 图

(2) 非基线时，$[Cl^-] > 1\ mol \cdot L^{-1}$，$\varphi_2$ 向下平移，为 φ_2'，并与 φ_1 交于 A'，反应向右进行，$[H^+]$ 减小；$[Cl^-] < 1\ mol \cdot L^{-1}$，$\varphi_2$ 向上平移为 φ_2''，并与 φ_1 交

于 A''，反应向左进行，则 $[H^+]$ 增大。

(3) $[H^+] = [Cl^-]$ 时，φ_2 改变为 $\varphi_3 = 1.358 \text{ V} + 0.0592 \text{ pH}$，与 φ_1 交点 B，B 的坐标为 $[HCl] = 5.4 \text{ mol} \cdot L^{-1}$，即所需盐酸的最低浓度为 $5.4 \text{ mol} \cdot L^{-1}$。

3) 判断金属腐蚀现象

Pourbaix 图是判断金属腐蚀倾向的重要方法。当金属中含有比它不活泼的杂质，并与电解质溶液(在潮湿空气中，金属表面吸附一层水膜，溶有 O_2、CO_2 等，起着电解质的作用)接触时，就形成了原电池，这时活泼金属为负极，杂质为正极，导致活泼金属遭受腐蚀。这种由于电化学作用引起的腐蚀称为电化学腐蚀。例如，钢铁中含石墨、Fe_3C 等不活泼杂质，在潮湿空气中，就在钢铁表面形成无数微电池。此时，Fe 为负极，不活泼杂质为正极，使钢铁遭受腐蚀。

一般地，当金属表面的可溶性金属离子浓度低于 $10^{-6} \text{ mol} \cdot L^{-1}$ 时，可认为不受腐蚀。通常在处理问题时，常将金属离子浓度的对数值写在 Pourbaix 图中直线的旁边。从图 3-35 铁的 Pourbaix 图可以看出：①腐蚀区(红色区域)：pH < 9 时，Fe 在该区域可生成可溶性的 Fe^{2+}、Fe^{3+}；②稳定区(蓝色区域)：φ < −0.6 V 时，Fe 在该区域不受腐蚀；③钝化区：pH > 9 时，Fe 在该区域中表面上生成 $Fe(OH)_2$、$Fe(OH)_3$。此时，φ 较低时正好落在稳定区，较高时落在钝化区。但是 pH 不能太高，如大于 13 时，金属铁或 $Fe(OH)_2$ 都能被浓碱所溶解。

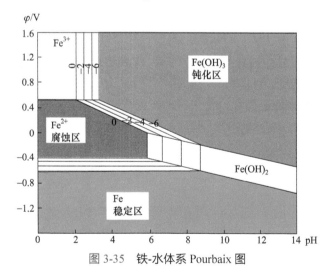

图 3-35　铁-水体系 Pourbaix 图

4) 解释天然水的化学行为

天然水体存在 CO_2-H_2CO_3-HCO_3^--CO_3^{2-} 双质子体系，酸和碱分别来源于大气

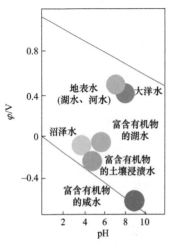

图 3-36　各种天然水体的 pH
和稳定区间水的稳定区

中 CO_2 和溶解的碳酸盐。生物过程也十分重要：呼吸作用消耗 O_2 并放出 CO_2，导致 pH 下降，电极电势降低；相反的过程(光合作用)消耗 CO_2 并放出 O_2，导致 pH 上升，电极电势增大。图 3-36 给出了代表性天然水的 pH 和水体氧化还原电对的关系。各种颜色代表的水体为：浅蓝色指地表水(湖水、河水)；深蓝色指大洋水；黄色指沼泽水；绿色指富含有机物的湖水；灰色指富含有机物的土壤浸渍水；红色指富含有机物的咸水。如果水体处于富氧环境，且 pH 较低(<3)，其中可能只存在简单阳离子 Fe^{3+}。但很少见到酸性如此高的天然水体，因此未发现 Fe^{3+} 的存在。如果 Fe^{3+} 被还原(水条件处于斜的边界线之下)，Fe_2O_3 或其他不溶性水合形式[如 $FeO(OH)$ 或 $Fe(OH)_3$]中的铁可能以 Fe^{2+}

的形式进入溶液。因此高 pH 和存在强还原电对时，应该只形成富氧水中不可能存在的 Fe^{2+}。此外，Fe^{3+} 在沼泽水体和富含有机物的土壤浸渍水中(两种情况下 pH 都接近 4.5，相应的 φ 值分别接近+0.03 V 和−0.1 V)将会被还原，以 Fe^{2+} 的形式被溶解。

在有色重金属冶炼过程中，往往产生和排放含有重金属离子的废水。特别是有毒的 Cu^{2+}、Cd^{2+}、Pb^{2+}、Hg^{2+}、As^{3+} 等投放到大河、田野将造成严重污染。因此，废水在排放前都需进行处理，使其含量达到允许浓度以下。金属-水的 Pourbaix 图在污水处理方面有重要意义[105-108]。

除此之外，Pourbaix 图在电化学机理研究[109-112]、电化学合成[112-113]及电镀工艺[113-115]等领域均有重要的作用，感兴趣的读者可参阅相关文献，在下面的章节也会有所涉及。

4. Pourbaix 图应用中的相关问题

必须指出，Pourbaix 图以热力学数据为基础，不涉及反应速率等动力学问题。且金属表面的 pH 和溶液内部的 pH 在数值上也存在差别，所以 Pourbaix 图仅是一种近似的处理。此外，以上的 Pourbaix 图均是以布朗斯台德酸为基础进行的探讨。那么，对路易斯酸碱是否也有 Pourbaix 图？路易斯酸/碱是能接受/给出电子对的分子、离子或原子团。路易斯酸碱之间的反应几乎包括了除普通氧化还原反应以外的所有反应。而广义氧化还原反应是指在反应中电子波函数发生改变的反应，也就是在反应中核外邻近区内价电子出现概率发生改变的反应[94]。路易斯酸碱反应既然是电子对给出和接受的反应，那么价电子在核外的概率分布必然发生改变，因此路易斯酸碱反应也是广义氧化还原反应。因此，只要是溶液中有酸碱参与的广义氧化还原反应，都可以作出 Pourbaix 图[95]。

以 H_2CO_3 为例，简要说明。在水溶液中，H_2CO_3 可分两步解离[116]：

$$H_2CO_3(aq) \Longrightarrow HCO_3^-(aq) + H^+(aq) \tag{3}$$

$$HCO_3^-(aq) \Longrightarrow CO_3^{2-}(aq) + H^+(aq) \tag{4}$$

反应(3)可改写为

$$\frac{1}{2}H_2 + H_2CO_3 \Longrightarrow HCO_3^- + \frac{1}{2}H_2 + H^+ \tag{5}$$

正极反应：$H_2CO_3(aq) + e^- \longrightarrow HCO_3^-(aq) + \frac{1}{2}H_2(g) \qquad \varphi_{正5}^{\ominus} = -0.376\ V$

负极反应：$\frac{1}{2}H_2(g) \longrightarrow H^+(aq) + e^- \qquad \varphi_{负5}^{\ominus} = 0.00\ V$

反应(4)可改写为

$$\frac{1}{2}H_2 + HCO_3^- \Longrightarrow CO_3^{2-} + \frac{1}{2}H_2 + H^+ \tag{6}$$

正极反应：$HCO_3^-(aq) + e^- \longrightarrow CO_3^{2-}(aq) + \frac{1}{2}H_2(g) \qquad \varphi_{正6}^{\ominus} = -0.610\ V$

负极反应：$\frac{1}{2}H_2(g) \longrightarrow H^+(aq) + e^- \qquad \varphi_{负6}^{\ominus} = 0.00\ V$

分别绘制每个电极反应的 Pourbaix 图，即得图 3-37。显然与前面提到的只有质子参与没有电子参与的 Pourbaix 图有区别。曲线 a 为氢的 Pourbaix 图，是一条斜率为-0.0592 且交纵轴于 0 V 处的直线。曲线 b 为反应(5)正极反应的 Pourbaix 图，曲线 c 为反应(6)正极反应的 Pourbaix 图，它们分别是平行于横轴的两条直线。这两条直线在纵轴的交点将由共轭酸碱的浓度比决定。若共轭酸碱(H_2CO_3 和 HCO_3^-，HCO_3^- 和 CO_3^{2-})的浓度比都等于 1，它们将分别交纵轴于 -0.376 V 和-0.610 V 处，因此 p、q 两点就是平衡时正、负极的电极电势。如果只考虑平衡态时电极电势与 pH 的关系，容易证明，其电势-pH 图就是曲线 a。其他路易斯酸碱的 Pourbaix 图均可效仿此例画出。从图 3-37 可直观地获得以下信息。

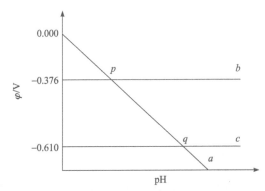

图 3-37 H_2CO_3 各共轭酸碱的 Pourbaix 图

(1) 只有当 pH 大于 p 点对应纵坐标时，H_2CO_3 才会解离；对 HCO_3^- 来说，只有当负极电极电势小于 q 点对应纵坐标时，H_2CO_3 才是稳定的，不发生解离。

(2) 从电极电势的大小可知 H_2CO_3 和 HCO_3^- 具有一定的氧化性。当各自发生解离时，H_2CO_3 和 HCO_3^- 在电极反应中都处于氧化态的位置，这时 H_2CO_3 的氧化性显然大于 HCO_3^-。无论 pH 为多少，都是如此。这就是说，在通常条件下，任何 pH，H_2CO_3 总是要比 HCO_3^- 易得到负电荷，即易失去正电荷，即易失去质子 H^+。这点与事实完全相符，因为 H_2CO_3 总是比 HCO_3^- 易解离出 H^+。

(3) 由于 HCO_3^- 水解的反应是 H_2CO_3 解离反应的逆反应。当 pH 小于 p 点对应的横坐标时，HCO_3^- 发生水解，对 CO_3^{2-} 的水解规律也可做类似分析。

随着 Pourbaix 图的广泛运用，已经无法满足科研和工业发展的需要，基于此又发展了：

(1) 基于同时平衡原理的 Pourbaix 图，以解决金属-配体-水系电势-pH 图的计算问题[117-118]；

(2) 高温 M-H_2O 体系 Pourbaix 图[119-120]；

(3) M-H_2O 体系亚稳定态物种的 Pourbaix 图[121-122]。

此外，仪器和计算机的发展也为 Pourbaix 图的绘制带来便利，可利用电化学循环伏安法(cyclic voltammetry)测定某一氧化还原电对的电极电势，从而绘制 Pourbaix 图[123]。也可通过计算机编程绘制 Pourbaix 图[124-126]。围绕无机化学精品课程建设，利用 Flash 软件制作的 Pourbaix 图课件已投入使用，取得了良好的效果[127]。此外，在溶液电化学理论和硫化矿浮选理论的基础上，以 Visual Basic 语言为基础，基于 Windows 操作平台的、通用的、开放型的硫化矿物-H_2O 体系中的 Pourbaix 图数据库也被开发出来[128]。虽然泡佩克斯主编的《溶液中电化学平衡图》是腐蚀电化学领域公认的权威著作，但是随着科学技术和化学键理论的发展，它也得到了不断的完善。我国学者黄仕华[129]在讨论 Pourbaix 图问题时指出该书中若干氢化物和氧化物元素的氧化数、电极反应机理及电极反应的可逆性和元素属性等方面的错误，并依据物质结构和电化学原理进行了初步的分析和修正。可以说 Pourbaix 图在不断完善和发展。

参 考 文 献

[1] 佚名. 科学世界, 2001, (8): 56.

[2] 胡树铎, 刘树勇. 物理教学, 2008, 30(10): 6-7.

[3] 伍健辉. 发明与创新(综合科技), 2010, (6): 44-45.

[4] Oliver J L. Proc Phys Soc London, 1875, 2(1): 195-198.

[5] 谢德明, 童少平, 曹江林. 应用电化学基础. 北京: 化学工业出版社, 2013.

[6] 吴祺. 化学教育(中英文), 2002, 23(4): 47-48.

[7] 代海宁, 唐明宇, 杨永丽. 电化学基本原理及应用. 北京: 冶金工业出版社, 2014.

[8] 李荒生. 化学教学, 2000, (1): 27+35.

[9] Wang J. 分析电化学. 朱永春, 张玲, 译. 北京: 化学工业出版社, 2009.

[10] Levich V G. Physicochemical Hydrodynamics. New York: Prentice-Hall, 1962.

[11] Bélanger D, Nadreau J, Fortier G. Electroanalysis, 1992, 4(10): 933-940.

[12] Li G, Yang D, Chuang P Y. ACS Catal, 2018, 8(12): 11688-11698.

[13] 王炳强. 化学分析与电化学分析技术及应用. 北京: 化学工业出版社, 2018.

[14] Jerkiewicz G. ACS Catal, 2020, 10(15): 8409-8417.

[15] 杨绮琴, 方北龙, 童页翔. 应用电化学. 广州: 中山大学出版社, 2001.

[16] Wolfgang S. J Solid State Electr, 2020, 24(9): 2175-2176.

[17] 顾宏邦, 董必礼, 马秀英, 等. 山西大学学报(自然科学版), 1988, 1: 61-67.

[18] Uudsemaa M, Tamm T. J Phys Chem A, 2003, 107(46): 9997-10003.

[19] 陈建平, 许立. 化学教育(中英文), 2002, 23(3): 43-45.

[20] 王润芳. 新课程学习(下), 2011, (2): 121.

[21] 马永梅. 轻工科技, 2013, 29(11): 45.

[22] 兰翠玲. 广西师范大学学报, 1997, 93(1): 312-316.

[23] 章皖宾. 四川师范大学学报(自然科学版), 1995, 18(6): 98-102.

[24] 李小密. 学周刊, 2011, (5): 108.

[25] 胡武亭. 化学教育(中英文), 1998, (3): 32-33+47.

[26] 鲁梅. 化学通报, 1978, (4): 46-48+11.

[27] 张绍衡, 朱艳云, 高文秦. 电化学分析法. 重庆: 重庆大学出版社, 1994.

[28] 肖友军, 李立清. 应用电化学. 北京: 化学工业出版社, 2013.

[29] 高振明, 张君才. 咸阳师专学报, 1994, 9(6): 23-25.

[30] 张来英, 李海燕, 陈良坦. 化学教育(中英文), 2020, 41(8): 101-104.

[31] 刘林. 中学化学教学参考, 2016, (12): 66-68.

[32] 童艳花, 杨金田, 徐敏虹, 等. 化工高等教育, 2014, 31(4): 97-99+109.

[33] 白雪. 银盐光催化剂的研究进展及磷钼酸银溶度积的测定. 长春: 东北师范大学, 2013.

[34] 雷依波, 刘斌, 王文渊, 等. 无机化学. 6 版. 北京: 高等教育出版社, 2018.

[35] 杨喜平, 刘建平, 杨新丽. 大学化学, 2011, 26(3): 38-39.

[36] 李心爱. 化学教育, 2017, 38(10): 20-21.

[37] Carhart H S. Phys Rev(Series Ⅰ), 1908, 26(3): 209-219.

[38] 尹钦林. 丽水学院学报, 2004, 26(5): 44-46.

[39] 龚珏秋, 孙洪良. 化学通报, 1991, (1): 20-24.

[40] 尹钦林. 无机化学规则导论. 杭州: 浙江大学出版社, 2002.

[41] Xu Y, Liu Y C, Hu X Y, et al. Angew Chem Int Ed, 2020, 59(7): 2850-2859.

[42] Zhang Z, Li X P, Zhong C, et al. Angew Chem Int Ed, 2020, 59(18): 7245-7250.

[43] Zhang Q, Kusada K, Wu D S, et al. Chem Sci, 2019, 10(19): 5133-5137.

[44] 张太平. 高等函授学报(自然科学版), 2004, 17(3): 32-33.

[45] Atkins P, Paula J D. Atkins' Physical Chemistry. New York: Oxford University Press, 2006.

[46] Doi K, Asano N, Kawano S. Science Reports, 2020, 10(1): 4110-4121.

[47] Krätschmer W, Lamb L D, Fostiropoulos K, et al. Nature, 1990, 347: 354-358.

[48] 武汉大学. 无机化学. 北京: 高等教育出版社, 1994.

[49] 傅献彩. 大学化学. 北京: 高等教育出版社, 1999.

[50] 申泮文. 近代化学导论. 北京: 高等教育出版社, 2002.

[51] 北京师范大学. 无机化学. 北京: 高等教育出版社, 2002.

[52] 大连理工大学无机化学教研室. 无机化学. 北京: 高等教育出版社, 2001.

[53] 胡忠鲠. 现代化学基础. 北京: 高等教育出版社, 2001.

[54] 王世华. 无机化学教程. 北京: 科学出版社, 2000.

[55] 何凤娇. 现代无机化学. 北京: 科学出版社, 2001.

[56] 唐宗熏. 中级无机化学. 北京: 高等教育出版社, 2003.

[57] 朱文祥, 刘鲁美. 中级无机化学. 北京: 北京师范大学出版社, 1993.

[58] 首都师范大学无机化学教研室. 中级无机化学. 北京: 首都师范大学出版社, 1994.

[59] Shriver D F, Atkins P W, Langford C H, et al. 无机化学. 高忆慈, 史启祯, 曾克慰, 等译. 北京: 高等教育出版社, 1997.

[60] Cotton F A, Wilkinson G. 高等无机化学. 北京师范大学, 译. 北京: 人民教育出版社, 1981.

[61] Dutton K G, Lipke M C. J Chem Educ, 2021, 98(8): 2578-2583.

[62] Housecroft C E, Sharpe A G. Inorganic Chemistry. New York: Prentice Hall, 2001.

[63] Goldberg D E. Fundamentals of Chemistry. New York: McGraw-Hill Higher Education, 2001.

[64] Petrucci R H, Harwood W S, Herring F G. 普通化学. 卞江, 译. 北京: 高等教育出版社, 2004.

[65] Mingos D M P. Essentials of Inorganic Chemistry. New York: Oxford University Press, 1998.

[66] 刘翊纶. 基础元素化学. 北京: 高等教育出版社, 1992.

[67] 史启祯. 无机化学与化学分析. 北京: 高等教育出版社, 2005.

[68] 赫斯洛普 R B, 琼斯 K. 高等无机化学. 北京工业学院无机化学教研组, 等译. 北京: 人民教育出版社, 1980.

[69] 赫斯洛普 R B. 无机化学中的定量关系. 温元凯, 译. 北京: 人民教育出版社, 1978.

[70] 樊行雪, 方国女. 大学化学原理及应用. 北京: 化学工业出版社, 2004.

[71] Latimer W M. The Oxidation States of the Elements and their Potential in Aqueous Solution. New York: Prentice-Hall, 1952.

[72] 李淑妮, 崔斌, 唐宗薰. 宝鸡文理学院学报(自然科学版), 2001, (1): 39-44.

[73] Agarwal H, Florian J, Bryan R, et al. ACS Energy Lett, 2019, 4(10): 2368-2377.

[74] 陆大廉, 冯承天. 自然杂志, 1987, (1): 7-12.

[75] Hu T J, Wang Q H, Li G Y. Science Discovery, 2017, 5(6): 423-425.

[76] Zhao Y, Gu S, Gong K, et al. Angew Chem Int Ed, 2017, 56(36): 10735-10739.

[77] Frost A A. J Am Chem Soc, 1951, 73(6): 2680-2682.

[78] Ebsworth E A V. Educ Chem, 1964, 1: 123

[79] Shiver D F. Inorganic Chemistry. Oxford: Oxford University Press,1999.

[80] 李淑妮, 崔斌, 唐宗薰. 宝鸡文理学院学报(自然科学版), 2001, 21(3): 209-212+216.

[81] 陈佐勤. 化学通报, 1994, (10): 126-128.

[82] Friedel A, Murray R. J Chem Educ, 1977, 54(8): 485-487.

[83] 张进胜, 钱博. 化学通报, 1978, (5): 46-48.

[84] 周春生, 陈三平, 谢钢, 等. 商洛学院学报, 2007, 21(4): 37-42.

[85] Pourbaix M. Atlas d'Equilibres electrochimiques. Paris: Ganthier-Villars, 1963.

[86] Poarbaix M. J Electrochem Soc, 1976, 123(2): 25.

[87] Li J, Chen S G, Yang N, et al. Angew Chem Int Ed, 2019, 58(21): 7035-7039.

[88] Wang J, Kattel S, Hawxhurst C J, et al. Angew Chem Int Ed, 2019, 58(19): 6271-6275.

[89] Tao H C, Choi C, Ding L X, et al. Chem, 2019, 5(1): 204-214.

[90] Liu D N, Wang J H, Lu J, et al. Small Methods, 2019, 3(7): 1900083-1900091.

[91] 王凤平, 唐丽娜. 化学教育, 2007, 28(4): 64.

[92] 钟竹前, 梅光贵. 化学位图在湿法冶金和废水净化中的应用. 长沙: 中南工业大学出版社, 1986.

[93] 龚兆胜, 黄红苹, 张灵. 大学化学, 2006, 21(5): 53-56+72.

[94] 龚兆胜, 赵正平. 化学通报, 2002, 65(8): 567-574.

[95] 周春生, 陈三平, 谢钢, 等. 商洛学院学报, 2008, 22(2): 24-29+77.

[96] Qin X C, Suga M, Kuang T Y, et al. Science, 2015, 348(6238): 989-995.

[97] Chen J H, Wu H J, Xu C H, et al. Science, 2020, 370(6519): 6350-6358.

[98] Shi H, Zhou Y T, Jiang Q, et al. Nat Commun, 2020, 11(1): 2940-2950.

[99] Guan J Q, Duan Z Y, Li C, et al. Nat Catal, 2018, 1(11): 870-877.

[100] Gao Y Y, Cheng F, Li C, et al. Natl Sci Rev, 2021, 8(6): 151-160.

[101] Daniel Q, Duan L L, Sun L C, et al. ACS Catal, 2018, 8(5): 4375-4382.

[102] Li X B, Tung C H, Wu L Z. Nat Rev Chem, 2018, 2(8): 160-173.

[103] Cao L M, Lu D, Zhong D C, et al. Coord Chem Rev, 2020, 407: 213156-213174.

[104] Liang Z Z, Wang H Y, Cao R, et al. Chem Soc Rev, 2021, 50(4): 2540-2581.

[105] 龚兆胜, 王荣平. 云南农业大学学报, 2010, 25(2): 298-301.

[106] 郝晓地, 周健, 王崇臣, 等. 环境科学学报, 2018, 38(11): 4223-4234.

[107] 梁成浩, 黄乃宝, 扈显琦. 腐蚀科学与防护技术, 2006, 18(3): 157-160.

[108] 陈白珍, 唐仁衡, 龚竹青, 等. 中国有色金属学报, 2001, 11(3): 510-513.

[109] Gao Y, Yang H, Bai Y, et al. J Mater Chem A, 2021, 9(19): 11472-11500.

[110] Huang L F, Hutchison M J, Santucci R J, et al. J Phys Chem C, 2017, 121(18): 9782-9789.

[111] Qu J, Urban A. ACS Appl Mater Interfaces, 2020, 12(46): 52125-52135.

[112] Toma F M, Cooper J K, Kunzelmann V, et al. Nat Commun, 2016, 7(1): 12012-12023.

[113] 苏国辉, 李学军. 湖南有色金属, 1990, 6(6): 32-37.

[114] 覃松, 胡武洪. 内江师范学院学报, 1998, (4): 35-39.

[115] 俞信康. 江西有色金属, 1995, 9(2): 34-38.

[116] 周春生, 陈三平, 谢钢, 等. 商洛学院学报, 2008, 22(5): 22-26.

[117] 周雍茂, 刘铭. 长沙理工大学学报(自然科学版), 2004, 1(2): 89-92.

[118] 傅崇说, 郑蒂基. 中南矿冶学院学报, 1979, (1): 27-37.

[119] 陈小文, 白新德, 邓平晔, 等. 稀有金属材料与工程, 2004, 33(7): 710-713.

[120] Jing Q, Zhang J, Liu Y, et al. J Phys Chem C, 2019, 123(23): 14207-14215.

[121] 张索林, 李军锁, 张光宁. 中国有色金属学报, 1997, 7(2): 50-53.

[122] 张索林, 魏雨, 刘晓地. 化学热力学平衡中的几个问题. 石家庄: 河北教育出版社, 1992.

[123] Solis B H, Hammes-Schiffer S. Inorg Chem, 2014, 53(13): 6427-6443.

[124] 骆如铁. 中国矿业学院学报, 1986, (2): 87-92

[125] 李大年, 王乐珊, 许志宏. 计算机与应用化学, 1984, 1(1): 36-46.

[126] 章六一, 刘兴江, 周国治. 北京科技大学学报, 1991, (2): 173-178.

[127] 张运陶, 姜洪, 周娅芬. 西华师范大学学报(自然科学版), 2006, (3): 313-317.

[128] 马运柱, 熊翔, 黄伯云. 矿冶工程, 2001, 21(4): 33-36.

[129] 黄仕华. 大学化学, 1995, 10(1): 24-27.

第4章

电解与电分析法简介

　　世界卫生组织在一些长寿地区，如俄罗斯南部高加索、日本山梨县、我国新疆吐鲁番和广西巴马等地考察时，发现当地人平均寿命近百岁，未发现癌症和心脑血管疾病。经反复论证，科学家得出结论：健康长寿的秘诀与饮用优质水关系密切。历经几十年的研究终于成功利用电解的方式制造出类似长寿地区的水，甚至更优质的健康好水——电解水。1931 年，日本研制出世界上第一台电解水机。1966 年，日本厚生省正式批准电解水装置可作为医疗器械使用。20 世纪 90 年代，电解水机开始在欧美发达国家广泛使用。人们使用酸性电解水清洗餐具、儿童玩具、家用用品和衣物及外用消毒。加拿大人用碱性电解水烹制佳肴和日常饮用。电解水在生活中具有广泛的作用，那么什么是电解水？电解的基本原理是什么?其装置有哪些特点？本章将讲解电解的相关知识。

4.1　电解和电镀

　　第 3 章已经系统地介绍了原电池及其相关概念，原电池中的氧化还原反应是通过电子自发地从负极流向正极来实现的。原电池所得到的最大功恰好等于体系吉布斯自由能的减少。

$$\Delta_r G_m = -zEF \tag{4-1}$$

$$\Delta_r G_m^{\ominus} = -zE^{\ominus}F \tag{4-2}$$

式中，z 为电极的氧化或还原反应式中电子转移数。当 E 为正值时，电池反应自发进行。对一些不能自发进行的氧化还原反应, 可施加电压迫使其发生反应, 将电能转化为化学能, 即发生电解(electrolysis)。

4.1.1 电解

1. 电解基本原理

电解是将直流电通过电解质溶液[又称电解液(electrolyte)]或熔融盐, 使反应物在电极上发生氧化还原反应, 以制备目标产物的反应过程。该电解装置称为电解池(electrolytic cell), 它由浸没在溶液中的阴、阳两个电极构成, 其中与电源负极相连的是阴极(cathode), 与电源正极相连的是阳极(anode)。电解质溶液导电是由于溶液中存在可自由移动的阴、阳离子。通电前, 阴、阳离子自由移动; 通电后, 在电场作用下, 溶液中的阳离子向阴极迁移, 而阴离子向阳极迁移, 并伴随进行阳极的氧化还原和阴极的还原反应。

以氯化铜(CuCl$_2$)溶液的电解为例(图 4-1)。强电解质 CuCl$_2$ 在水溶液中电离

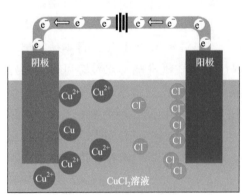

阳极 $2Cl^-(aq) \longrightarrow Cl_2(g) + 2e^-$
阴极 $Cu^{2+}(aq) + 2e^- \longrightarrow Cu(s)$

图 4-1 电解氯化铜溶液

成 Cu^{2+} 和 Cl$^-$。通电前, Cu^{2+} 和 Cl$^-$ 在水中自由地移动; 通电后, 离子在电场作用下定向移动, 溶液中带正电的 Cu^{2+} 向阴极移动, 带负电的 Cl$^-$ 向阳极移动。在阴极, Cu^{2+} 获得电子而还原成铜原子覆盖在阴极表面; 在阳极, Cl$^-$ 失去电子而被氧化成氯原子, 两两结合成氯气分子, 并从阳极析出。因此, 阴极上发生还原反应, 阳极上发生氧化反应。可见, 电解池电极发生的反应是原电池的逆反应。表 4-1 系统列举了原电池与电解池的区别与联系。

表 4-1 原电池与电解池的区别与联系

	原电池	电解池
电极	正极、负极	阳极、阴极
电极确定	由电极材料本身的相对活泼性决定, 较活泼的是负极, 相对不活泼的是正极	与外加电源的正极相连的是阳极, 与负极相连的是阴极

	原电池	电解池
电极反应	正极发生还原反应 负极发生氧化反应	阳极发生氧化反应 阴极发生还原反应
电子流向	电子由负极流向正极	电子由电源负极流向阴极， 再由阳极流向电源正极
反应自发性	自发进行	需要外加电源
能量转变	化学能转化为电能	电能转化为化学能
装置特点	不需要外加电源	需要外加电源
举例	$Zn(s) + CuSO_4(aq) == Cu(s) + ZnSO_4(aq)$	$Cu^{2+}(aq) + 2Cl^-(aq) == Cu(s) + Cl_2(g)$
相似之处	均能发生氧化还原反应，且同一装置中两电极在反应过程中转移电子总数相等	

本章开始提到了电解水机。它以市政自来水为水源，对自来水进行四道滤芯过滤、吸附等处理，再经过电解槽电解。由于氢键的作用，自来水通常是由 13～15 个小分子团组成，水进入电解槽，在电场的作用下水分子的氢键被打开，生成由 5～6 个水分子组成的小分子团水。在电场的作用下，溶液中的 H^+ 向阴极移动，发生还原反应，得电子释放氢气。由于 H^+ 浓度降低，OH^- 浓度升高，pH 大于 7，水体呈弱碱性。此时，阴极池的水称为碱性水。同时，在阳极的 OH^- 易失去电子，发生氧化反应，生成氧气和水。由于 OH^- 浓度降低，H^+ 浓度升高，pH 小于 7，水体呈弱酸性。此时，阳极池的水称为酸性水。自来水经过电解水机后，同时流出两种水，一种是供饮用的弱碱性水，另一种是供外用的酸性水[1]。

2. 分解电压

电解时，在电极上析出的产物与电解质溶液之间形成原电池。理论分解电压 (theoretical decomposition voltage) 也称为可逆分解电压，等于可逆电池电动势，可通过能斯特方程计算。但实际施加的分解电压往往比理论分解电压大，产生这一现象的原因为：①导线、接触点及电解质溶液都有一定的电阻；②实际电解时，电极过程不可逆，导致电极电势偏离可逆电极电势。以图 4-2 电解水为例，总的电解反应、阳极反应和阴极反应分别如下：

总反应　　　　　　$2H_2O(l) == 2H_2(g) + O_2(g)$

阳极反应　　　　　$2H_2O(l) \longrightarrow O_2(g) + 4H^+(aq) + 4e^-$

阴极反应　　　　　$2H^+(aq) + 2e^- \longrightarrow H_2(g)$

理论上施加 1.23 V 的直流电便可实现水电解，1.23 V 为理论分解电压。如图 4-3 所示，当实际外电压小于或等于理论分解电压时，电解池电流极小且无明显变化。当电压超过 1.83 V 后，电流迅速增大，两极有大量气泡，电解明显发生，1.83 V 为实际的分解电压(actual decomposition voltage)。

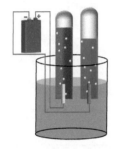

图 4-2　电解水实验装置

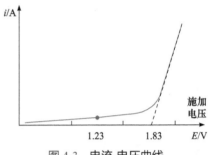

图 4-3　电流-电压曲线

3. 超电势

第 3 章讨论的电极电势是电极发生可逆电极反应时所具有的电势，故可称为可逆电势或平衡电势，此时电极上没有外电流通过。当有电流通过电极时，电极反应不可逆地进行，电极电势就会偏离平衡电势，偏离的大小称为过电势或超电势(overpotential)，用 η 表示，其数值大小反映电极极化的强弱程度。超电势与电极材料、析出物质的种类、溶液浓差梯度相关。超电势的存在影响电解产物的析出顺序。例如，电解 $CuSO_4$ 溶液，阴极产物是 Cu，而不是 H_2。这与根据标准电极电势判断的结论一致，即 $\varphi_{Cu^{2+}/Cu}^{\ominus} > \varphi_{H^+/H_2}^{\ominus}$。若以 Zn 为电极电解 $ZnSO_4$ 的水溶液时，根据标准电极电势判断的结论是在阴极产生 H_2，但实际上是 Zn 在电极上析出。就是由于 H_2 在 Zn 极上析出时的超电势很大（ > 0.763 V）。因此，电解过程中的产物涉及很多动力学问题，不能根据热力学数据随意下结论。

$$Cu^{2+}(aq) + 2e^- \longrightarrow Cu(s) \qquad \varphi^{\ominus} = 0.342 \text{ V}$$

$$2H^+(aq) + 2e^- \longrightarrow H_2(g) \qquad \varphi^{\ominus} = 0 \text{ V}$$

$$Zn^{2+}(aq) + 2e^- \longrightarrow Zn(s) \qquad \varphi^{\ominus} = -0.763 \text{ V}$$

 思考题

4-1　能否用电极电势判断电解过程中电极上发生的反应？为什么？

4. 极化

当电流通过电极时，电极电势偏离可逆电极电势的现象称为电极极化(electrode polarization)。它主要有电化学极化和浓差极化，与电极反应速率和浓度梯度有关，分别产生活化超电势(activation overpotential)和浓差超电势(concentration overpotential)[2]。

1) 浓差极化

与溶液中离子的迁移速率相比，电极反应速率通常较快。随着电解进行，阳离子在阴极上还原，导致阴极附近溶液层中阳离子数目减少。此时，阴极表面参与电极反应的阳离子浓度小于溶液主体中的浓度，形成浓度梯度。电极电势取决于电极表面附近的阳离子活(浓)度。根据能斯特方程，阴极的电极电势值将偏离平衡电势值向更负的方向移动。对于阳极，电极电势值将偏离平衡电势值向更正的方向移动。这种现象称为浓差极化。增大电极表面积、减小电流密度、升高温度、促进强制对流等能有效地减小浓差极化。

2) 电化学极化

许多电极反应是分步进行的，反应速率受制于决速步骤反应。电极上施加电压时，若电流密度足够大，则单位时间内提供电荷的数量多。如果电极反应速率低于电荷的供给速率，电荷将会在电极表面积累。若电极表面积累了过多的正电荷，阳极电势则向更正的方向移动；若电极表面积累了过多的自由电子，则阴极电势向更负的方向移动，导致电极电势偏离平衡电势。这种由于电极反应速率慢引起的极化现象称为电化学极化，产生的超电势称为活化超电势。

电极极化特征是：阴极电势比平衡电势更负(阴极极化)，阳极电势比平衡电势更正(阳极极化)。实际情况下，在电极表面或电极与溶液的界面上往往形成一层薄的高电阻氧化膜(或其他物质的膜)，使离子的运动受到一定的阻力。此外，还存在溶液、线路和接触点等电阻。为了克服这些阻力就必须施加额外的电压去推动离子的前进，所需要的电压为欧姆电势降(ohmic potential drop)——iR(i 为体系通过的电流，R 为内电阻)。因此，电极的超电势是浓差极化超电势、电化学极化超电势及欧姆电势降之和[3]。

$$\eta = \eta_{浓差极化} + \eta_{电化学极化} + iR \tag{4-3}$$

对超电势的应用研究大多数是基于实验测定的。采用参比电极、对电极和工作电极的三电极体系，可得到不同电流密度下的超电势。以电流对电极电势(或超电势)作图，得到极化曲线，如图 4-4 所示。

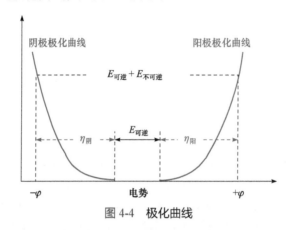

图 4-4　极化曲线

影响超电势的因素很多，通常有以下规律：

(1) 随着电流的增大，电极电势偏离平衡电势越大。阴极的超电势随电流的增大向负方向变化，而阳极向正方向变化，电解池两极间电势差逐渐增大。

(2) 超电势与电极材料有关。以氢超电势为例，在 Sn、Pb、Zn、Ag、Hg 等金属电极上的氢超电势较大；Fe、Co、Cu 等金属次之；Pt、Pd 等贵金属则较小。表 4-2 列举了在不同电极上氢气和氧气的超电势。由此可见，不同的电极材料会导致不同的电解效果。

表 4-2　在不同电极上产生 H_2 或 O_2 的超电势

产物	电极	电解质	超电势/V
H_2	Hg	H_2SO_4	1.41
H_2	Pb	H_2SO_4	1.40
H_2	Ag	H_2SO_4	1.00
H_2	Cu	H_2SO_4	0.80
H_2	Pt	H_2SO_4	0.47
O_2	Ni，Ag	NaOH	1.05
O_2	Pt	NaOH	0.70
O_2	Fe	NaOH	0.58

(3) 电极反应过程中，气体产物的超电势一般较大(如氢超电势、氧超电势)；

金属离子放电析出金属的超电势较小。

(4) 温度升高，超电势降低。

5. 析出电势

由于超电势的存在，实际施加的分解电压($E_{分解}$)大于电解池两极的理论电势差(或称平衡电势 $E_平$)。对单个电极来说，电极电势需达到相应离子的析出电势($\varphi_{析出}$)。

$$\varphi_{阴,析出} = \varphi_{阴,平} - \eta_阴 \tag{4-4}$$

$$\varphi_{阳,析出} = \varphi_{阳,平} + \eta_阳 \tag{4-5}$$

$$E_{分解} = \varphi_{阳,析出} - \varphi_{阴,析出} = \varphi_{阳,平} - \varphi_{阴,平} + \eta_阳 + \eta_阴 \tag{4-6}$$

超电势导致实际耗能比理论耗能多。需降低超电势，以获得最低的析出电势。通常采用催化剂来修饰电极。例如，电解水制氢被广泛认为是最有前景的绿色制氢路线，原料是地球上最丰富的水，产物是 H_2 和 O_2，不对环境造成二次污染。水分解的理论电压为 1.23 V。超电势的存在使其能耗较高，电解水制氢在工业制氢中所占比重仅为 3%～5%。目前，商业生产应用最多的析氢催化剂是铂，超电势接近 0 V，但其价格昂贵且在酸性电解液中稳定性较差。因此，寻找稳定高效的非铂析氢催化剂是当前电解水制氢技术中的研究重点[4]。

例题 4-1

298.15 K 时，用 Pt 作电极电解 0.01 mol·kg^{-1} 的 NaOH 溶液，若 $H_2(g)$ 和 $O_2(g)$ 在 Pt 电极上的超电势分别为 0.29 V 和 1.28 V，在电极上首先发生什么反应？此时外加电压为多少？（设活度系数 $\gamma = 1$）

解　查表得 $\varphi^{\ominus}_{Na^+/Na} = -2.71$ V，$\varphi^{\ominus}_{O_2/OH^-} = 0.401$ V。由于 $\gamma = 1$，则 Na^+ 和 OH^- 的活度 a 均为 0.01。在阴极上，Na^+ 和 H^+ 均有获得电子的可能，其析出电势分别为

$$\varphi_{Na^+/Na} = \varphi^{\ominus}_{Na^+/Na} + 0.0592 \lg a(Na^+) = -2.71 + 0.0592 \times \lg 0.01 = -2.828(V)$$

因为

$$a(H^+) = \frac{K_w}{a(OH^-)} = \frac{1 \times 10^{-14}}{0.01} = 1 \times 10^{-12}$$

所以

$$\varphi_{\text{氢,析出}} = \varphi_{H^+/H_2} - \eta_{\text{阴}} = \varphi_{H^+/H_2}^{\ominus} + \frac{0.0592 \text{ V}}{2}\lg\frac{[a(H^+)]^2}{\dfrac{p_{H_2}}{p^{\ominus}}} - \eta_{\text{阴}}$$

$$= 0 \text{ V} + \frac{0.0592 \text{ V}}{2}\lg\frac{(1\times10^{-12})^2}{\dfrac{100}{100}} - 0.29 \text{ V} = -1.000 \text{ V}$$

由于 $\varphi_{\text{氢,析出}} > \varphi_{Na^+/Na}$，因此阴极上首先发生析氢反应：

$$2H_2O(l) + 2e^- \longrightarrow H_2(g) + 2OH^-(aq)$$

在阳极上放电的物质只有 OH^-，其电极反应为

$$4OH^-(aq) \longrightarrow 2H_2O(l) + O_2(g) + 4e^-$$

其析出电势为

$$\varphi_{\text{氧,析出}} = \varphi_{O_2/OH^-} + \eta_{\text{阳}} = \varphi_{O_2/OH^-}^{\ominus} - \frac{0.0592 \text{ V}}{4}\lg\frac{[a(OH^-)]^4}{\dfrac{p_{O_2}}{p^{\ominus}}} + \eta_{\text{阳}}$$

$$= 0.401 \text{ V} - \frac{0.0592 \text{ V}}{4}\lg\frac{0.01^4}{\dfrac{100}{100}} + 1.28 \text{ V} = 1.799 \text{ V}$$

此时的外加电压为

$$E_{\text{分解}} = \varphi_{\text{阳,析出}} - \varphi_{\text{阴,析出}} = 1.799 \text{ V} - (-1.000 \text{ V}) = 2.799 \text{ V}$$

6. 电解池中电极反应的发生顺序

电解熔融盐时，电极采用铂或石墨等惰性电极，则发生的是熔融盐阳离子在阴极的还原反应和熔融盐阴离子在阳极的氧化反应。例如，电解熔融 $CuCl_2$ 时，在阴极上得到金属铜，在阳极上得到氯气。在盐的水溶液电解体系中，除了盐的离子外还有 H^+ 和 OH^-。当对电解池施加电压，哪种离子优先在阳极或阴极分别发生氧化或还原反应？电极发生的电解反应视电解溶液而定。用铜电极电解 HCl 溶液($1 \text{ mol} \cdot L^{-1}$)时，阴极反应为 H^+ 还原生成氢气；若换成 $CuCl_2$ 溶液($1 \text{ mol} \cdot L^{-1}$)，阴极上发生 Cu^{2+} 还原成铜的反应。有时电解质相同，电解产物视电极而定。例如，用铂电极电解稀 NaCl 水溶液时，阴极放出氢气，阳极放出氧气，即电解水反应。而用石墨电极电解浓的 NaCl 水溶液时，阴极放出氢气，同时产生 NaOH，而阳

极放出氯气。这是由于浓食盐水中，Cl^- 的浓度较 OH^- 的大，且氧在石墨电极上的超电势较大。可见，判断电解过程中电极上析出的物质应具体问题具体分析。电解过程中，离子发生电解反应的先后顺序与以下因素有关。

1) 析出电势

研究电极上电解反应发生的先后顺序时，应采用性质比较稳定的石墨、金、铂等惰性电极，因为它们在一般的通电条件下不发生化学反应。若用铁、锌、铜、银等还原性较强的材料制作电解池的阳极时，可能是阴离子放电反应，也可能是电极发生氧化反应溶解。采用惰性金属铂电极，电解时阳极反应为阴离子放电反应。例如，Cl^-、Br^-、I^-、OH^- 等被分别氧化为 Cl_2、Br_2、I_2 和 O_2。含氧酸根离子（如 SO_4^{2-}、PO_4^{3-} 等）的电极电势较高，一般不在水溶液中发生氧化放电反应。水溶液中含有多种阴离子时，离子的析出电势越低，越易在阳极上放出电子发生氧化反应，放电的先后顺序是 $S^{2-} > I^- > Br^- > Cl^- > OH^- > $ 含氧酸根 $> F^-$。一般的电解条件下，水溶液中含有多种阳离子时，取决于金属在周期表及在金属活动顺序表中的位置，阳离子的析出电势越高，越易获得电子优先发生还原反应，其一般顺序为 $Ag^+ > Hg^{2+} > Fe^{3+} > Cu^{2+} > H^+ > Pb^{2+} > Sn^{2+} > Fe^{2+} > Zn^{2+} > Al^{3+} > Mg^{2+} > Na^+ > Ca^{2+} > K^+$。

> **思考题**
>
> 4-2　为什么在阴极上，析出电势高的离子先放电，而在阳极上，析出电势低的离子先放电？

> **例题 4-2**
>
> 298.15 K 时，某溶液中含有 0.5 mol·kg^{-1} Ag^+、0.1 mol·kg^{-1} Ni^{2+}、0.1 mol·kg^{-1} H^+。已知 H_2 在 Ag、Ni 上的超电势分别为 0.20 V、0.24 V。用 Ag 作阴极，当外加电压从零开始增大时，通过计算判断物质在阴极上的析出次序。(设活度系数 $\gamma = 1$)
>
> **解**　金属的超电势一般很小，可近似用平衡电势代替其析出电势，即
>
> $$\varphi_{Ag^+/Ag}^{\ominus} = 0.799 \text{ V} \ ; \quad \varphi_{Ni^{2+}/Ni}^{\ominus} = -0.257 \text{ V} \ , \ \text{且} \ a(Ag^+) = 0.5 \ , \ a(Ni^{2+}) = 0.1 \ ,$$
>
> $a(H^+) = 0.1$，故
>
> $$\varphi_{Ag^+/Ag} = \varphi_{Ag^+/Ag}^{\ominus} + \frac{0.0592 \text{ V}}{1} \lg a(Ag^+) = 0.799 \text{ V} + \frac{0.0592 \text{ V}}{1} \lg 0.5 = 0.781 \text{ V}$$
>
> $$\varphi_{Ni^{2+}/Ni} = \varphi_{Ni^{2+}/Ni}^{\ominus} + \frac{0.0592 \text{ V}}{2} \lg a(Ni^{2+}) = -0.257 + \frac{0.0592 \text{ V}}{2} \lg 0.1 = -0.287 \text{ V}$$

常压下，氢气在阴极上析出时，$p_{\text{H}_2} = 100 \text{ kPa}$，其平衡电势为

$$\varphi_{\text{H}^+/\text{H}_2} = \varphi_{\text{H}^+/\text{H}_2}^{\ominus} + \frac{0.0592 \text{ V}}{2} \lg \frac{[a(\text{H}^+)]^2}{\dfrac{p_{\text{H}_2}}{p^{\ominus}}} = 0 \text{ V} + \frac{0.0592 \text{ V}}{2} \lg \frac{0.1^2}{\dfrac{100}{100}} = -0.059 \text{ V}$$

考虑到氢气在 Ag 电极上的超电势 $\eta_{阴} = 0.20 \text{ V}$，故氢气的析出电势为

$$\varphi_{氢,析出} = \varphi_{\text{H}^+/\text{H}_2} - \eta_{阴} = -0.059 \text{ V} - 0.20 \text{ V} = -0.259 \text{ V}$$

因 $\varphi_{\text{Ag}^+/\text{Ag}} > \varphi_{氢,析出} > \varphi_{\text{Ni}^{2+}/\text{Ni}}$，所以依次析出的是 Ag、$\text{H}_2$、Ni。

2) 浓度

浓和稀 NaCl 溶液的电解明确显示出电解质浓度不同，电解产物不同。具体分析可通过能斯特方程计算可知，其基本原则仍然遵循析出电势越正者，越先在阴极发生还原反应；析出电势越负者，越先在阳极发生氧化反应。

3) 催化剂

电解水、电催化 CO_2 还原、电催化 N_2 还原，以及电化学合成是目前在电催化领域的前沿热点研究方向。在溶有反应底物的电解液中，用特定催化剂修饰电极(或将催化剂分散在电解质溶液中)并通过调控电解反应，获得目标产物，如 CO_2 的电催化还原生成 CO 或低碳烷烃。在水溶液电解质中，CO_2 还原与析氢反应是竞争反应。为促进 CO_2 还原并抑制 H^+ 还原，则需使用利于 CO_2 还原的催化剂(即对 CO_2 还原选择性高的催化剂)，通过控制电解电压得到 CO_2 还原产物。瑞士洛桑联邦理工学院胡喜乐和台湾大学陈浩铭等报道了一种由 Fe^{3+} 组成的单分散催化剂(图 4-5)，可有效抑制 H^+ 还原反应。在低至 80 mV 的超电势下，高效催化 CO_2 电还原产生 CO。在 340 mV 的超电势条件下，生成 CO 的电流密度能够达到 94 mA·cm^{-2}。实验表明该单分散 Fe^{3+} 在电催化过程中具有很高的稳定性，且单分散的 Fe^{3+} 位点比传统的 Fe^{2+} 位点更利于 CO_2 吸附和 CO 脱附，这是其活性能够媲美甚至超越贵金属催化剂的关键[5]。

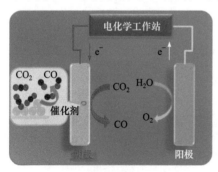

图 4-5　电化学催化 CO_2 还原

4) 施加电压

不同离子氧化还原电势不同，因此控制施加电压，使容易发生反应的物种先

析出或溶解，达到控制电解产物或分离物种的目的。图 4-6(a)表示负载催化剂的工作电极用以还原CO_2，图 4-6(b)表示通入和不通入CO_2时体系的电化学响应。可清晰看出催化剂存在下，较之于H^+还原，CO_2还原所需的电势更正。在 KOH 的电解质溶液($10\ mol\cdot L^{-1}$)中，若控制阴极的外加电压为$-0.4\ V$(*vs*. RHE)，则主要发生CO_2还原。若选择$-0.57\ V$(*vs*. RHE)，则H^+和CO_2均可以被还原。因此，电解产物的种类不仅与负载于电极上的催化剂有关，还与电解时施加的外电压有关[6]。

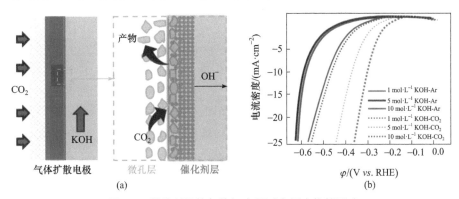

图 4-6　催化剂修饰与施加电压对电解产物的影响

5) pH

在低 pH 溶液中，H^+浓度高，存在H^+与金属同在阴极上相伴析出的可能，或H_2先于金属离子析出。这种情况可根据析出电势来判断。

6) 配位剂与去极化剂

(1) 配位剂。在电解液中加入配位剂，一般可改变物质的析出电势[7]。可根据能斯特方程，计算加入配位剂后的析出电势，判断电极上反应发生的顺序。除此之外，配位剂还能改善析出物的物理性质，获取致密光滑的析出物。例如，电镀金时常加入CN^-配离子。配位剂与Au^{3+}形成配合物后，体积增大，所带负电荷增多，受阴极引力减小，导致Au^{3+}在阴极上的析出速度减慢，单质金的沉积以缓慢均匀的方式进行。

(2) 去极化剂。在电解过程中，随着电解的进行，电极电势逐渐变化，溶液中其他物质将在电极上放电，从而产生干扰。如果在溶液中加入一种物质，使它能在干扰物质放电前，先在电极上放电，以维持电极电势不变，这样就可抑制干扰反应的发生，所加的这种物质称为去极化剂。用于阴极过程的去极化剂称为阴极去极化剂，一般是氧化剂，如NO_3^-。用于阳极过程的去极化剂，称为阳极去极化剂，一般是强还原剂。通常把这种加入去极化剂减缓电极电势的方法称为电势缓冲法。例如，在酸性条件下电解铜盐溶液，当铜析出时可能会伴有氢气产生，使电极上沉积的铜呈海绵状。若加入 HNO_3，一方面保证电解铜溶液的酸度，另一方面 NO_3^- 优先于 H^+ 在阴极上还原，产生的 NH_4^+ 不影响铜的析出。在电极电势不变时，H^+ 在阴极上参与 NO_3^- 还原而不是析出 H_2。

$$NO_3^-(aq) + 10H^+(aq) + 8e^- \longrightarrow NH_4^+(aq) + 3H_2O(l)$$

4.1.2 电镀

电镀(electroplating)是利用电解原理在某些金属表面上镀上一层薄的其他金属或合金的过程(图 4-7)，起到防止腐蚀，提高耐磨性、导电性、反光性及增进美观等作用[8]。电镀是金属电还原沉积的一种。为排除其他阳离子的干扰，且使镀层均匀、牢固，需用含镀层金属阳离子的溶液作电镀液，以保持镀层金属阳离子的浓度不变。其中，阳极材料的质量、电镀液的成分、温度、电流密度、通电时间、搅拌强度、析出的杂质和电源波形等都会影响镀层的质量，需适时监控。通常以镀层金属或其他不溶性材料为阳极，如镀锌为锌阳极、镀银为银阳极、镀锡-铅合金时使用锡-铅合金阳极。这些阳极称为可溶性阳极，但少数电镀由于阳极溶解困难，使用不溶性阳极，如酸性镀金多使用铂或钛阳极，镀液主盐离子靠添加配制好的标准含金溶液来补充。以待镀的工件为阴极。镀层金属在阳极氧化溶出后，进入溶液，相应的阳离子又在待镀工件表面还原沉积形成镀层。例如，镀铜时阴极为待镀零件，阳极为纯铜板，在阳、阴极分别发生铜溶解和析出反应。在此过程中，阳极析氧和阴极析氢反应都是副反应，应杜绝发生。

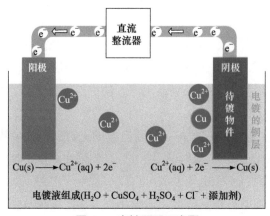

图 4-7 电镀原理示意图

阴极(镀件)：$\qquad Cu^{2+}(aq) + 2e^- \longrightarrow Cu(s)$

阳极(铜板)：$\qquad Cu(s) \longrightarrow Cu^{2+}(aq) + 2e^-$

值得注意的是，不是所有的金属离子都能从水溶液中还原沉积出来。如果阴极上析氢反应占主导地位，则金属离子难以在阴极上析出。电解过程中，可根据电极反应的顺序来进行判断。

电镀按照镀层分类(图 4-8)，可分为[2]：

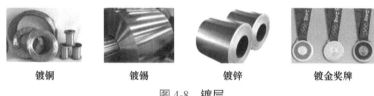

镀铜　　　　　镀锡　　　　　镀锌　　　　　镀金奖牌

图 4-8　镀层

(1) 镀铬。铬层在空气中很稳定，能长期保持光泽。它在碱、硝酸、硫化物、碳酸盐及有机酸等腐蚀介质中也稳定存在，但溶于盐酸等氢卤酸和热的浓硫酸。此外，铬层硬度高，耐磨性好，反光能力强，耐热性好，在 500℃以下光泽和硬度均无明显变化。

(2) 镀铜。铜层具有良好的延展性、导电性和导热性，易于抛光。经过适当的化学处理可得古铜色、铜绿色、黑色和本色等装饰色彩。镀铜易在空气中失去光泽，与二氧化碳或氯化物作用，表面生成一层碱式碳酸铜或氯化铜膜层。若受到硫化物作用，则会生成棕色或黑色硫化铜。通常，作为装饰性的镀铜层需在表面涂覆有机覆盖层。

(3) 镀镉。镉是银白色有光泽的软质金属，其硬度比锡硬，比锌软，可塑性好，易于锻造和辗压。镉的蒸气和可溶性镉盐都有毒，必须严格防止镉的污染。因其价格昂贵，且镉污染的危害很大，所以通常以镀锌层或合金镀层来取代镀镉层。

(4) 镀锡。锡具有抗腐蚀、无毒、易铁焊、柔软、延展性和导电性好，且化学稳定性高等优点。与锌、镉镀层一样，锡镀层在高温、潮湿和密闭条件下能长成晶须，即长毛。镀锡后在 232℃以上的热油中经重熔处理，可获得有光泽的花纹锡层，作为日用品的装饰镀层。

(5) 镀金。镀金分为同质和异质材料镀金两类。同质材料镀金，是对黄金表面进行镀金处理，意义在于提高首饰的光亮度及色泽。异质材料镀金是指对非金材料的表面进行镀金处理(如银镀金、铜镀金)，其意义在于以黄金的光泽替代被镀材料的色泽，提高观赏效果。

除单一金属外，镀层还可以是合金(如黄铜、青铜等)，也有弥散层(如镍-碳化硅、镍-氟化石墨等)和覆合层(如钢上的铜-镍-铬层、钢上的银-铟层)等。电镀的基体材料除铁基的铸铁、钢和不锈钢外，还有非金属，如 ABS 塑料、聚丙烯、聚砜和酚醛塑料。塑料电镀前，须经过特殊的活化和敏化处理。

利用电镀原理在电极表面镀上一层金属，既可保护金属防止腐蚀，又可提高电极的性能。它还是一种在电极表面负载催化剂的方法。例如，新加坡南洋理工大学徐梽川等研究的金属钴修饰的铜薄膜电极，其制备过程如图 4-9 所示。先将钴电镀在铜表面，然后分别在氩气和空气中进行热处理[9]。在 $KHCO_3$ 电解液($0.1\ mol \cdot L^{-1}$)中，施加$-0.65\ V$ (*vs.* RHE)电压时，金属钴修饰的铜薄膜电极催化 CO_2 还原生成甲酸的法拉第效率可达 80%。铜-钴合金可以抑制电催化 CO_2 还原反应时伴随的析氢反应，从而提高催化 CO_2 还原生成甲酸的选择性。

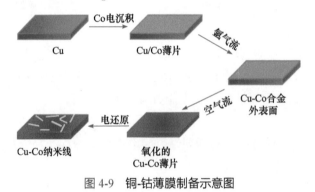

图 4-9　铜-钴薄膜制备示意图

4.2　电分析方法简介

发生电解时，按照进行电解后所采用的计量方式不同，可将电化学分析方法分为电重量法(electrogravimetry)和库仑法(coulometry)。在化学电池中，它们是有较大电流通过的电化学分析方法。

4.2.1　电重量法

电重量法是以称量在电解过程中沉积于电极表面的待测物的质量为基础的电分析方法。电解分析法也可作为一种离子分离的手段。实现电解分析的方式主要有恒电流电解分析法和控制电压电解分析法等。

1. 恒电流电解分析法

恒电流电解分析法简称恒电流电解法，是一种在电流恒定的条件下进行电解，称量电极上析出物质的质量来进行分析测定的电重量法。电解时，通过电解池的电流是恒定的。在实际工作中，一般控制电流为 0.5～2 A。随着电解的进行，被电解的测定组分不断析出，它在电解液中的浓度逐渐减小，电解电流随之降低。此时，需增大外加电压来保持电流恒定。

恒电流电解法的主要优点是仪器装置简单、测定速度快、准确度较高、相对误差小。该方法的准确度在很大程度上取决于沉积物的物理性质。电解析出的沉积物必须牢固地附于电极的表面，以防在洗涤、烘干和称量等操作中脱落散失。电解时电极表面的电流密度越小，沉积物的物理性质越好。电流密度越大，沉积速度越快，为能得到物理性能好的沉积物，不宜使用大电流，需充分搅拌电解液。或使被电解物质处于配位状态，以便控制适当的电解速度，改善电解沉积物的物理性能，如前面提到的电镀金过程。

恒电流电解法的主要缺点是选择性差，只能分离金属活动顺序表中氢之前的金属。此时，金属先在阴极上析出，完全分离析出后，继续电解就析出氢气。在酸性溶液中，金属活动顺序在氢之后的金属就不能析出。去极化剂的加入可克服恒电流电解选择性差的问题。例如，在电解 Cu^{2+} 时为防止 Pb^{2+} 同时析出，可加入 NO_3^- 作去极化剂。这是因为 NO_3^- 将先于 Pb^{2+} 在阴极上还原。

2. 控制电压电解分析法

在实际电解分析工作中，阴极和阳极的电势都会发生变化。当试样中存在两种以上离子时，随着电解反应的进行，离子浓度将逐渐下降，电解电流逐渐减小。若第二种离子在此过程中也发生反应，它会干扰测定。控制外加电压的方式通常达不到较好的分离效果，应控制工作电极(阴极或阳极)的电解电压。此时，当工作电极的电压为一恒定值，参与电解的通常仅有一种物质。随着电解的进行，该物质在电解液中的浓度逐渐减小，相应的电解电流也随之越来越小。当该物质被电解完全后，电流趋于零，电解完成。

控制电压电解分析法的主要特点是选择性好，可用于分离并测定 Ag (与 Cu 分离)、Cu (与 Bi、Pb、Ag、Ni 等分离)、Bi (与 Pb、Sn、Sb 等分离)、Cd (与 Zn 分离)等。

4.2.2　电解定律和电流效率

1. 电解定律

电解定律(law of electrolysis)描述电极上通过的电量与电极反应物质量之间的关系。1833 年，法拉第根据精密实验测量提出了该定律，又称为法拉第电解定律，是电解和电镀过程遵循的基本定律，包括两方面的内容[8]：①电解时，在电极上析出物质的质量与电解消耗的电量成正比；②通过相同电量时，在电极上所需析出的各种物质的质量，与它们的摩尔质量成正比。对于一定的电解过程，只要测定电解过程中所消耗的电量，根据式(4-7)~式(4-9)可求出物质的量。

$$m \propto Q \tag{4-7}$$

$$\frac{m}{M/z} = \frac{Q}{F} = \frac{it}{F} \tag{4-8}$$

$$m = \frac{it}{F} \times \frac{M}{z} \tag{4-9}$$

式中，m 为在电极上析出物质的质量，g；i 为电解时通过电极的电流强度，A；t 为电解时间，s；Q 为电解过程中消耗的电量，C；z 为转移电子数；F 为法拉第常量；M 为被测物质的摩尔质量，$g \cdot mol^{-1}$。

2. 电流效率及其影响因素

在实际生产中，不可能得到理论上相应量的电解产物，因为同时有副反应存在。通常把实际产量与理论产量之比称为电流效率(current efficiency)[8]。须指出，应用电解定律进行电化学分析时，必须保证电解时电流效率为 100%。此时，通过电解的电量全部用于析出待测物质，而无其他副反应。

$$电流效率 = \frac{实际产量}{理论产量} \times 100\% \tag{4-10}$$

实际中常因电极上的副反应而影响电流效率，主要有以下影响因素[10]：

(1) 溶剂参与电极反应消耗电量。电解一般是在水溶液中进行，水会参与电极反应而被电解，消耗一定的电量。由于水的电化学氧化或还原受电解质溶液 pH 和电势的影响，因此可通过控制适宜的电解电势和溶液的 pH 而防止水电解。

(2) 杂质的电解消耗电量。试剂中的杂质或样品中的共存物参与电解而消耗电量。可选择高纯度的试剂、提纯试剂或做空白实验扣除，也可对试液中的干扰物质进行分离或掩蔽。

(3) 溶解氧的电解还原消耗电量。电解溶液的溶解氧可在阴极上发生还原，生成 H_2O_2 或 H_2O。因此，可事先向电解溶液中通入惰性气体(如高纯 N_2 等)15 min 以上驱除 O_2。必要时可在分析过程中始终维持电解池内的 N_2 气氛。此外，也可在中性或弱碱性溶液中加入 Na_2SO_3，通过其与氧的化学反应除去氧。

$$O_2(g) + 2H^+(aq) + 2e^- \longrightarrow H_2O_2(aq)$$
$$\frac{1}{2}O_2(g) + 2H^+(aq) + 2e^- \longrightarrow H_2O(l)$$

(4) 电极参与反应消耗电量。惰性铂电极氧化电势很高,不易被氧化,电极电势高于 1.2 V 时仍很稳定。但当电解质溶液中有配位剂(如大量卤离子)存在时,其会与溶解的微量铂离子生成稳定配合物,使铂电极的氧化电极电势降至 0.7 V。铂电极本身发生氧化电极副反应导致电流效率降低。此时,需改变电解溶液的组成或更换电极(如石墨电极)。

(5) 电解产物的副反应消耗电量。在一些情况下,某电极上的产物与另一个电极上的产物反应,从而影响电流效率。可用多孔陶瓷、玻璃砂或盐桥将两电极隔开,避免两电极上的产物发生副反应。若当电极反应产物与溶液中某物质发生反应,需更换电解液来解决问题。

例题 4-3

用电流为 0.25 A 的直流电源电解(用惰性电极)足量的 $Au(NO_3)_3$ 溶液。当某电极上有 1.97 g 固体析出时,试计算:通过了多少电量? 通电时间需多少分钟? 理论上另一个电极上将同时收集到多少毫升标准状况下的某气体? (已知 Au 的摩尔质量为 197.0 g·mol^{-1}, $F = 96500$ C·mol^{-1})

解

阳极电极反应式: $\qquad 4OH^-(aq) \longrightarrow O_2(g) + 2H_2O(l) + 4e^-$

阴极电极反应式: $\qquad Au^{3+}(aq) + 3e^- \longrightarrow Au(s)$

根据法拉第电解定律:

$$Q = znF = 3 \times \frac{1.97 \text{ g}}{197.0 \text{ g·mol}^{-1}} \times 96500 \text{ C·mol}^{-1} = 2895 \text{ C}$$

$$Q = It$$

$$t = \frac{Q}{I} = \frac{2895 \text{ C}}{0.25 \text{ A}} = 11580 \text{ s} = 193 \text{ min}$$

在电解过程中,阴、阳极均转移电子的物质的量为

$$n(e^-) = 3 \times \frac{1.97 \text{ g}}{197.0 \text{ g·mol}^{-1}} = 0.03 \text{ mol}$$

根据电极反应式可知产生 O_2 的物质的量为

$$n(O_2) = \frac{1}{4}n(e^-) = 0.0075 \text{ mol}$$

则

$$V(O_2) = 0.0075 \text{ mol} \times 22.4 \text{ L·mol}^{-1} = 0.168 \text{ L} = 168 \text{ mL}$$

4.2.3 库仑分析法

库仑分析法是测量电解过程中，被测物质在电极上发生电化学反应所消耗的电量来进行定量分析的一种电化学分析法。库仑分析法创立于 1940 年左右，其理论基础就是电解定律。库仑分析法是对试样溶液进行电解，但它不需要称量电极上析出物的质量，而是通过测量电解过程中所消耗的电量，由电解定律计算出分析结果。由于库仑分析法是基于电量的测定，因此测定过程中要求电极反应的电流效率达到或者接近 100%。如果电流效率较低，只要知道确切数值，也可用于测定，但要求所示的电量具有重现性。

根据电解进行的方式不同，库仑分析法可分为控制电流库仑分析法(或称为恒电流库仑滴定)和控制电势库仑分析法。前者建立在控制电流电解的基础上，后者是建立在控制电势电解的基础上。具体而言，控制电流库仑分析法是用恒电流电解，在溶液中产生滴定剂(称为电生滴定剂)以滴定被测物来进行定量分析的方法。而控制电势库仑分析法是在电解过程中，将工作电极电势调节到所需要的数值并保持恒定，直至电解电流降为零，由库仑计记录电解过程中消耗的电量，由此计算被测物的含量。

参 考 文 献

[1] 倪萌, Leung M K H, Sumathy K. 能源环境保护, 2004, (5): 5-9.
[2] 肖友军, 李立清. 应用电化学. 北京: 化学工业出版社, 2013.
[3] 王炳强. 化学分析与电化学分析技术及应用. 北京: 化学工业出版社, 2018.
[4] Seh Z W, Kibsgaard J, Dickens C F, et al. Science, 2017, 355(6321): 1-33.
[5] Gu J, Hsu C S, Bai L, et al. Science, 2019, 364(6445): 1091-1094.
[6] Wang Q N, Wu C, Cheng Y Y, et al. J CO_2 Util, 2018, 26: 425-433.
[7] 杨绮琴, 方北龙, 童页翔. 应用电化学. 2 版. 广州: 中山大学出版社, 2005.
[8] Wang J. 分析电化学. 朱永春, 张玲, 译. 北京: 化学工业出版社, 2009.
[9] Dai C, Sun L, Song J, et al. Small Methods, 2019, 3(11): 1900360-1900369.
[10] 代海宁, 唐明宇, 杨永丽. 电化学基本原理及应用. 北京: 冶金工业出版社, 2014.

第5章

化学电源简介

5.1　化学电源基本概念

化学电源又称化学电池或电池,是将氧化还原反应化学能转化为电能的装置,如锌-锰电池、镍-氢电池、锂离子电池等。

与其他获取能量的方式相比,化学电源具有能量转换不受卡诺循环的限制、转换效率高、环境污染少、便于携带、使用方便等优点。化学电源的种类繁多,在国民经济、科学研究、国防建设和人们的日常生活中发挥着重要的作用。随着科技的进步,电子、通信、航天事业的不断发展,以及人们消费水平的日益提高,对化学电源性能的要求越来越高,需求也愈加迫切,这些都对化学电源的发展产生了积极的推动作用。

5.1.1　化学电源的工作原理和组成

概括地讲,实现化学能向电能的转变必须满足两个条件:①氧化反应与还原反应共轭产生,并且两个过程分隔在两个区域进行;②体系内物质进行氧化还原反应时,电子必须经过外线路的传递。

化学电源有 4 个基本组成部分:电极(electrode)、电解液(electrolyte)、隔膜(diaphragm)和外壳(shell)。电极通常由活性物质附着在导电骨架上构成,活性物质即电极上发生氧化或还原反应的物质,是决定电池性能的重要组成部分,选择活性物质的基本原则是要求其组成电池后的电动势高、电化学活性好、比容量大、在电解液中的化学稳定性高。电解液的作用是保证两极上发生氧化还原反应时,电池内部离子导电,有时也参与电极反应。为了防止正、负两极短路,两电极间要用隔膜隔开，隔膜材料通常采用具有大量微孔的绵纸、微孔橡胶、玻璃纤维等，以方便离子的传输。外壳主要是作为容器并起到保护电池的作用。

5.1.2 化学电源的分类

化学电源可采用多种分类方法。按照工作性质和储存方式不同，化学电源可以分为以下四类[1]。

1. 原电池

原电池(primary battery)也称为一次电池，由于电池反应本身不可逆或可逆反应很难进行，电池放电后不能通过简单充电的方法使两极活性物质恢复到放电前的初始状态，是不可重新使用的电池。例如，

碱性锌-锰电池：　　$(-)Zn(s)\,|\,KOH(糊状，饱和\,ZnO)\,|\,MnO_2(s)\,|\,C(s)(+)$

锌-汞电池：　　　　　　　　$(-)Zn(s)\,|\,KOH(aq)\,|\,HgO(s)(+)$

2. 蓄电池

蓄电池(storage battery)也称为二次电池，电池的两极反应为可逆反应，放电后可用充电方式使其活性物质恢复到放电前的状态，是可重复使用的电池。例如，

铅酸电池：　　　　　　$(-)Pb(s)\,|\,H_2SO_4(aq)\,|\,PbO_2(s)(+)$

氢-镍电池：　　　　　　$(-)H_2(g)\,|\,KOH(aq)\,|\,NiOOH(s)(+)$

3. 储备电池

储备电池(reserve cell)也称激活电池，其正、负极活性物质在储存期不直接接触，使用前临时注入电解液或用其他方法使电池激活。例如，

镁-银电池：　　　　　　$(-)Mg(s)\,|\,MgCl_2(aq)\,|\,AgCl(s)(+)$

铅-高氯酸电池：　　　　$(-)Pb(s)\,|\,HClO_4(aq)\,|\,PbO_2(s)(+)$

4. 燃料电池

燃料电池(fuel cell)也称连续电池，是一种以电化学方法将燃料的化学能直接转化为电能的高效率、无污染的发电装置，它的工作原理与一般的化学电源相似，只要连续不断地输入燃料及氧化剂，即可连续输出电能。例如，

氢-氧燃料电池：　　　　$(-)H_2(g)\,|\,KOH(aq)\,|\,O_2(g)(+)$

肼-空气燃料电池：$(-)N_2H_4(l)\,|\,KOH(aq)\,|\,O_2(g,空气)(+)$

5.1.3 化学电源的性能指标

1. 电池内阻

电池内阻(internal resistance of cell，通常用符号 R_i 表示)是指电流通过电池内部受到的阻力，又称全内阻[1-2]。电池内阻包括欧姆电阻(R_Ω)和电化学反应的极化电阻(R_f)两部分。

2. 电池开路电压

电池开路电压(open circuit voltage，通常用符号 U 表示)是指电池两极在断路(无电流)时的稳定电极电势差。而电池电动势与电池开路电压是两个不同的概念，前者是指两电极平衡时电极电势的差，而后者指两电极稳定时电极电势的差。一般来讲，负极的稳定电极电势比平衡电势正，正极的稳定电极电势比平衡电势负，故电池的开路电压总是小于电池的电动势。只有当两个电极都是可逆的，其开路电压才与电池的电动势相等，但绝不会出现电池开路电压大于电池电动势的现象。

3. 电池工作电压

电池工作电压(operating voltage，通常用符号 V 表示)又称放电电压或负荷电压，是指有电流通过外电路时，电池两极间的电势差。因为电流流过电池内部时，必须克服极化电阻和欧姆电阻所造成的阻力，因此工作电压总是低于开路电压及电池电动势。电池的工作电压受放电制度影响。放电制度包括放电方式、放电时间、放电电流、环境温度、终止电压等，其中多种因素都影响电池的工作电压。

4. 电池容量

电池容量(battery capacity，通常用符号 C 表示)又称为电池的电容量，是指在一定的放电制度下电池给出的电量，单位为库仑(C)或安培·小时(A·h)。

5. 电池功率

电池功率(battery power)是指电池在一定放电制度下，单位时间内输出的能量(W 或 kW)，比功率是单位质量或单位体积电池输出的功率(W·kg^{-1}或 W·L^{-1})。比功率的大小反映了电池承受工作电流的大小。

6. 自放电和储存性能

一次放电或充电后的二次电池在一定条件(温度、湿度等)下储存时容量会有所下降，称为电池的自放电(self-discharge)。一般认为电池自放电主要是由负极腐蚀和正极自放电引起的。电池自放电与电池的储存性能密切相关。作为化学电源，要求它在使用时能够输出电能，储存时最好不要有能量损失。电池存在的自放电直接影响电池的储存性能，电池自放电越小，电池的储存性能越好。

7. 电池寿命

一次电池的寿命是指给出额定容量的工作时间，这与电池放电倍率大小密切相关。

二次电池的寿命通常指充、放电循环使用寿命。二次电池经历一次充放电称为一个周期，在一定的放电制度下，电池容量降至规定值之前，电池所经历的循环次数称为使用周期。

影响二次电池循环使用寿命的主要因素有：①在充放电过程中，电极活性表面积减小，使工作电流密度上升，极化增大；②电极上活性物质脱落或转移；③电极材料发生腐蚀；④电池内部短路；⑤隔膜损坏和活性物质晶型改变、活性降低等。另外，不能正确使用二次电池也是造成电池循环使用寿命降低的重要原因。

5.2　锌-锰电池

5.2.1　概述

锌-锰电池按电解液性质可分为中性和微酸性、碱性两大类；锌-锰电池按外形可分为简式、迭层式、扣式、扁平式四种。根据锌-锰电池的发展历史，该电池可分为以下四类[1]。

1. 传统勒克朗谢电池

传统勒克朗谢(G. Leclanche, 1838—1882)电池的正极活性物质是天然 MnO_2 或电解 MnO_2，负极是锌筒，隔膜是淀粉糨糊隔离层，称为"糊式"锌-锰电池，也称为干电池，性能相对较差。

2. 纸板电池

纸板电池是用纸板浆层隔膜代替糊层隔膜，电解液有氯化铵型和氯化锌型。这类电池容量比糊式锌-锰电池高，其中氯化锌型电池性能更优于氯化铵型电池，可以较大电流放电且放电时间长。氯化锌型电池的表达式为

$$(-)Zn(s)\,|\,ZnCl_2(aq)\,|\,MnO_2(s)(+)$$

3. 碱性锌-锰电池

碱性锌-锰电池的负极是汞齐化锌粉，电解液是 KOH 溶液，其电池表达式为

$$(-)Zn(s)\,|\,KOH(aq)\,|\,MnO_2(s)(+)$$

4. 无汞锌-锰电池

在锌-锰电池中添加汞可以提高析氢超电势，减少锌负极腐蚀。一般在碱性锌-锰电池中加入汞的质量分数为锌粉的 6%～10%。但汞对人体和环境有害，世界各国已逐步禁止在电池中加入汞。

5.2.2　锌-锰电池的电极反应

1. 二氧化锰电极

MnO_2 是锌-锰电池的正极，电池放电时被还原。MnO_2 是一种半导体，导电性不好，阴极还原过程不同于金属电极。MnO_2 电化学还原分为两步[1]：第一步，MnO_2 还原为 MnOOH；第二步，MnOOH 还原为 $Mn(OH)_2$，该步反应是一个多相反应，由固相 MnOOH 转变为另一固相 $Mn(OH)_2$，化学反应是通过溶解的离子进行的。

碱性锌-锰电池及中性锌-锰电池主要是利用第一步反应放电：

$$MnO_2(s) + H_2O(l) + e^- \longrightarrow MnOOH(s) + OH^-(aq)$$

2. 锌电极

1) 中性及弱酸性电解液中的锌负极

中性及弱酸性锌-锰电池的电解液是 NH_4Cl 和 $ZnCl_2$，锌负极放电反应为

$$Zn^{2+}(aq) + 2e^- \longrightarrow Zn(s)$$

生成的 Zn^{2+} 在中性溶液中发生水解反应：

$$Zn^{2+}(aq) + 2H_2O(l) \longrightarrow Zn(OH)_2(s) + 2H^+(aq)$$

$$Zn(OH)_2(s) \longrightarrow ZnO(s) + H_2O(l)$$

$$ZnO(s) + 2NH_4Cl(s) \longrightarrow Zn(NH_3)_2Cl_2(s) + H_2O(l)$$

2) 碱性溶液中的锌负极

在碱性溶液中，锌的负极溶解反应为

$$Zn(s) + 4OH^-(aq) \longrightarrow ZnO_2^{2-}(aq) + 2H_2O(l) + 2e^-$$

在低电流密度下，锌电极在饱和锌酸根溶液中能继续放电生成 $Zn(OH)_2$ 沉淀或 ZnO。

$$Zn(s) + 2OH^-(aq) \longrightarrow Zn(OH)_2(s)\downarrow + 2e^-$$

$$Zn(s) + 2OH^-(aq) \longrightarrow ZnO(s) + H_2O(l) + 2e^-$$

5.2.3 碱性锌-锰电池

早在 1882 年德国莱赫斯(G. Leuchs)就申请了用锌(片)作负极，MnO_2 作正极，NaOH 或 KOH 作电解液的碱性锌-锰电池的专利，但直到 1965 年，碱性锌-锰电池才大规模生产。在此期间，人们主要解决了如下四个方面的关键问题[3]。

(1) 采用粉状多孔锌电极代替片状锌电极，粉状锌电极表面积是片状锌电极的数千倍甚至上万倍，使相同放电电流的电流密度大大降低，克服了锌片在碱液中易钝化的缺点。

(2) 采用反极式电池结构，将 MnO_2 电极放在外面，而锌粉负极放在圆筒电池的中央，提高了 MnO_2 的填充量和利用率，并使正、负极容量匹配。

(3) 通过对锌粉汞齐化及在碱液中加入 ZnO 并将电解液凝化，解决了锌在碱液中的腐蚀问题。

(4) 从密封结构、密封材料及工艺等方面进行改进，解决了电池的密封问题，基本消除了爬碱现象。

这些关键问题的逐步解决使碱性锌-锰电池终以商品形式出现在市场上。由于碱性锌-锰电池性能优异、价格适中，因此发展极快，已成为糊式电池甚至纸板电池的代替产品。

1. 碱性锌-锰电池结构

碱性锌-锰电池在外形上有圆筒形、纽扣形和方形电池等多种，圆筒形碱性锌-锰电池的内部结构有两种：卷绕式和反极式。

卷绕式由于极板面积较大主要用于高功率放电或低温放电的场合，反极式碱性锌-锰电池可广泛应用于多种场合，生产量最大。反极式圆筒形碱性锌-锰电池的结构如图 5-1 所示。

2. 碱性锌-锰电池特点

(1) 放电性能好。在低放电率及间歇放电的条件
下，其容量是普通锌-锰电池的 5 倍以上，而且可以
用于高速率连续放电，属于高功率电池。

(2) 低温性能好。碱性锌-锰电池在低温条件下的
放电特性要优于其他水溶液电解质的一次电池，它可
以在-40℃的温度下工作。

(3) 储存性能和防漏性能良好。这种电池所采用

图 5-1　反极式圆筒形碱性
锌-锰电池的结构

的钢制外壳可以提供有效的密封，且电池的自放电小，在 20℃的条件下储存一年
容量仅损失 5%～10%，储存三年容量仅损失 10%～20%。

5.2.4　锌-锰电池研究进展

碱性锌-锰电池目前存在的主要问题是当制造工艺及密封技术掌握不好时易
出现爬碱现象，腐蚀用电器具。另外，碱性锌-锰电池的最大缺点是用汞量大，对
环境造成污染，目前国内用汞量为锌负极的 2%～6%。由于人们环保意识的加强，
无汞碱性锌-锰电池的研究方兴未艾，国内外都开始有无汞碱性锌-锰电池进入市
场。李同庆等[4]以碳酸锰贫矿为原料，采用悬浮电解法改善固相表面性能，使用
高效添加剂去除有害金属杂质铁和钼，生产的无汞碱性锌-锰电池专用电解二氧化
锰，是我国在自主研发方面取得的一大成就。

二氧化锰电化学行为是制造锌-锰电池的基础。在这方面，厦门大学陈体衔
等[5]对二氧化锰电极间歇放电曲线进行了研究，提出了间歇放电的理论模型；同
时，陈体衔等[6]在描述二氧化锰的多孔性质时建立了双传输线数学模型。为了提
高二氧化锰的活性，夏熙等[7]用混酸将碳素进行磺化，使其具有亲水性，再悬浮
在电解槽中电解制得碳素-二氧化锰复合活性材料，同时进行了反应机理研究。刘
军等[8]将碳包覆的 MnO_x 纳米颗粒用作水系锌-锰电池的正极材料，得到了超高的
比容量及超长的循环寿命。可逆的 Mn^{2+}/Mn^{4+} 双电子氧化还原反应为开发低成本、
高能量密度的可充电水系电池提供了可借鉴的思路。万厚钊等[9]报道了一种多价
钴掺杂的 Mn_3O_4($Co-Mn_3O_4$)，它具有高容量和可逆性，Co^{2+} 掺杂起到了结构柱的
作用，Co^{4+} 能提高 Mn^{4+} 的电导率，保持较高的比容量，为可逆锰基氧化物正极材
料的设计提供了新的思路和方法。

5.3 铅 酸 电 池

5.3.1 概述

铅酸电池至今已有 150 多年的历史，20 世纪 60 年代利用 PbCa 合金实现了密封的铅酸电池。70 年代中期，免维护铅酸电池开始出现。1984 年，阀控式铅酸电池(valve regulated lead-acid battery，VRLAB)在美欧开始推广。

依据目前铅酸电池技术水平，其质量能量密度为 $35\sim45$ $W \cdot h \cdot kg^{-1}$，体积能量密度为 $70\sim90$ $W \cdot h \cdot L^{-1}$，工作电压为 $1.8\sim1.9$ V。铅酸电池的特点是：价格便宜、可靠性高、大电流性能好、耐用、干储存时间可以无限长、易组装成任意规模的电池组；质量能量密度与体积能量密度是所有商业化二次电池中最低的，能量效率比较低，一般在 75%左右，充电时存在过热危险，不适合快充电循环，寿命偏低，典型的只有 $300\sim500$ 次，必须在充电态保存。与其他电池相比，铅酸电池安全性较好。

铅酸电池应用领域比较广，如各种汽车启动电源、飞机启动电源、潜艇与舰艇以及坦克、装甲车的动力电池/备用电源、矿灯、邮电与电信等部门的 UPS 备用电源(不间断电源)、电动自行车动力电源、机车车载备用电源、电动玩具、应急灯等均使用铅酸电池，在新兴领域中铅酸电池也有很大的市场，如风能-太阳能一体化免维护独立照明系统储能电源[10-11]。

5.3.2 铅酸电池的电极反应

铅酸电池正极活性物质为 PbO_2，负极为金属 Pb，电解液是硫酸水溶液。正、负极发生的电化学反应以及电池总反应可以表示为

负极： $\quad Pb(s) + H_2SO_4(l) \longrightarrow PbSO_4(s) + 2H^+(aq) + 2e^-$

正极： $PbO_2(s) + H_2SO_4(l) + 2H^+(aq) + 2e^- \longrightarrow PbSO_4(s) + 2H_2O(l)$

总反应： $Pb(s) + PbO_2(s) + 2H_2SO_4(l) \longrightarrow 2PbSO_4(s) + 2H_2O(l)$

放电时正极活性物质孔内电解液的 pH 增大，负极活性物质孔内的电解液 pH 降低，电池电解液的酸浓度逐渐降低。充放电过程伴随着液相中硫酸根/硫酸氢根离子的迁移过程，这一点从理论上决定了铅酸电池正、负极活性物质的利用率不会太高。

5.3.3 铅酸电池研究进展

铅酸电池技术的进步在很大程度上取决于导电集流体，铅酸电池集流体的主要成分是各种 Pb 合金。

(1) Pb-Sb-Cd 合金。抗腐蚀、机械强度高，容易浇铸，与活性物质的黏结力强，一般作为正极集流体。缺点是 Cd 元素对环境污染严重，容易致癌。

(2) Pb-Ca 合金。如果使用玻璃纤维隔膜，Pb-Ca 合金可作为负极集流体。早期免维护铅酸电池的集流体常使用该合金，其特点是氢气析出反应超电势高。

(3) Pb-Sb 合金。合金强度好，与正极活性物质 PbO_2 以及负极活性物质 Pb 的黏结均比较好，容易浇铸成形，深循环性能较好。

(4) 低锑合金 Pb-Sb。合金中的 Sb 含量降低后，负极锑中毒现象得到改善，但是浇铸性能、机械强度和抗腐蚀能力降低，加工成的集流体易开裂。

其他如 Pb-Ca 合金难以焊接，因此一般用 Pb-Sn 合金作为焊接所用合金，或者使用纯铅，将正、负极板分别焊接起来。

5.4 H_2-Ni 电池

5.4.1 概述

H_2-Ni 电池属于碱性二次电池，它在 20 世纪 70 年代由美国的克莱因(M. Klein)和斯托克尔(J. F. Stockel)最早提出。其主要用于航空航天领域，这和它的结构有很大关系，氢-镍电池的全部组件都位于一个盛有氢气的压力罐中。这种结构使其比其他电池更能适应外太空环境，是目前航天飞行器储能电池的首选[12-13]。

当作为卫星储能电池使用时，电池处于一个真空的环境，因此结构设计十分重要，文献[14-16]给出了该电池的基本结构，如图 5-2 所示。负极与压力罐连通(未展示压力罐)，正极被电池外壳保护起来以与氢气隔绝。充电时正极生成 NiOOH，而负极发生水电解反应生成氢气，氢气进入压力罐中储存并导致压力罐中气体压力上升。放电时压力罐中的氢气在负极放电生成水，罐中气体压力下降。过充电时正极产生的氧气通过气体通道到达负极催化层，在那里被还原成水。正极与氢气没有直接的接触。从示意图上可以看出电池的自放电模式：氢气通过负极，溶解在 KOH 电解液中，再扩散到正极，与正极发生化学反应，生成 NiOOH。在碱性二次电池体系中，镍正极的主要存在形式是其氢氧化物与氧化氢氧化物，即 $Ni(OH)_2$ 与 NiOOH。H_2-Ni 电池的自放电模式(电极反应)如下：

$$\text{正极：} \quad NiOOH(s) + H_2O(l) + e^- \rightleftharpoons Ni(OH)_2(s) + OH^-(aq)$$

$$\text{负极：} \quad H_2(g) + 2OH^-(aq) \rightleftharpoons 2H_2O(l) + 2e^-$$

$$\text{总反应：} \quad H_2(g) + 2NiOOH(s) \rightleftharpoons 2Ni(OH)_2(s)$$

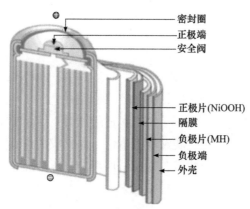

图 5-2　H_2-Ni 电池的基本结构

5.4.2　H_2-Ni 电池研究进展

H_2-Ni 电池一般采用正极容量限制的方式，这样可以避免过充电时产生氧气而导致爆炸。在正极容量限制的模式下，负极一般预充 10 atm 的氢气。

1. 氢气储存

H_2-Ni 电池中负极活性物质是氢气，放电过程消耗氢气而充电过程产生氢气，因此该电池涉及氢气的储存问题。氢气的储存方式主要有两种，一种是直接将氢气储存在压力罐中，另一种是使用储氢材料。前者储存时压力罐需要承受较高的压力，而以储氢材料储存氢气时，压力罐承受的气体压力与设计有关，受到储氢材料的储氢特性影响。目前，H_2-Ni 电池氢气储存方式还是以高压氢气储存为主，此外，金属氢化物储存方式也具有很强的竞争力。H_2-Ni 电池不允许氢气以液态方式储存。处于研究中的储氢材料包括：吸附类材料如分子筛、碳基材料；金属及其合金，如 $LaNi_5$、Laves 合金[17]等；离子型化合物储氢材料，包括 $NaAlH_4$、$NaBH_4$、$Ca(BH_4)_2$ 等。

2. $Ni(OH)_2$ 电极

经过百余年的研究，β-$Ni(OH)_2$ 的电化学性能已经接近其本征性能，进一步改善其电化学性能几乎是不可能的。$\alpha\text{-Ni(OH)}_2$ 相比 $\beta\text{-Ni(OH)}_2$ 更具优势，因其具有更高的反应可逆性及更高的析氧超电势。循环稳定性良好的 $\alpha\text{-Ni(OH)}_2$ 对添加剂有两个基本要求：取代元素的离子半径要小于 $Ni^{2+[18]}$；取代元素在碱性溶液中的稳定形式是三价(理论上允许更高的价态)，在充放电循环过程中不会被还原。

镍电极活性材料的制备吸引了众多研究者，主要在于制备条件的控制。陈俊强等[19]特别强调烘干温度的影响。丁运长等[20]研究了制备条件与堆积密度的关系。范祥清等[21]认为反应温度、pH、添加剂能控制其结晶水与晶型。袁高清等[22]用配合物-缓冲溶液法制备出 $Ni(OH)_2$。姜长印等[23]严格控制反应和结晶工艺条件，并设计专门的反应装置以制造合适的流体力学条件。掺杂是改善 $Ni(OH)_2$ 活性的途径之一。丁运长等[24]还在发泡镍网上涂膏掺入 Co、Cd、Zn、Cu 和吸氢合金，研究了最有效添加剂及用量。俞红梅等[25]认为化学共沉积 Ca、Mg、Ba 和氢氧化物可提高放电电势，但会增大电极厚度。Ca、Co、Zn 的氢氧化物是防止镍复合电极溶胀的有效添加剂。

思考题

5-1　分别写出铅蓄电池和镍-氢电池在放电时的两极反应。

5.5　锂离子电池

锂离子电池是在锂二次电池的基础上，于 20 世纪 90 年代初迅速发展起来的新型电池体系。它既保持了锂电池所具有的高比能量，也比纯金属锂作为阳极的二次电池更可靠。1990 年，日本索尼公司以 $LiCoO_2$ 为正极，石油焦为负极，使锂离子电池的商品化生产成为现实，其产品投放市场后引起人们的极大关注，成为当时电池行业发展的热点。

5.5.1　锂离子电池的工作原理及性能特点

锂离子电池分别用两种不同的能够可逆地插入及脱出锂离子的嵌锂化合物作为电池的正极和负极，以高分子聚合物膜作为隔膜，以锂盐的有机溶液作为电解液构成电池体系。其工作原理如图 5-3 所示[2,26]。

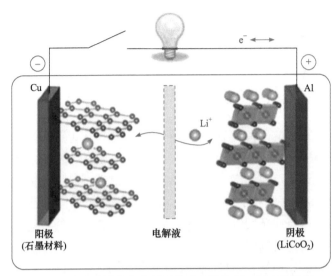

图 5-3 有机溶液作为电解液构成电池体系时的工作原理

锂离子电池的电化学表达式为

$$(-)Li_xA_zB_w \,|\, 锂离子导电盐 + 有机溶剂 \,|\, Li_{y-x}M_nY_m(+)$$

电池在充放电时的反应为

$$Li_xA_zB_w + Li_{y-x}M_nY_m \underset{充电}{\overset{放电}{\rightleftharpoons}} A_zB_w + Li_yM_nY_m$$

充电时 Li^+ 从正极脱嵌经过电解质进入负极，负极处于富锂态，正极处于贫锂态，同时电子的补偿电荷从外电路供给到负极，保证负极的电荷平衡；放电时则相反，Li^+ 从负极脱嵌，经过电解质嵌入正极，正极处于富锂态。在正常充放电情况下，锂离子在正极和负极的晶格中嵌入和脱出，一般不破坏晶体结构。因此，从充放电反应的可逆性看，锂离子电池反应是一种理想的可逆反应。与其他蓄电池相比，锂离子电池具有如下优点[2,26]。

(1) 工作电压高。单体电池电压高达 3.6～3.8 V，是其他电池的 2～3 倍。

(2) 能量密度高，开发潜力大。目前锂离子电池的实际比能量已达到 100～115 W·h·kg^{-1}和 240～253 W·h·L^{-1}，是镉-镍蓄电池的 2 倍，是氢-镍电池的 1.5 倍。

(3) 自放电小，安全性能高，循环寿命长。

(4) 不含铅、镉等有害金属。

(5) 温度范围宽。锂离子电池具有优良的高低温充放电性能，可在–20～60℃环境中工作。

5.5.2 锂离子电池的结构及材料

锂离子电池从外形上看有圆柱形、方形及扣式电池等。以圆柱形锂离子电池为例，其构造如图 5-4 所示[2]。

1. 锂离子电池正极材料

嵌锂化合物正极材料是锂离子电池的重要组成部分。正极材料在锂离子电池中占有较大比例(正、负极材料的质量比为 3：1～4：1)，因此正极材料的性能将很大程度地影响电池的性能，其成本也直接决定电池成本高低。

锂离子电池正极材料必须具备的条件是[27]：

(1) 与负极之间保持一个较大的电势差，从而可以提供高的电池电压；

(2) 在锂离子所能嵌入/脱嵌数量的范围内，吉布斯自由能改变量小，即锂离

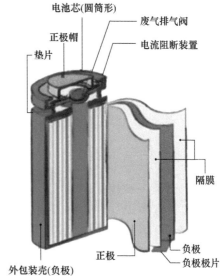

图 5-4 圆柱形锂离子电池构造图

子脱嵌量大且电极电势对脱嵌量的依赖性小，以确保锂离子电池工作电压平稳且具有较高的比容量；

(3) 在整个可能嵌入/脱嵌过程中，主体结构没有或很少变化；

(4) 嵌入化合物应具有较高的电子电导率和离子电导率，以减少电极极化；

(5) 正极材料在整个电压范围内化学稳定性好，不与电解质等发生反应；

(6) 从实用角度而言，材料应该比较便宜，对环境无污染，质量轻。

至今已发现的符合上述要求的正极材料主要有：二维层状结构的 $LiCoO_2$、$LiNiO_2$、TiS_2；零维非晶材料 $\alpha\text{-}V_2O_5$；三维骨架结构的 TiO_2，尖晶石结构的 $LiMn_2O_4$，橄榄石结构的 $LiFePO_4$ 等。这些材料允许锂离子可逆地嵌入和脱出，而主体晶格的结构骨架基本不发生变化，称为嵌入化合物。

2. 锂离子电池负极材料

锂离子电池与二次锂电池的最大不同在于前者用嵌锂化合物代替金属锂作为电池负极，因此锂离子电池的研究开发在很大程度上是负极嵌锂化合物的研究开发。

锂离子电池的负极材料必须具备的条件是[28]：

(1) 储锂量高；

(2) 锂离子的脱嵌容易且高度可逆；

(3) Li⁺在负极材料中的扩散系数大且电子电导率高；

(4) 热稳定性及与电解质兼容性较好，容易制成适用电极。

已实际用于锂离子电池的负极材料基本上都是碳素材料，如人工石墨、天然石墨、中间相碳微球、石油焦、碳纤维、热解树脂碳等，此外人们也在积极研究开发非碳负极材料。目前，锂离子电池的负极材料主要有碳素材料和非碳材料两大类。

3. 锂离子电池电解质

电解质作为电池的重要组成部分，在正、负极之间起到输送离子和传导电流的作用，选择合适的电解质是获得高能量密度和功率密度、长循环寿命和安全性能良好的锂离子电池的关键。

为满足锂离子电池高电压(>4 V)的性能要求，锂离子电池电解质应该满足以下条件[28]：

(1) 电解质具备良好的离子电导率而不能具有电子导电性，一般温度范围内，离子电导率要高于 10^{-3} S·cm⁻¹数量级；

(2) 电解质应只有 0～5 V 的电化学稳定窗口，以满足高电势电极材料充放电电压范围内电解质的电化学稳定性和电极反应的单一性；

(3) 化学稳定性高，即与电池体系的电极活性物质、集流体、隔膜、胶黏剂等不发生反应；

(4) 良好的热稳定性，使用的温度范围尽可能宽；

(5) 良好的安全性和尽可能低的毒性，最好能够生物降解；

(6) 价格低廉，原料易得。

5.5.3 聚合物锂离子电池

聚合物锂离子电池是锂离子电池的最新一代产品。目前普遍认为只要正极、负极和电解质三者中有一个使用聚合物材料便称为聚合物电池[28-29]。现有三种聚合物锂离子电池：

(1) 固体聚合物电解质电池，电解质为聚合物与盐的混合物，这种电池在常温下的离子导电性低，故一般将其用作高温下使用电池；

(2) 聚合物正极电池，由于正极采用导电聚合物，其比能量比现在的锂离子电池提高大约 50%，被认为是最新一代的聚合物锂离子电池；

(3) 凝胶聚合物电解质电池，即在固体聚合物电解质中添加增塑剂，从而使离子导电性提高，可在常温下使用，目前已商品化的聚合物锂离子电池就是指此类采用凝胶聚合物作电解质代替液体电解质的锂离子电池。

聚合物电解质锂离子电池经历了从采用离子导电聚合物电解质的固体聚合物电池发展到采用凝胶聚合物电解质的聚合物锂离子电池的过程。凝胶聚合物锂离子电池采用具有离子导电性并兼具隔膜作用的凝胶聚合物电解质代替目前液态锂离子电池中的液体电解质，其正、负极与液态锂离子电池基本一样，故电池的工作原理也基本一致。

历史事件回顾

2　"解密" 2019 年诺贝尔化学奖——锂电池与锂离子电池的"前世今生"

一、历史事件概述

2019 年 10 月 9 日，瑞典皇家科学院宣布将 2019 年诺贝尔化学奖授予古迪纳夫(J. B. Goodenough，1922—)、惠廷厄姆(M. S. Whittingham，1941—)和吉野彰(A. Yoshino，1948—)，以表彰他们在锂离子电池领域的贡献。但是，他们并非以合作的方式完成了发明，而是在各自岗位上不断完善彼此的成果而取得成功的。

20 世纪 70 年代初，惠廷厄姆将金属锂带入了电池，将锂作为新电池的负极。锂不是一个随机选择：在电池中，电子应从负极(阳极)流向正极(阴极)(图 5-5)。因此，负极应包含一种易于释放电子的材料，而在所有元素中，锂是最容易释放电子的材料。惠廷厄姆的实验创造出了在室温下工作的可充电锂电池，并且具有巨大潜力，但是第一批可充电电池的电极中有固体材料，与电解质发生化学反应时会损坏电池。

1980 年，古迪纳夫将电池的潜力翻了一番，为更强大、更有用的电池创造了合适的条件。古迪纳夫了解到惠廷厄姆的革命性电池后，他掌握的物质内部专业知识告诉他，如果用金属氧化物替代金属硫化物制造电池的正极，电池的潜力会更大。他的研究小组便开始寻找一种金属氧化物，要求是当它嵌入锂离子时能产生高压，但当锂离子被移除时，它不会崩溃。最终，古迪纳夫在锂电池的正极中使用了钴酸锂，使电池的潜力翻倍，其功能更强大。

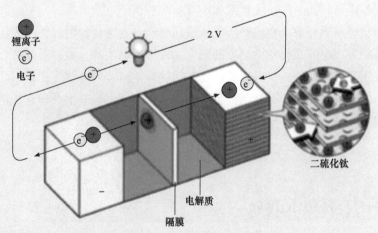

图 5-5　锂作新电池的负极

1985 年，吉野彰成功地从电池中消除纯锂。他重新设计了电池的阳极，用碳包住锂。这样一来，采用锂离子作为材料，锂便不会再发生危险的反应，电池就更安全。这一尝试使锂离子电池进入了人们的实际生活，使笔记本电脑、手机、电动汽车的发展以及太阳能和风能发电的储存成为可能，给人类带来了诸多好处。

古迪纳夫

惠廷厄姆

吉野彰

二、从锂电池到锂离子电池的发展过程

1960～1970 年的石油危机迫使人们寻找新的替代能源，同时，军事、航空、医药等领域也对电源提出新的要求。当时的电池已不能满足高能量密度电源的需要。由于锂在所有金属中，相对密度小($M = 6.94 \ \mathrm{g \cdot mol^{-1}}$，$\rho = 0.53 \ \mathrm{g \cdot cm^{-3}}$)、电极电势低(3.04 V 相对于标准氢电极)、能量密度大，所以锂电池体系理论上能获

得最大的能量密度，因此它顺理成章地进入了电池设计者的视野。与其他碱金属相比较，锂金属在室温下与水反应速率比较慢，但要让锂金属应用在电池体系中，"非水电解质"的引入是关键的一步。

首次尝试于 Li/CuCl$_2$ 体系。1958 年，哈里斯(Harris)提出采用有机电解质作为锂金属原电池的电解质[30]。1962 年，在波士顿召开的电化学学会秋季会议上，来自美国的奇尔顿(J. R. Chilton)和库克(G. M. Cook)提出"锂非水电解质体系"的设想[31]。这可能是学术界第一篇有关锂电池概念的研究报告[32]，它第一次把活泼金属锂引入电池设计中，锂电池的雏形由此诞生。

初见端倪于 Li/(CF)$_n$ 体系。1970 年，日本松下电器公司与美国军方几乎同时独立合成出新型正极材料——碳氟化物。松下电器公司成功制备了分子表达式为 $(CF_x)_n(0.5 \leqslant x \leqslant 1)$ 的结晶碳氟化物[33]，将它作为锂原电池的正极。美国军方研究人员设计了 $(C_xF)_n(x = 3.5 \sim 7.5)$ 无机锂盐 + 有机溶剂 Li(Metal)电化学体系[34]，拟用于太空探索。氟化碳锂原电池的发明是锂电池发展史上的大事，其意义不仅在于实现锂电池的商品化本身，还在于它第一次将"嵌入化合物"引入锂电池设计中。嵌入化合物的引入是锂电池发展史上具有里程碑意义的事件。

收获成功于 Li/MnO$_2$ 体系。另辟蹊径的日本三洋公司在过渡金属氧化物电极材料取得重大突破，1975 年，Li/MnO$_2$ 开发成功，并用在 CS-8176L 型计算器上。1977 年，有关该体系设计思路与电池性能的文章一连两期登载在日文杂志《电气化学与工业物理化学》上。1978 年，锂-二氧化锰电池实现量产，三洋第一代锂电池进入市场。

1989 年，因为 Li/MoS$_2$ 二次电池发生起火事故，除少数公司外，大部分企业都退出金属锂二次电池的开发。锂金属二次电池研发基本停顿[35]，关键原因是没有从根本上解决安全问题。然而，锂金属负极仍然具有后面研发成功的碳负极无法比拟的优点，如很高的比容量(3860 mA·h·g^{-1})。如今，研究又有复苏的迹象，不少研究团体开始从电极/有机电解质相容性方面对其性能进行改善。甚至有学者认为，从长远的观点来看，金属锂二次电池将取代锂离子电池成为最终的锂二次电池产品。

鉴于各种改良方案不奏效，锂金属二次电池研究停滞不前，研究人员选择了颠覆性方案。此方案是抛弃锂金属，选择另一种嵌入化合物代替锂。这种概念的电池被形象地称为"摇椅式电池"(rocking chair battery，RCB)。将这一概念产品化，足足花了十年的时间，最早到达成功彼岸的是日本索尼公司，他们把这项技术命名为"Li-ion"(锂离子技术)，锂离子电池的雏形由此诞生。回顾社会文明和科学技术的发展，每一次革命性的进步均伴随着能源结构的变化。20 世纪 90 年代以来，随着电子信息技术领域的迅速发展，众多便携式移动产品对能量供应装置提出了新的要求：体积小、质量轻、能量密度高和循环寿命长。锂离子电池的出现大幅推进了可移动电子设备的规模化应用，不断推动社会朝智能化和清洁化方向发展。

5.6 燃料电池

5.6.1 概述

燃料电池(fuel cell)是继水力、火力和核能发电之后的第四类发电技术，是一种在等温下直接将储存在燃料和氧化剂中的化学能高效而环境友好地转化为电能的发电装置。

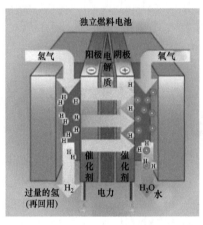

图 5-6　燃料电池的工作原理示意图

燃料电池的工作原理如图 5-6 所示[36]。燃料电池与传统化学电源一样，是由电极提供电子转移的场所，阳极进行燃料(如氢气)的氧化过程，阴极进行氧化剂(如氧气等)的还原过程，导电离子在将阴、阳极分开的电解质内迁移，电子通过外电路做功并构成电的回路。但燃料电池的工作方式又与常规化学电源不同，而更类似于汽油、柴油发电机。它的燃料和氧化剂不是储存在电池内，而是储存在电池外的储罐中。当电池发电时，要连续不断地向电池内送入燃料和氧化剂，排出反应产物，同时也要排出一定的废热，以

维持电池工作温度恒定。燃料电池本身只决定输出功率的大小，储存的能量则由储罐内的燃料与氧化剂的量决定。

5.6.2 燃料电池的特点及分类

1. 燃料电池的特点

(1) 高效。燃料电池不通过热机过程，不受卡诺循环的限制，它的热电转化效率理论上可达 85%～90%。

(2) 环境友好。燃料电池的燃料气在反应前必须脱除硫及其化合物，所以它几乎不排放氮的氧化物和硫的氧化物，减轻了对大气的污染。当燃料电池以纯氢气为燃料时，它的化学反应产物仅为水，从根本上消除了氮的氧化物、硫的氧化

物及二氧化碳等的排放。

(3) 安静。燃料电池的运动部件很少，因此它工作时安静，噪声低。

(4) 可靠性高。碱性燃料电池和磷酸燃料电池的运行均证明燃料电池的运行高度可靠，因此燃料电池可作为各种应急电源和不间断电源使用[36]。

2. 燃料电池的分类

最常用的分类方法是依据电解质类型[36]，燃料电池可分为磷酸燃料电池(phosphoric acid fuel cell，PAFC)、熔融碳酸盐燃料电池(molten carbonate fuel cell，MCFC)、固体氧化物燃料电池(solid oxide fuel cell，SOFC)、碱性燃料电池(alkaline fuel cell，AFC)和质子交换膜燃料电池(proton exchange membrane fuel cell，PEMFC)，如表 5-1 所示。

表 5-1 五类燃料电池的构成及特征

构成及特征	电池类型				
	PAFC	MCFC	SOFC	AFC	PEMFC
正极	高分散 Pt	高分散 Ni	多孔 Pt	高分散 Ni	高分散 Pt
负极	高分散 Pt	高分散 Ni	多孔 Pt	高分散 Ni	高分散 Pt(-Ru)
电解质	浓 H_3PO_4	Li_2CO_3-K_2CO_3 (Na_2CO_3)	ZrO_2	KOH 或 NaOH	质子交换膜 (如 Nafion 膜)
工作温度	180～200℃	600～700℃	900～1000℃	室温～100℃	25～120℃
燃料	H_2	CO 或 H_2	H_2 或 CO	H_2	H_2 或甲醇
电池反应	$2H_2(g)+O_2(g)$ $\longrightarrow 2H_2O(l)$	$2CO(g)+O_2(g)$ $\longrightarrow 2CO_2(g)$	$2H_2(g)+O_2(g)$ $\longrightarrow 2H_2O(l)$	$2H_2(g)+O_2(g)$ $\longrightarrow 2H_2O(l)$	$CH_3OH(l) +$ $1.5O_2(g)\longrightarrow$ $CO_2(g)+2H_2O(l)$
优点	抗 CO_2，可应用于独立电站	无需贵金属催化剂，电池内部重整容易，无 CO 中毒	无需贵金属催化剂，无需 CO_2 再循环，效率高	Ni 催化剂价格低，工作温度低，效率高	工作密度高，工作条件温和，无溶液渗漏及腐蚀，启动快，工作可靠
缺点	贵金属催化剂对 CO 敏感，电解质电导率低	电极材料寿命短，机械稳定性差，阴极需补充 CO_2，易腐蚀	制备工艺复杂，工作温度高，价格昂贵	对 CO 敏感，电解质使用过程中浓差极化大	膜及催化剂造价高，对 CO 敏感，水控制困难

燃料电池也可依据其工作温度和所用燃料种类进行分类[3,36]。按照工作温度，燃料电池可分为高温型、中温型、低温型三类。按照燃料来源，燃料电池可分为直接式燃料电池(如直接甲醇燃料电池)、间接式燃料电池(如甲醇通过重整器产生氢气，然后以氢气为燃料的燃料电池)和再生型燃料电池三类。

5.6.3 燃料电池的关键材料与部件

电极、隔膜、电解质与集流板(或称双极板)是燃料电池的关键组成部分。电极是燃料和氧化剂进行氧化和还原电化学反应的场所,它通常分为两层:一层为扩散层或称支撑层,由导电多孔材料制备,起到支撑催化剂、收集电流与传导气体和反应产物的作用;另一层为催化剂层,由电催化剂和防水剂[如聚四氟乙烯(polytetrafluoroethylene,PTFE)]等制备[36-37]。

1. 电催化与电催化剂

电催化是指电极与电解质界面上的电荷转移反应得以加速的一种催化作用。电催化反应速率不仅由电催化剂的活性决定,而且与双电层内电场大小及电解质溶液的本性有关。

电催化剂不仅要对特定的电化学反应有良好的催化活性和高选择性,而且由于燃料电池采用的电解质为酸、碱或熔盐,因此用于燃料电池的电催化剂必须满足更为苛刻的要求。早期酸性燃料电池仅限于使用贵金属及其合金作电催化剂,碱性燃料电池则采用贵金属银与镍等。近年来在燃料电池的研究与开发过程中,电催化剂的研究取得了很大进展,相继发现并深入研究了雷尼镍、硼化镍、碳化钨、钠钨青铜、镨-碳、铂-钌-碳、过渡金属与卟啉等的配合物、尖晶石型与钙钛矿型半导体氧化物,以及各种晶间化合物等电催化剂,从而使电催化剂的种类大大增加,成本也大幅度下降。

2. 多孔气体扩散电极

燃料电池通常以气体为燃料和氧化剂,由于气体在电解质溶液中的溶解度很低,为了提高燃料电池的实际工作电流密度,减少极化,一方面应增加电极的真实表面积,另一方面应尽可能地减少液相传质的边界层厚度,多孔气体扩散电极就是为适应这种要求而被研制出来的。性能优良的气体扩散电极必须具有下述特点:

(1) 采用多孔结构,以获得高的真实比表面积;

(2) 确保在反应区(气、液、固三相界面处)的液相传质层很薄,以获得高的极限扩散电流密度;

(3) 采用高活性的电催化剂以获得高的交换电流密度;

(4) 通过结构设计或电极结构组分的选取达到稳定反应区的功能。

3. 电解质与隔膜

1) 电解质

作为燃料电池的电解质必须具有较高的化学稳定性和较高的电导率，不在电催化剂上产生强特性吸附，对反应试剂(如氧气、氢气)有高的溶解度，不浸润聚四氟乙烯防水剂以免降低其憎水性。

KOH 是首选的碱性电解质，具有高电导性、低腐蚀性(较酸)的特点，其阴离子 OH⁻是氧阴极还原的反应产物，在电催化剂上不产生特性吸附，氧的电化学还原反应比在酸性介质中更易进行，其阴极极化也远低于酸性电池。

浓磷酸已成功作为酸性电解质，用于磷酸燃料电池。由于浓磷酸在 200℃有一定的缩合作用，减缓了阴离子的特性吸附，但其氧的阴极极化还是相当大的，影响了电池能量转化效率的提高。

2) 电解质隔膜

电解质隔膜的功能是分隔氧化剂与还原剂(如氢气和氧气)并起离子传导的作用。隔膜性能的决定因素是隔膜材料与其制备技术，电解质隔膜分为微孔膜与无孔离子交换膜两类。不管是哪一类膜，其构成材料都必须能耐受在电池工作条件下的电解质腐蚀，以保持其结构的稳固，确保电池长期稳定工作，同时电解质隔膜不允许有电子导电，否则会导致电池内漏电而降低电池效率，所以构成电解质隔膜的材料应为无机或有机绝缘材料。

4. 双极板与流场

双极板是集流、分隔氧化剂与还原剂并引导氧化剂和还原剂在电池内电极表面流动的导电隔板。流场是在双极板上加工的各种形状的沟槽，为反应剂及反应产物提供进出通道。

5.6.4 质子交换膜燃料电池

质子交换膜燃料电池除具有燃料电池的一般特点外，还具有可室温快速启动、无电解液流失、寿命长、比功率与比能量高等突出特点。不仅可用于建设分散电站，也特别适宜用作可移动动力源，是电动车和不依靠空气推进潜艇的理想候选电源之一，是军民通用的一种新型可移动动力源。在未来的以氢作为主要能量载体的氢能时代，它是最佳的动力源，因此质子交换膜燃料电池已成为燃料电池研究领域的新热点[36-37]。

1. 质子交换膜燃料电池的工作原理

质子交换膜燃料电池以全氟磺酸型固体聚合物为电解质，铂-碳或铂-钌-碳为电催化剂，氢气或净化重整气为燃料，空气或纯氧为氧化剂，带有气体流动通道的石墨或表面改性的金属板为双极板。质子交换膜燃料电池的工作原理如图 5-7 所示。

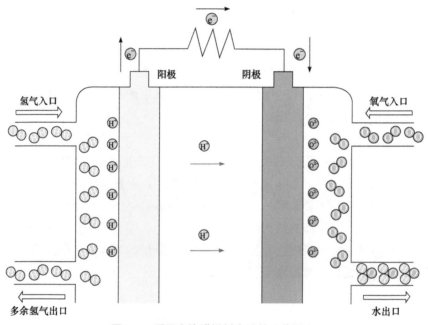

图 5-7 质子交换膜燃料电池的工作原理

质子交换膜燃料电池中阳极催化层中的氢气在催化剂作用下发生电极反应：

$$H_2(g) \longrightarrow 2H^+(aq) + 2e^-$$

该电极反应产生的电子经外电路到达阴极，氢离子则经电解质膜到达阴极，氧气与氢离子及电子在阴极发生反应生成水,生成的水通过电极随反应尾气排出：

$$\frac{1}{2}O_2(g) + 2H^+(aq) + 2e^- \longrightarrow H_2O(l)$$

2. 质子交换膜燃料电池的质子交换膜

1962 年，美国杜邦公司成功研制全氟磺酸型质子交换膜，1966 年首次用于氢氧燃料电池，从而为研制长寿命、高比功率的质子交换膜燃料电池提供了最关键的材料。

全氟磺酸型质子交换膜材料的化学结构式如下：

$$\begin{array}{l} +\!\!\!\left(CF_2CF_2\right)_{\!n}CF_2CF_3 \\ \quad\quad\quad | \\ \quad\quad\quad O(CF_2CF_2)_m\,OCF_2CF_2SO_3H \\ \quad\quad\quad | \\ \quad\quad\quad CH_3 \end{array}$$

该结构式中，美国杜邦公司生产的 Nafion 系列膜，其 $m = 1$；美国陶氏(Dow)化学公司试制出的高电导的全氟磺酸膜，其 $m = 0$。图 5-8 为质子交换膜中水与氢离子传导机理示意图。

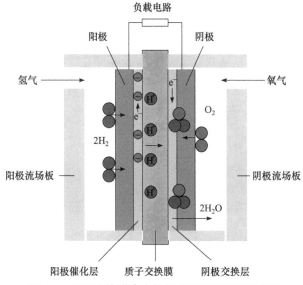

图 5-8　质子交换膜中水与氢离子传导机理示意图

5.6.5　其他燃料电池简介

1. 碱性燃料电池

碱性燃料电池是国际上 20 世纪 50～70 年代大力研究、开发，并在载人航天飞船中获得成功应用的一种燃料电池，其工作原理如图 5-9 所示。

碱性燃料电池与其他几种燃料电池相比，其显著的优点是能量转化效率高，当将输出电压选定在 0.80～0.95 V 时，其能量转化效率高达 60%～70%；碱性燃料电池的第二个优点是它可用非铂电催化剂，如雷尼镍、硼化镍等，不仅能降低电催化剂的成本，而且不受铂资源的制约。

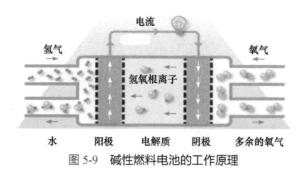

图 5-9 碱性燃料电池的工作原理

2. 磷酸燃料电池

磷酸燃料电池以磷酸为电解质，氢气为燃料，氧气为氧化剂，采用高分散担载型铂-碳电催化剂。磷酸燃料电池主要应用于大型地面发电站。目前已有规模为 11000 kW、4500 kW 的电站在进行实验，定型产品 PC25(200 kW)已投放市场，并在高度可靠地运行，可作为不间断电源使用。磷酸燃料电池的工作原理如图 5-10 所示。

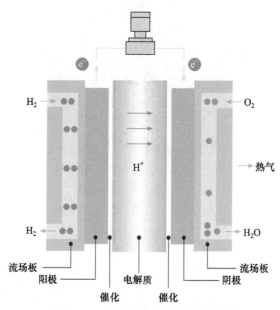

图 5-10 磷酸燃料电池的工作原理

5.6.6 燃料电池新研究

美国斯坦福大学的普林茨(F. B. Prinz)等[38]报道了用原子层沉积法合成铂壳层，通过去除铂壳层中的可溶核来设计和制备晶格应变铂催化剂。在半电池和全电池结构下，氧还原反应的显著催化性能归因于观察到的晶格应变。在高电流密度区域，氧还原反应高活性催化剂并不一定能获得高性能，应更多关注高电流密度性能，以实现高功率密度氢燃料电池。

降低固体氧化物燃料电池工作温度(理想情况下低于 400℃)是一个重要的转变，它带来了运行成本的降低和系统耐久性的改善等好处。然而，限制这种转变的关键问题是阴极性能的迟滞，即传统海绵状阴极的氧还原反应速率随着温度的降低而急剧下降。美国能源局爱达荷国家实验室的丁冬等[39]在质子陶瓷燃料电池上进行了阴极的三维工程，增强了 400～600℃之间的氧还原反应。与使用传统海绵状阴极的电池相比，3D 工程在 400℃时将阴极氧还原反应速率提高了 41%，峰值功率密度为 0.410 W·cm^{-2}。通过相场模拟，了解不同阴极孔隙率下阴极传质和电荷转移之间的竞争关系，为工程应用提供了帮助。结果表明，利用现有的阴极结构工程，通过调节质量和电荷转移，是提高低温 SOFC 阴极氧还原反应速率的一种简单有效的方法。

思考题

5-2 燃料电池的组成有什么特点？写出氢氧燃料电池的两极反应及电池总反应式。

参 考 文 献

[1] 郭炳焜, 李新海, 杨松青. 化学电源: 电池原理及制造技术. 长沙: 中南工业大学出版社, 2000.
[2] 陈国华, 王光信. 电化学方法应用. 北京: 化学工业出版社, 2003.
[3] 杨辉, 卢文庆. 应用电化学. 北京: 科学出版社, 2001.
[4] 李同庆, 王金良, 王益波. 电池, 1998, 28(6): 263-267.
[5] 陈体衔, 林祖赓. 厦门大学学报(自然科学版), 1987, 26(4): 443.
[6] 陈体衔, 李清文. 厦门大学学报(自然科学版), 1992, 2(4): 383-386.
[7] 夏熙, 何春, 沈昌察. 电池, 1996, 26(3): 105-108.
[8] Huang J, Zeng J, Zhu K, et al. Nano-Micro Lett, 2020, 12(9): 44-45.
[9] Ji J, Wan H, Zhang B, et al. Adv Energy Mater, 2021, 11(6): 2003243.
[10] Hua S, Zhou Q, Kong D, et al. J Power Sources, 2006, 158(2): 1178-1185.
[11] Fernandez M, Ruddell A, Vast N, et al. J Power Sources, 2001, 95(1-2): 135-140.
[12] 程新群. 化学电源. 北京: 化学工业出版社, 2008.
[13] Miller L, Brill J, Dodson G. J Power Sources, 1990, 29(3-4): 533-539.
[14] 陈军, 陶占良, 苟兴龙. 化学电源: 原理、技术与应用. 北京: 化学工业出版社, 2005.
[15] 管从胜, 杜爱玲, 杨玉国. 高能化学电源. 北京: 化学工业出版社, 2004.
[16] Dell R. Solid State Ionics, 2000, 134(1): 139-158.

[17] Xu Y, Chen C, Geng W, et al. Int J Hydrogen Energy, 2001, 26(6): 593-596.

[18] Wu Q, Liu S, Li L, et al. J Power Sources, 2009, 186(2): 521-527.

[19] 陈俊强, 李国栋. 电池, 1991, 91(4): 12-13.

[20] Li H, Ding Y C, Yuan J, et al. J Power Sources, 1995, 57: 137-140.

[21] 范祥清, 修荣, 范自力. 电池, 1995, 25(2): 55-58.

[22] 袁高清, 葛华才, 范祥清. 电池, 1998, 28(3): 105-107.

[23] 姜长印, 万春荣, 张泉荣. 电源技术, 1997, 21(6): 243-247.

[24] Ding Y C, Li H, Yuan J, et al. J Power Sources, 1995, 56(1): 115-119.

[25] Zhu W, Ke J, Yu H M, et al. J Power Sources, 1995, 56(1): 75-79.

[26] 郭炳焜, 徐徽, 王先友, 等. 锂离子电池. 长沙: 中南工业大学出版社, 2002.

[27] 吴宇平, 万春荣, 姜长印, 等. 锂离子二次电池. 北京: 化学工业出版社, 2002.

[28] Sotomura T, Tatsuma T, Oyama N. J Electrochem Soc, 1996, 143(3): 152-156.

[29] 肖立新, 郭炳焜, 李新海. 电池, 2003, 33(2): 110-113.

[30] 吴宇平. 锂离子电池. 北京: 化学工业出版社, 2004.

[31] 史晋宜, 庞景和, 王威. 科技创新与应用, 2017, 35: 191-192.

[32] Broussely M, Biensan P, Simon B. Electrochimica Acta, 1999, 45(1-2): 3-22.

[33] Watanabe N, Fukuba M. U S Patent: 3536532, 1970.

[34] Braeuer K, Moyes K. U S Patent: 3514337, 1970.

[35] 庄全超, 武山. 电源技术, 2004, (2): 104-108.

[36] 衣宝廉. 燃料电池: 原理·技术·应用. 北京: 化学工业出版社, 2003.

[37] 衣宝廉. 燃料电池高效、环境友好的发电方式. 北京: 化学工业出版社, 2000.

[38] Xu S, Wang Z, Dull S, et al. Adv Mater, 2021, 33(30): 2007885.

[39] Bian W, Wu W, Gao Y, et al. Adv Funct Mater, 2021, 31(33): 2102907.

第**6**章

电化学应用简介

　　电化学在工业生产和日常生活中的应用十分广泛，如冶金和氯碱工业等。通过电化学提取元素单质已有两百多年的历史，相应的工业技术发展了一百多年。无论理论研究，还是工业过程，兼顾节能环保和节约成本，一直是推进技术革新的动力。在自然界中，绝大部分元素是以化合物的形式存在，因此元素的提取在热力学上是非自发过程。与其相对的，金属腐蚀是热力学上的自发过程，是不希望发生的过程。如何减缓金属腐蚀的发生是电化学的一个重要应用领域，它关系到国民经济的发展。除了无机物合成与生产应用，电化学与有机化学交叉衍生出的电化学有机合成相关的工业化进程也是硕果累累。在绿色化学理念的指导下，这种电化学合成技术的重要性越来越凸出，特别是在涉及安全化工生产方面。替代性的电化学有机合成技术将是未来发展的重要方向之一。电化学与催化化学交叉的学科电催化是目前最热门的研究方向，涉及能源化工、环境污染治理、室内空气净化等。它与光催化结合，又产生了一门新型技术，即光电催化技术。可以说，在绿色能源环保技术方面，电催化的身影无处不在。目前，在"碳达峰"和"碳中和"的指导下，电催化和光电催化技术的发展不仅是科学研究的热点，还是技术发展的重要方向。

6.1　元素的电化学提取

　　元素的提取是制备该元素的单质。常见的是金属冶炼，如将金属矿物通过火法冶金或湿法冶金得到金属单质或合金。自然界中，除个别贵金属外，绝大部分金属是以化合物形式存在，如氧化物、硫化物、氯化物等。将金属化合物还原成金属的方法主要有热还原法和电解法。采用电解法提取单质是工业电化学的重要应用之一(表 6-1)。其优势在于：以电化学为基础，通过电子的转移来提取元素单质，设备简单、自动化可控、条件温和、环境兼容性好且能量效率高。整个过程主要涉及反应物在电极表面得失电子和反应物由溶液(熔盐)本体向电极表面传质。若产物为气体或液体时，还包括产物在电极表面的脱附和向溶液(熔盐)本体传质。在工业中，电解工序是核心，包括净化、除湿、精制、分离等前后处理工序。本丛书元素类分册有所介绍，本节将讨论一些共性问题。

表 6-1 元素单质的电化学提取

元素	电极反应式	电解条件
H_2	$2H^+(aq) + 2e^- \longrightarrow H_2(g)$ $2H_2O(l) + 2e^- \longrightarrow H_2(g) + 2OH^-(aq)$	电解酸性、中性和碱性的水溶液 电解酸性、中性和碱性的水溶液
O_2	$2H_2O(l) \longrightarrow O_2(g) + 4H^+(aq) + 4e^-$ $4OH^-(aq) \longrightarrow O_2(g) + 2H_2O(l) + 4e^-$	电解酸性、中性和碱性的水溶液 电解酸性、中性和碱性的水溶液
O_3	$3H_2O(l) \longrightarrow O_3(g) + 6H^+(aq) + 6e^-$	电解 H_2SeO_4 或 H_2SeO_3 等水溶液
F_2	$2F^-(熔盐) \longrightarrow F_2(g) + 2e^-$	电解 KF-2HF 熔盐
Cl_2	$2Cl^-(aq) \longrightarrow Cl_2(g) + 2e^-$	电解 NaCl 水溶液，离子膜烧碱工艺
Li	$Li^+(熔盐) + e^- \longrightarrow Li(s)$	电解 LiCl-KCl 熔盐
Na	$Na^+(熔盐) + e^- \longrightarrow Na(s)$	电解 NaCl-CaCl$_2$ 或 NaCl-CaCl$_2$-BaCl$_2$
Be	$Be^{2+}(熔盐) + 2e^- \longrightarrow Be(s)$	电解 NaCl-BeCl$_2$ 或 LiCl-KCl-BeCl$_2$ 熔盐
Mg	$Mg^{2+}(熔盐) + 2e^- \longrightarrow Mg(s)$	电解无水 $MgCl_2$ 或 $MgCl_2 \cdot KCl \cdot 6H_2O$ 熔盐
Ca	$Ca^{2+}(熔盐) + 2e^- \longrightarrow Ca(s)$	电解 CaCl$_2$-CaF$_2$ 或 CaCl$_2$-KCl 熔盐
Sr	$Sr^{2+}(熔盐) + 2e^- \longrightarrow Sr(s)$	电解 SrCl$_2$-KCl 熔盐
稀土	$RE^{3+}(熔盐) + 3e^- \longrightarrow RE(s)$	电解 RECl$_3$-KCl 或 RE$_2$O$_3$-LiF 熔盐
Al	$Al^{3+}(熔盐) + 3e^- \longrightarrow Al(s)$	电解冰晶石熔盐
Zn	$Zn^{2+}(aq) + 2e^- \longrightarrow Zn(s)$	电解含 Zn^{2+} 水溶液(酸性)
Cu	$Cu^{2+}(aq) + 2e^- \longrightarrow Cu(s)$	电解含 Cu^{2+} 水溶液(酸性)
Sn	$Sn^{2+} + 2e^- \longrightarrow Sn$	电解含 Sn^{2+} 水溶液(酸性)
Ga	$GaO_2^-(aq) + 2H_2O(l) + 3e^- \longrightarrow Ga(s) + 4OH^-(aq)$	电解含 GaO_2^- 水溶液(酸性)

6.1.1　非金属元素的提取

在电解法制备无机非金属元素中，涉及的气体产物主要有 H_2、O_2、O_3、F_2 和 Cl_2 等。

1. 氢气、氧气和臭氧

电解水制氢是目前能源领域最热门的研究课题之一，参见"历史事件回顾 3"。在电解水过程中，氧化半反应的产物为 O_2。目前，在碱性电解质中，降低析氧反应的超电势是该研究的核心问题之一。以水为原料的电解法制备中，有经济价值的氧单质 O_3 才是目标产物，其副反应生成 O_2[1]。电解法生产 O_3，因其设备投资小等特点，近年来备受关注。在常温、常压下，O_3 的标准电极电势 $\varphi^{\ominus} = 1.51\ \mathrm{V}$，高于析氧反应（$\varphi^{\ominus} = 1.23\ \mathrm{V}$）。利用超电势，能有效地促进目标反应的进行。以 O_2 和 O_3 为例，简述超电势在 O_3 制备过程中的应用。

(1) 选择 O_2 超电势高的阳极。早期(1982 年之前)研究主要以 Pt 和 PbO_2 为电极[2]。在酸性水溶液中，Pt 电极表面生成氧化膜，导致 O_2 的超电势增加，而利于 O_3 析出[3]。然而，该反应体系需保持低温，O_3 在 Pt 电极上的选择性和法拉第电流效率随温度的升高而降低[4]。同时价格昂贵，限制了 Pt 电极的应用。相对而言，在近室温下 β-PbO_2 电极具有较高的法拉第电流效率，且耐腐蚀、稳定性良好、价格低廉。掺杂 Fe^{3+} 和 F^- 均能有效提升 O_3 在 β-PbO_2 表面的选择性[5-6]。然而 Pb^{4+} 对环境的污染不容忽视。与之相比，SnO_2 电极的效率高、污染小。其中，Sb 掺杂和 Ni/Sb 共掺杂的 SnO_2 电极表现优异[7-9]。在 SnO_2 骨架中，Ni^{3+} 位点作为电子受体吸附 $(O_2)_{ads}$ 物种，而其相邻的 Sb^{5+} 位点作为电子供体吸附 $(\cdot OH)_{ads}$ 自由基物种，从而利于 O_3 的生成。此外，硼掺杂金刚石电极(BDD)也表现出优良的 O_3 选择性和活性[10]。

(2) O_3 的选择性与电解液的组成相关。早期以 H_2SO_4 和 $HClO_4$ 为电解质，随后发现在 H_2SeO_4 或 H_2SeO_3 饱和溶液中，O_3 析出的法拉第电流效率较高。一般认为，O_3 的选择性随溶液 pH 升高而降低[11]。在酸性电解质中引入 F^- 或含 F 物种(如 PF_6^- 或 BF_4^-)能有效地提高 O_3 的选择性[12]。F^- 在电极表面以非吸附态的形式存在，它能稳定 $(\cdot OH)_{ads}$ 并抑制 O_3 析出，且低温下($< 0\ ℃$)效果更佳。选择电解液需遵循的准则：①化学稳定性高且成本低；②阴离子抗氧化，在阳极不发生反应；③电解质在水中有足够的溶解度且不与产生的 O_3 发生化学反应。

2. 氟和氯

关于卤族元素的制备，请参考本丛书第 18 分册《卤族元素》，在此仅简述 F_2

和 Cl_2。

氟是氧化性最强的元素，只有 -1 价，电解法是其唯一的制备方法。单质 F_2 于 1886 年由法国化学家莫瓦桑(H. Moissan, 1852—1907)制得[13]。F_2 的标准电极电势为 2.65 V，电解只能在 KF 和 HF 熔盐中进行。根据 KF 和 HF 的比例不同，分为低温型(15~50℃，电解质为 KF-nHF)、中温型(70~130℃，电解质为 KF-2HF)和高温型(245~310℃，电解质为 KF-HF)。目前，工业上采用中温制氟电解工艺[14]。在电解过程中，为避免 F_2 和 H_2 混合，需要在电极间通过镍(或蒙乃尔合金)的裙围或隔膜进行物理阻隔。

氯气的工业制备始于 1890 年，德国首次采用电解氯化钾制取 Cl_2。氯碱工业最早可追溯到 1893 年，在美国纽约有第一家电解氯化钠水溶液制备 Cl_2 的工厂。氯碱工业的生产方法有三种：汞法、隔膜法(包括金属阳极隔膜法和石墨阳极隔膜法)、离子膜法。汞法已被淘汰[15]，截止到 2013 年年底，我国离子膜烧碱产能比例已经接近 95%[16]。在电解氯化钠水溶液中，存在析氧反应的竞争。选择 O_2 超电势高的电极(如石墨)，有利于 Cl_2 的生成。

6.1.2 金属元素的提取

自然界中，除个别贵金属外，绝大部分金属是以化合物形成存在的，如氧化物、硫化物、氯化物等。将金属化合物还原成金属的方法主要有热还原法和电解法。1807 年，英国科学家戴维(H. Davy, 1778—1829)将熔融苛性碱进行电解制取钾、钠，开拓了制备高纯单质新的领域。电解冶金可分为熔盐电解和溶液电解两种。

1. 熔盐电解

活泼金属在溶液电解过程中发生析氢反应而无法获得金属单质。因此，这些金属的电还原过程需在熔盐体系中进行。电解金属的氯化物、氟化物或氧化物的熔盐，通常采用熔点较低的二元或三元共熔物。

1) 碱金属

在熔盐电解制备金属锂中，LiCl 在 450℃的理论分解电压为 3.684 V。当前工业电解 55% LiCl-45% KCl 熔盐(温度 390~450℃，槽电压 6~9 V)，KCl 作为稳定和降低熔点的支持电解质[17]。该法自 1893 年一直沿用至今。

在熔盐电解法制备金属钠时，由于氯化钠熔点较高(801℃)，采用二元或三元共溶物能有效降低电解温度，如 NaCl-$CaCl_2$ 和 NaCl-$CaCl_2$-$BaCl_2$[18]。其中，质量分数分别为 40% 和 60% 的二元 NaCl-$CaCl_2$ 共溶物熔融温度约为 580℃。

2) 碱土金属

熔融铍盐不导电，需形成二元 $NaCl$-$BeCl_2$ 或三元 $LiCl$-KCl-$BeCl_2$ 熔盐电解质，电解温度为 350～400℃或 450～550℃[19]。目前，工业电解铍已被镁热还原法取代。

电解法炼镁是在高温下电解熔融无水 $MgCl_2$ 或 $MgCl_2 \cdot KCl \cdot 6H_2O$ 生成金属镁和氯气[20]。目前，仅钛冶炼厂保留熔融电解法制备金属镁工艺。

熔盐电解制备金属钙，曾采用接触阴极法，后被液体阴极法取代[21]。前者以二元 $CaCl_2$-CaF_2 熔盐为电解质，电解温度为 780～810℃。后者以二元 $CaCl_2$-KCl 熔盐为电解质，含钙 10%～15% 的 Ca-Cu 液态合金为阴极，石墨为阳极。700℃以下电解，制得含钙 65% 的 Ca-Cu 液态合金。锶的制备与钙的原理相同[22-23]，以液态合金 30% Sr-Cu(熔点＜800℃)为阴极，电解 84% $SrCl_2$+16% KCl 二元熔盐(含 1%～3%KF 添加剂)，制得含锶 50%～55% 的 Sr-Cu 液态合金。

3) 稀土金属

稀土氯化物($RECl_3$)的熔盐电解在二元或三元氯化物电解质中进行，工业常采用 $RECl_3$-KCl 体系[24]，以惰性的钼为阴极，主要发生稀土离子的还原，析出顺序为 Ce＞Pr＞La＞Nd＞Sm＞Eu＞Y＞Lu。此外，稀土氧化物(RE_2O_3)与氟化物组成的熔盐电解体系，因其沸点高的特点，可用于电解制取混合稀土金属和单一的 La、Ce、Pr、Nd 等轻稀土金属，也可用于熔点高于 1000℃的某些重稀土元素。由于电解原料(RE_2O_3)和氟化物电解质不易吸湿和水解，稀土金属在氟化物电解质中的溶解损失小，故该法制备的稀土金属品质和收率高。常用的电解质体系是 RE_2O_3-LiF，也可加少量 BaF_2 减少 LiF 的用量。

4) 铝

以 Al_2O_3 为原料的霍尔-埃鲁法熔炼制铝约占工业铝总产量的 95%[25-26]。在 950～970℃电解时，Al_2O_3 溶解于以冰晶石为主要成分的高温熔盐中。目前，该领域主要发展低温熔盐铝电解，围绕钠冰晶石($Na_3AlF_6 + AlF_3 + Al_2O_3$)、锂冰晶石($Na_3AlF_6 + Li_3AlF_6 + AlF_3 + Al_2O_3$)、钾冰晶石($Na_3AlF_6 + K_3AlF_6 + Al_2O_3$)三种电解质体系开展研究。

2. 溶液电解

电极电势高于氢的金属可通过溶液电解法制备。利用氢超电势，可制备电极电势低于氢的金属(如锌)。溶液电解可用于金属提取，也可用于提纯获得高纯金属(5N 级及以上)。

在溶液电解中，阴极发生金属离子的还原，阳极通常发生析氧反应。如前所述，后者的超电势较高。考虑到电解过程的能耗问题，降低阳极电势是关键。使用析氧超电势低的电极是一种思路，另一种思路则是替代阳极析氧反应。例如，在冶锌过程中，德国鲁尔锌(Ruhr-Zink)公司炼锌厂、德国鲁奇(Lurgi)集团、波士顿的普罗托技术公司等共同研发提出的氢扩散阳极技术[27]。它是将燃料电池的氢扩散阳极技术应用到传统锌电解技术中，以 H_2 氧化替代 H_2O 氧化，使阳极电势降至零附近。在相同电流密度下，槽电压和能耗降低近一半。同时该法有效避免了电解液温度升高和显著降低酸雾量(无气体逸出)。该法在节能环保方面优势突出，但仍需解决 H_2 安全使用等问题。

金属的电解精炼通常以该金属的粗品为阳极，以纯金属始极板(或不锈钢)为阴极。电解过程中，电流密度的选择尤为重要。例如，在铜精炼中[28]，高电流密度会导致阴极铜表面粗糙，甚至形成枝晶造成电解槽短路。在电解精炼中，可通过调节阳极电压除去电极电势高的金属，让它们以阳极泥的形式沉淀在阳极区。在该过程中，可以适当引入某些离子促进沉淀生成。例如，在铜精炼中[28]，电极电势高的金属或化合物不参与阳极氧化反应，以阳极泥的形式回收(主要有 Ag、Au、Se、Te 等)。少量 Ag^+ 溶出后形成 Ag_2SO_4，需加入适量盐酸促进 Ag^+ 沉淀到阳极泥中。同时，电极电势低的金属在阳极溶出后，以离子形式留在电解液中，而不参与阴极还原。相对而言，去除电极电势接近的金属杂质较困难，需采用化学法辅助。例如，锡电解精炼中[29]，溶出的杂质 Bi^{3+} 与 SO_4^{2-} 形成难溶盐覆盖于阳极上致其钝化。当电解条件失控时，Bi^{3+} 还会在阴极沉积，降低产品品质。$Cr_2O_7^{2-}$ 的加入能有效地沉淀 Bi^{3+}。金属电解精炼并非都是阳离子参与的反应，阴离子也可参与，如两性金属镓[30-31]。在碱性溶液中，以粗镓为阳极，高纯镓(或不锈钢)为阴极，$NaGaO_2$-$NaOH$ 溶液为电解液。在阳极溶解的粗镓生成 GaO_2^-，再在阴极还原析出得到高纯金属镓。

3. 电化学法富集金属元素

除金属提纯外，电化学法还可应用于金属离子的纯化或富集。在电解过程中，对电极与工作电极形成闭合回路。工作电极与对电极的选择决定该电解体系的工作性能。例如，Li^+ 在工作电极上选择性嵌入和脱出，其电极材料与锂电池正极材料相似，主要有 $LiFePO_4$、$LiMn_2O_4$ 和 $LiCo_xMn_yNi_{1-x+y}O_2$[32]。对电极若采用金属 Pt，则发生水的电解(包括析氢反应和析氧反应)[33]；若采用 Ag/AgCl，则涉及 Ag 与 AgCl 的相互转换[34]。此外，设计"摇椅式"电极体系是将富锂态电极和贫锂态电极组成电解体系，并由阴离子交换膜分隔成回收室和原料室[35-36]。当施加正向电场，富锂态电极进行氧化(脱锂)反应，贫锂态电极进行还原(嵌锂)反应(图 6-1)，从而实现脱锂与嵌锂过程的同步进行，提高了提锂效率。

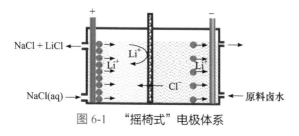

图 6-1　"摇椅式"电极体系

电化学法还可以实现元素的分离，如通过电氧化技术实现稀土元素中铈(Ce)、镨(Pr)、钕(Nd)的分离[24]。稀土元素是物理化学性质相似的钪、钇和镧系，共 17 种元素。由于各元素的性质差异和用途不同，需先对精矿分解后的混合稀土进行分离，再进行冶炼生产。电化学氧化在阳极进行，不额外引入氧化剂和外源杂质，是一种低成本的高效分离手段。适用于电能充沛的地区。在酸性条件下，$\varphi^{\ominus}_{Ce^{4+}/Ce^{3+}} = 1.61\ V$，大于 H_2O 的氧化电势 1.23 V。增加氧的超电势将有利于 Ce^{3+} 的氧化(如以镀铂钛网为阳极)。根据电势-pH 图(图 6-2)，在适当的 pH 范围内，将 Ce^{3+} 氧化为 Ce^{4+}，并结合萃取工艺是目前现实生产的方法，适用于稀土硝酸盐和硫酸盐。

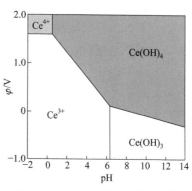

图 6-2　$Ce-H_2O$ 体系电势-pH 图

不同于 Ce^{3+} 的氧化，Pr 和 Nd 的电氧化分离在熔融的 KOH 中进行，Pr 和 Nd 以 PrO_2^- 和 NdO_2^- 的形式存在，电解氧化得到不溶性的 PrO_2 和 NdO_2。阳极氧化产物为褐色粉末，沉积于坩埚底部。通过稀乙酸浸洗，可以将 Nd^{4+} 溶出，从而实现与 PrO_2 的分离。该法可实现 Pr 和 Nd 的快速富集和分离，但不能得到高纯的 PrO_2 或 NdO_2。

化学反应：
$$KOH + Pr(OH)_3 == KPrO_2 + 2H_2O$$

$$KOH + Nd(OH)_3 == KNdO_2 + 2H_2O$$

阳极反应：
$$PrO_2^-(\text{熔盐}) \longrightarrow PrO_2(s) + e^-$$

$$NdO_2^-(\text{熔盐}) \longrightarrow NdO_2(s) + e^-$$

6.2 电化学腐蚀与防护

6.2.1 腐蚀的倾向和腐蚀电池

1. 腐蚀的倾向

自然界中，绝大部分金属元素以化合物形式存在。冶金过程消耗大量的能量(如电能等)将其转化为金属单质。在周围环境(介质)作用下，这些金属单质又会自发地转化为自然存在的稳定状态(化合物)。与冶金过程相比，腐蚀过程是自发进行的，它的化学本质是金属单质失去电子而发生的氧化反应。通常，该过程是在常温、常压下的敞开系统中进行的。

根据热力学第二定律，腐蚀的倾向可通过该反应在等温等压下的 $\Delta_r G_{T,p}$ 进行衡量。当体系只做电功这一种非膨胀功时，可根据金属与介质中氧化剂的标准电极电势来判别腐蚀的倾向，即 $\varphi^{\ominus}_{M^{x+}/M} < \varphi^{\ominus}_{(Ox/Red)氧化剂}$。例如，铁在酸性环境中的电化学腐蚀是自发的，即 $\varphi^{\ominus}_{Fe^{2+}/Fe} < \varphi^{\ominus}_{H^+/H_2}$。对于铜的腐蚀，在无氧体系中是非自发的，而在氧气存在下可自发进行，原因是 $\varphi^{\ominus}_{Cu^{2+}/Cu} > \varphi^{\ominus}_{H^+/H_2}$，而 $\varphi^{\ominus}_{Cu^{2+}/Cu} < \varphi^{\ominus}_{O_2/H_2O}$。

在实际应用中，通过标准态的电极电势来判定反应自发性是一种简单粗糙的方法。当考虑反应体系中离子浓度和溶液的酸碱度时，可从 Pourbaix 图直接判断反应的倾向[37]。如前所述(图 3-35)，从铁的 Pourbaix 图可直观判断它的腐蚀区、稳定区和钝化区。然而，Pourbaix 图是基于平衡来预测腐蚀的倾向，它不能预测腐蚀的速率，也不能反映钝化膜对金属单质主体的保护程度。此外，真实腐蚀是在偏离平衡的条件下进行的，其腐蚀表面的 pH 与"溶液主体"的 pH 差异较大，且溶液中的阴离子也影响平衡的位置，使腐蚀问题更加复杂。

2. 腐蚀电池

根据腐蚀过程中是否形成微电池而发生电化学作用，可将腐蚀分为化学腐蚀和电化学腐蚀。例如，将纯锌浸入稀 H_2SO_4 中，在 $Zn|H_2SO_4(aq)$ 界面发生 Zn 置换 H_2 的反应。在该过程中，金属锌发生腐蚀，存在电子传递，但不产生电流，故将其划分为化学腐蚀。若将含有杂质的工业级锌片(如铜杂质)浸入稀 H_2SO_4 中，可简单认为 Cu-Zn 组成了原电池。Zn 氧化为 Zn^{2+} 进入液相，伴随着电子向 Cu 转移及 H^+ 在 Cu 表面还原成 H_2。与原电池的原理一致，阳极区发生氧化反应(原

电池的负极)，金属单质失去电子转化为相应的阳离子。在阴极区(原电池的正极)，环境介质中某物种(O_2 或 H^+ 等)得到电子发生还原反应(H_2O 或 H_2)。腐蚀过程中，腐蚀电流由正极流向负极，而电子由阳极向阴极转移。因此，阳极反应、阴极反应和电子流动是电化学腐蚀反应的三个要素，缺一不可。

导致电化学腐蚀的因素有：①微观尺度上，金属表面因化学成分不同、金属组织不均匀、物理状态不均匀和金属表面膜的不完整而引起微电池的形成；②宏观尺度上，异种金属的接触、浓度差异和温度差异而构成原电池导致腐蚀。无论在微观还是宏观尺度上，金属材质表面的电势差异(电化学不均匀)是腐蚀电池形成的条件，但不是根本原因。此外，电化学腐蚀中的原电池是以短路的形式连接(阴阳两极分不开)。它将化学能转化为电能，而这种电能无法被利用，以热的形式耗散。

3. 极化作用和腐蚀速率

无论是电解池还是原电池，随着反应的进行，出现电极电势偏离可逆电极电势的极化现象，包括浓差极化、电化学极化和电阻极化。在腐蚀电池中，极化相当于一种阻力，减缓腐蚀反应的进行。当阳极极化小时，腐蚀反应易发生。因此，增大极化有利于防腐。

电化学反应的速率 r 与电流密度 j 的关系为

$$j = zFr \tag{6-1}$$

在腐蚀过程中，可用电流密度 j 描述腐蚀速率，以及使用极化曲线进行描述，如铁在酸性溶液中的腐蚀(图 6-3)[38]。阳极发生 Fe 的氧化和 Fe^{2+} 的还原反应，相应的电流密度为 $j_{a,Fe,Ox}$ (红色实线)和 $j_{a,Fe^{2+},Red}$ (蓝色虚线)。阴极发生 H^+ 的还原和 H_2 的氧化反应，相应的电流密度为 $j_{c,H^+,Red}$ (蓝色实线)和 $j_{c,H_2,Ox}$ (红色虚线)。阳极上外部电流密度 $j_{a,ex}$ 随电势的变化如紫色实线所示，而阴极上析氢反应过程中的表观电流密度 $j_{c,ex}$ 随电势的变化如绿色实线所示。组成微电池时，在外电路上的电流密度 j_{ex} 如橙色实线所示，相应的腐蚀电流密度为 j_{corr}。

在电化学腐蚀中，腐蚀电势是阳极腐蚀速率与阴极反应速率(即阴阳两极的电流密度)相等时的电势，它有别于平衡电势。基于腐蚀电流密度和电流，可通过电解定律计算单位时间内发生阳极氧化的物质的量(或质量)。腐蚀速率(侵蚀度)可表示为单位时间和单位面积上金属的质量减小或厚度降低，其单位是毫克每平方分米每天($mg \cdot dm^{-2} \cdot d^{-1} = mdd$)或毫米每年($mm \cdot a^{-1}$)。本章把腐蚀速率与腐蚀电流密度视为"同义词"而不刻意甄别。

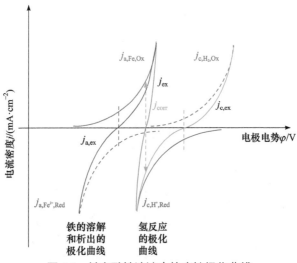

图 6-3　铁在酸性溶液中的腐蚀极化曲线

4. 埃文斯图

腐蚀电势称为混合电势，它介于阴、阳两极的平衡电势之间，是研究腐蚀及其控制的重要参数。腐蚀电池的 Pourbaix 图与极化曲线的关系如图 6-4(a)、(b)所示。若将极化曲线上电流密度的绝对值取对数，则得到半对数曲线[图 6-4(c)]。在 Pourbaix 图中腐蚀电势 φ_{corr} 对应的腐蚀电流密度 j_{corr} 可通过 $\ln|j|$ 的线性部分延长线的交点来确定。其中，φ-$\ln|j|$ 称为埃文斯图[Evans diagram，图 6-5(a)][39]。图中线性区间的斜率分别为阳极和阴极的塔费尔(Tafel)曲线斜率(塔费尔曲线与斜率参见"历史事件回顾 3")，斜率的大小能表明反应的阻力，它揭示腐蚀过程的控速步骤和影响因素。据此，可有的放矢地设置障碍，增大极化，从而达到减小腐蚀的目的。根据斜率，可将腐蚀过程划分为阴极控制、阳极控制、混合控制和欧姆电阻控制的腐蚀[图 6-5(b)]。

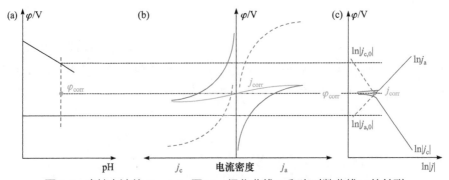

图 6-4　腐蚀电池的 Pourbaix 图(a)、极化曲线(b)和半对数曲线(c)的关联

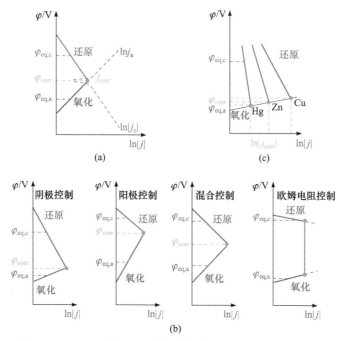

图 6-5　(a) 埃文斯图；(b) 不同腐蚀控制过程的埃文斯图；(c) 杂质影响锌上析氢腐蚀的埃文斯图

5. 电化学腐蚀中的阴极过程

在金属电化学腐蚀中，其阳极过程与阴极过程相互依存、缺一不可。理论上，凡能吸收由阳极转移的电子，并发生还原反应，都可构成阴极过程[40]。例如，在溶液中的阳离子还原，如 Cu^{2+}。在酸性体系中，电极电势低于氢的金属或者合金主要发生析氢反应。溶液中的中性分子还原(如 O_2)普遍存在于淡水、海水、大气和土壤的腐蚀过程，涉及绝大部分金属和合金在弱酸性或弱碱性溶液中的腐蚀。腐蚀过程中的不溶性产物如氧化物或氢氧化物也可参与阴极还原，得到低价态物种，如 $Fe(OH)_3$ 或 Fe_3O_4。后者与空气中的氧气接触，氧化为高价态，继续电化学腐蚀阴极过程。此外，还有一些阴离子参与还原过程，如 $Cr_2O_7^{2-}$。在实际电化学腐蚀中，可能发生一种阴极反应，也可能发生两种或多种阴极反应来共同构成总阴极过程。其中，析氢和吸氧腐蚀的阴极过程最常见和重要。

$$Fe(OH)_3(s) + e^- \longrightarrow Fe(OH)_2(s) + OH^-(aq)$$

$$Fe_3O_4(s) + H_2O(l) + 2e^- \longrightarrow 3FeO(s) + 2OH^-(aq)$$

$$Cr_2O_7^{2-}(aq) + 14H^+(aq) + 6e^- \longrightarrow 2Cr^{3+}(aq) + 7H_2O(l)$$

金属在酸性溶液中发生析氢腐蚀的必要条件是 $\varphi_{M^{n+}/M} < \varphi_{H^+/H_2}$，如常见金属 Ni、Fe、Zn 等。析氢腐蚀的反应历程与析氢反应是一致的，此处不作赘述。在涉及析氢的腐蚀过程中，表面吸附的氢原子可向金属(如 Ni 和 Fe)内部扩散引起"氢脆"。析氢腐蚀中，金属的电极电势越负，腐蚀发生的倾向越大。它受阴极析氢过程的活化和极化控制，并取决于析氢反应在相应金属上的超电势。例如，粗锌片在稀硫酸中的腐蚀，若杂质为 Cu 时，Zn 的腐蚀要比杂质为 Hg 的快。由于 H$_2$ 在 Cu、Zn、Hg 表面的超电势的顺序为 $\eta_{Cu} < \eta_{Zn} < \eta_{Hg}$，故阴极电流密度的关系为 $j_{Cu} < j_{Zn} < j_{Hg}$，图 6-5(c)为相应的埃文斯图。此外，析氢腐蚀速率还与溶液的 pH、温度及阴极材料的种类和面积相关。

在中性和碱性条件下，H$^+$ 的浓度低。当析氢的电极电势小于氧还原的电极电势时，发生吸氧腐蚀，其必要条件为 $\varphi_{M^{n+}/M} < \varphi_{O_2,H_2O/OH^-}$。在腐蚀过程中，需向电极表面输送 O$_2$，包括气液界面的气体 O$_2$ 进入液相，溶解 O$_2$ 的对流或扩散至溶液本体，以及它从溶液本体扩散到金属表面。吸氧腐蚀也是一个以阴极控制居多的腐蚀电池体系。其中，O$_2$ 扩散是控速步骤，它与 O$_2$ 的溶解度和浓差极化，以及溶液流速和温度相关。在不考虑钝化时，溶解 O$_2$ 浓度越高，还原反应速率越大，腐蚀加剧。例如，O$_2$ 的溶解度随着盐水浓度的增加而降低，故碳钢在饱和盐水中的腐蚀比稀盐水中弱。O$_2$ 在水中的溶解度低($<10^{-4}$ mol·L^{-1})，在水中的输送方式主要靠对流和扩散。在无强制对流时，溶解 O$_2$ 的输送主要靠扩散来实现，在本体溶液与电极表面产生的浓差极化不利于腐蚀的进行。在强制对流情况下，流速越大，扩散层厚度越薄，极限扩散电流密度增大，腐蚀加剧。其中，"湍流腐蚀"和"空泡腐蚀"对材料和设备的破坏更为严重。温度的影响主要考虑两个方面，高温有利于传质，但 O$_2$ 的溶解度降低。在敞开系统中，在某温度下腐蚀速率存在最大值。在封闭系统中，升高温度，O$_2$ 的气相分压增大，其在水中的溶解度也增大。因此，在封闭系统中，温度升高会导致腐蚀加剧。

6.2.2 电化学保护和应用

电化学保护防止金属腐蚀的方法有阴极保护和阳极保护两种[40-41]。阴极保护是将被保护的设施设备变成阴极并通过阴极极化来实现防腐，包括外加电流保护法和牺牲阳极保护法。

1. 阴极保护

1) 外加电流保护法

外加电流保护法是将被保护设施与直流电源的负极相连，利用阴极电流进行阴极极化的方法。直流电源正极将与废铁等材料相连，使其作为牺牲阳极而被腐蚀。1928 年，库恩(R. L. Kuhn)首次将新奥尔良的输气管进行外加电流阴极保护。随后，该法广泛应用在航海、海洋平台、码头、管道输送等领域。其原理可通过埃文斯图进行说明[图 6-6(a)]。当无阴极保护时，金属腐蚀的(阴极和阳极)极化曲线相交于 B 点，此时金属的腐蚀电势和电流密度分别为 φ_{corr} 和 j_{corr}。当施加电流密度为 j_1 阴极电流后，金属的总电势由 φ_{corr} 降至 φ_1，相应的阴极电流密度升至 j_D，而阳极电流密度降至 j_A。$j_{corr} - j_A$ 是金属腐蚀速率的降低值，用于衡量阴极保护的效率。外加阴极电流继续增大，当被保护金属的电势降至平衡电势时，阳极的外部电流密度 $j_{a,ex} = 0$，金属腐蚀不再进行。此时，金属刚好达到完全保护。该外加电势称为最小保护电势(阳极金属的平衡电势)，相应的电流密度称为最小保护电流密度(j_2)。在实施外加电流阴极保护中，并不追求理论上完全保护，而需考虑日常电能消耗小，且防止"过保护"。若外加电压太负，金属表面会发生析氢反应导致"氢损伤"。

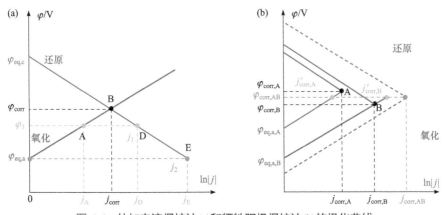

图 6-6　外加电流保护法(a)和牺牲阳极保护法(b)的极化曲线

2) 牺牲阳极保护法

牺牲阳极保护法是将电极电势低的金属与被保护金属相连接构成原电池。电极电势低的金属作为阳极而被腐蚀溶解，被保护金属作为阴极而避免腐蚀。例如，在船舶的底部四周镶嵌锌块保护器，它作为阳极代替船舶腐蚀。1824 年，戴维将牺牲阳极保护法应用于海军军舰，以铸铁保护木质船体外包裹的铜层。牺牲阳极保护法是宏观的腐蚀电池。在腐蚀介质中，电极电势高的金属 A 单独存在且发生腐蚀的腐蚀电势和腐蚀电流密度分别为 $\varphi_{corr,A}$ 和 $j_{corr,A}$，相应的 $\varphi_{corr,B}$ 和 $j_{corr,B}$ 为电极电势较低的金属 B。如图 6-6(b)所示，若将金属 A 和 B 连接形成 AB 宏观腐蚀电池，则新的腐蚀极化曲线为图中虚线所示，其总腐蚀电流密度增大到 $j_{corr,AB}$。在 $\varphi_{corr,AB}$ 腐蚀电势时，金属 B 的腐蚀电流密度增加到 $j'_{corr,B}$。$\varphi_{corr,B} < \varphi_{corr,AB}$，金属 B 作为牺牲阳极腐蚀加剧。$\varphi_{corr,A} < \varphi_{corr,AB}$，被保护金属 A 作为阴极，其腐蚀电流密度降低到 $j'_{corr,A}$。上述即为牺牲阳极保护法的基本原理。

目前，阴极保护已成为一种成熟的商品化技术，国内外都设立了技术标准和规范。两种阴极保护方法各有优缺点，需根据被保护设备的情况和具体条件来选用。外加电流阴极保护法的优点是电流和电压可调节，保护电流输出大和有效半径大，采用难溶或不溶性阳极，可做长期保护；缺点是需要外加直流电源设备，需要人工操作和经常性维护检修，投资和日常维护费用高，在恶劣环境中易受干扰或损伤，干扰邻近金属结构物，存在"过保护"的风险，且阳极数量少，电流分布不均匀。该法适用于有电源、介质电阻率大、条件变化大、使用寿命长的大系统。牺牲阳极保护法的优点是无需直流电源和专人管理，施工简单，系统牢固可靠，不易受干扰和损伤，阳极数量多，一般无"过保护"且电流分布较均匀，对邻近的金属结构物干扰小；其缺点为驱动电压和保护电流小且不可调节，有效保护半径小，阳极材料需要定期更换。该法适用于无电源、介质电阻率低、条件变化不大、所需保护电流较小的小型系统。

3) 阴极保护应用实例

实例 1：船舶是水上运输的主要工具，长期航行于海洋中会受到不同程度的腐蚀。它的防腐措施主要是结合油漆涂层和阴极保护。油漆涂层在涂装和使用过程中不可避免地存在漏涂、孔隙脱落等缺陷，未覆盖部位将首先发生腐蚀。外加电流阴极保护能有效抑制涂层缺陷处的腐蚀。大型船舶所需保护电流大，此时可安装多套独立的保护系统，放在船的中部、头部和尾部附近[图 6-7(a)]。恒电位仪

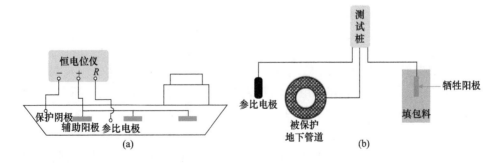

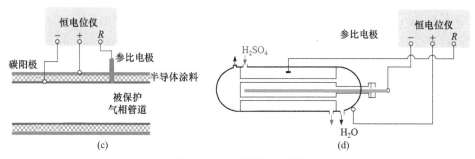

图 6-7　电化学保护示例图

的负极与船体连接，正极和与船体绝缘的辅助阳极相连，一定不能接反。参比电极布置可在辅助阳极之间，也可在离阳极最远的地方(电势最正处)。

实例 2：在牺牲阳极保护中，必须保证牺牲阳极金属与被保护金属绝缘。考虑到改善分散能力和电场的均匀分布，应采用多阳极和在阴极表面加涂屏蔽层，其屏蔽能力和牺牲阳极的位置根据具体设备结构而定。在地下管道保护中，还应特别注意不能将牺牲阳极直接埋在土壤中，而需与导电性较好的填包料一起埋在土壤中[图 6-7(b)]，从而降低电阻率、增加阳极电流输出、活化表面降低极化，并破坏腐蚀产物结痂的形成或生长。填包料能维持牺牲阳极上有较高的电流输出，并能保持相对稳定，它主要由石膏、膨润土、硫酸盐、粗食盐等混合而成。

实例3：当设备在气相环境中，金属表面没有电解质或存在不连续的电解质(如雨水、露水、海水飞溅等)，阳极与被保护设备无法构成导电回路。当在被保护金属表面涂覆一层固体电解质或半导体涂料，形成离子的传递通道[图 6-7(c)]。在涂料层外，再涂覆一层碳阳极，即牺牲电极。采用微参比电极，通过恒电位仪极化被保护金属、控制电势，并抑制腐蚀的进行。该系统的保护效果优异，电流分布均匀，很好地解决了牺牲阳极的分散问题。该法集成多种技术，构思巧妙，在某化纤厂实施的自主研发填补了我国在该领域的技术空白。

2. 阳极保护

1) 钝化

钝化是因阳极反应受阻而引起金属(或合金)的腐蚀速率显著降低的现象。钝化后金属所处的状态称为钝态,所具有的性质称为钝性。当将 Fe 放在稀 HNO_3 中，反应剧烈进行。若将 Fe 先放在浓 HNO_3 中再放入稀 HNO_3 中后，反应活性降低。因金属与氧化剂之间的化学作用而产生的钝化称为化学钝化，如钢制件的表面发黑(或称发蓝)。一些金属在空气中(或与溶解氧)形成一层氧化膜而被钝化，如 Al、Cr、Ti 等，它们被称为自钝化金属。在电化学中，以金属作为阳极，施加电流进行阳极极化并获得钝态的方法称为阳极钝化或电化学钝化。例如，将 18-8 不锈钢(指铬与镍的比例为 18：8 的不锈钢)进行阳极钝化后，它在稀硫酸中的腐蚀速率迅速减小。钝化形成的理论有成相膜理论和吸附理论两种。成相膜理论认为金属表面生成致密且覆盖良好的保护膜。它以独立相存在，将金属与环境(溶液)物理隔开，从而减小腐蚀速率。吸附理论则认为金属表面生成氧(或含氧粒子)吸附层导致阳极反应的活化能显著升高，腐蚀速率降低。后者只是认为钝化膜的存在是钝化的结果而不是起因。

如图 6-8 所示，钝化可通过阳极极化曲线来表示，分为四个区，即活性溶解区、钝化过渡区、钝化稳定区和过钝化区。在活性溶解区 AB 段，金属以低价离子形式溶解后形成水合离子，如 Fe^{2+}。当电压(电势)继续增加时，金属表面发生突变(如生成过渡氧化物 $Fe^{2+} + Fe^{3+}$)，开始钝化(B 点)，电流急剧减小，进入钝化过渡区(BC 段)。B 点所对应的电势和电流密度分别称为致钝电势($\varphi_{致钝}$)和致钝电流密度($j_{致钝}$)。在随后的钝化稳定区 CD 段，金属表面被耐腐蚀性好的氧化膜包覆(如 Fe 表面的 $\gamma\text{-}Fe_2O_3$)，此时金属以维钝电流密度($j_{维钝}$)的速率溶解。在过钝化区，可能发生钝化膜的进一步氧化形成可溶性物种而失去保护能力，也可能发生新的阳极氧化反应，如吸氧腐蚀中发生析氢腐蚀。此时，腐蚀电流密度随着电势的增加而迅速增大，腐蚀再次加剧。阳极保护的主要参数有致钝电流密度($j_{致钝}$)、维钝电流密度($j_{维钝}$)和钝化区电势范围 $\varphi_{致钝} \sim \varphi_{过钝}$。钝化特征是实现阳极保护的必要条件，$j_{致钝}$ 和 $j_{维钝}$ 小，以及 $\varphi_{致钝} \sim \varphi_{过钝}$ 范围宽是充分条件。$j_{致钝}$ 和 $j_{维钝}$ 越小越好，前者表明易致钝，后者表明致钝效果好。$\varphi_{致钝} \sim \varphi_{过钝}$ 的间隔越宽越好，表明维钝控制容易且稳定。在腐蚀体系中通过控制金属或者合金处于钝化区的电势范围内，利用其钝性来达到防腐的目的。阳极保护的优点是效果特别好且经济。相对阴极保护，其缺点是技术难度高，需专人严格操作控制保护参数。若保护电压过大进入过钝化区，阳极将被活化而迅速溶解腐蚀，导致设备穿漏。

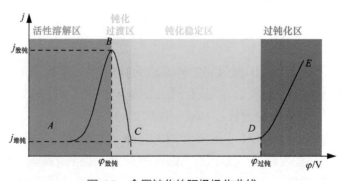

图 6-8　金属钝化的阳极极化曲线

2）阳极保护应用实例

某硫酸车间的不锈钢浓硫酸冷却器采用阳极保护法[图 6-7(d)]。将冷却器与极化电源的正极相连，控制阳极极化电势使其处于钝化稳定区，实现阳极保护。在实际生产中，单纯阳极保护存在致钝电流大的问题。当被保护的设备很大，保护面积增加，则需更大的整流器，投资费用也随之增加。在生产过程中，由于液面波动或断电，会引起该设备整体被活化。此后，再进行致钝就比较困难。因此，阳极保护也需与其他保护策略联合应用。例如，阳极保护与涂料联合防腐中，仅需要对涂料未覆盖的地方或缺陷处进行钝化保护。此时，致钝的保护电流显著降低。在节约成本的同时，降低了设备活化后再致钝的难度。

6.3　电化学有机合成

电化学有机合成(organic electrosynthesis)是通过电化学的方法合成有机化合物的技术[42]。在"电极 | 溶液"界面上，有机分子或催化剂发生电荷传递(氧化或还原过程)，旧化学键断裂和新化学键形成，实现电能与化学能的相互转化。与化学合成相比，电化学合成是一种绿色合成技术，优势如下：①避免使用有毒(或危险)的氧化剂和还原剂；②反应体系主要涉及电解质、原料和产物，无需额外引入其他物质，对环境污染小；③产物易与电解质分离，便于纯化；④反应在常温常压下进行，对设备的要求较低；⑤通过控制电解电压实现目标产物的高选择性合成；⑥反应速率可通过电流来调节，也可随时启动和终止反应；⑦合成机理有别于传统热催化，电化学合成可缩短工艺，降低成本。

电化学有机合成的历史可追溯到 19 世纪初期，雷诺尔德(Rheinold)和欧曼(Erman)在电解醇的稀溶液时，发现"电"是一种强的氧化剂和还原剂。随后，葛罗托斯(Grutthus)在 1904 年电解靛白时在电极上得到蓝色的沉淀物(后被确认为靛蓝)。此外，吕德斯道夫(Ludersdoff)和法拉第分别于 1930 年和 1934 年在醇溶液电解和羧酸盐电解中做了详细的研究。关于羧酸盐的电解被命名为科尔贝反应，是因为德国化学家科尔贝(A. W. H. Kolbe，1818—1884)于 1845 年发现三氯甲基磺酸在铂阳极表面可完全分解，他对此进行了详细研究，发明了从一价脂肪族羧酸盐合成烃类的方法。科尔贝在法拉第的工作基础上，创立了电化学有机合成的基本理论。系统的电化学有机合成理论建立于 1898年。此外，哈布尔(Haber，1868—1934)在硝基苯多步还原的研究基础上提出了控制电压的概念。随着电子工业的崛起，关于

科尔贝

电化学有机合成的动力学研究更加深入。相比而言，电化学有机合成的工业化进程较慢。20世纪60年代中期，美国孟山都(Monsanto)公司建成世界上首套工业化电化学有机合成装置，用于丙烯腈还原二聚合成己二腈(年产2万吨)。随后，美国纳尔科(NALCO)化学公司实现了电化学合成四乙基铅的工业生产。这两项成功案例成为现代电化学有机合成的开端。

6.3.1　电化学有机合成的反应

1. 电化学氧化

电化学氧化反应主要涉及C=C键和芳香族化合物的氧化以及与羧基的相关反应等。

在C=C键的环氧化反应中，阳极发生烯烃的氧化得到中间产物，再在阴极还原得到环氧丙基，如德国赫司特(Höchst)公司开发的六氟环氧丙烷电环化反应(图6-9)。

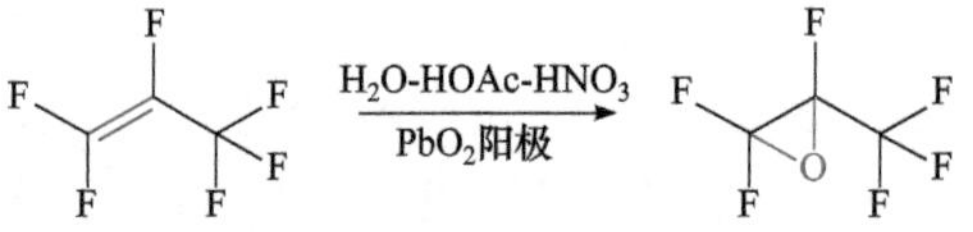

图6-9　双键的环氧化反应

芳香族化合物的氧化有阳极卤化反应，涵盖氟化、氯化、溴化和碘化反应。美国杜邦(Dupont)公司在Pt阳极上NH_4I水溶液中，以苯胺为原料进行电碘化反应得到4-碘苯胺[图6-10(a)]。

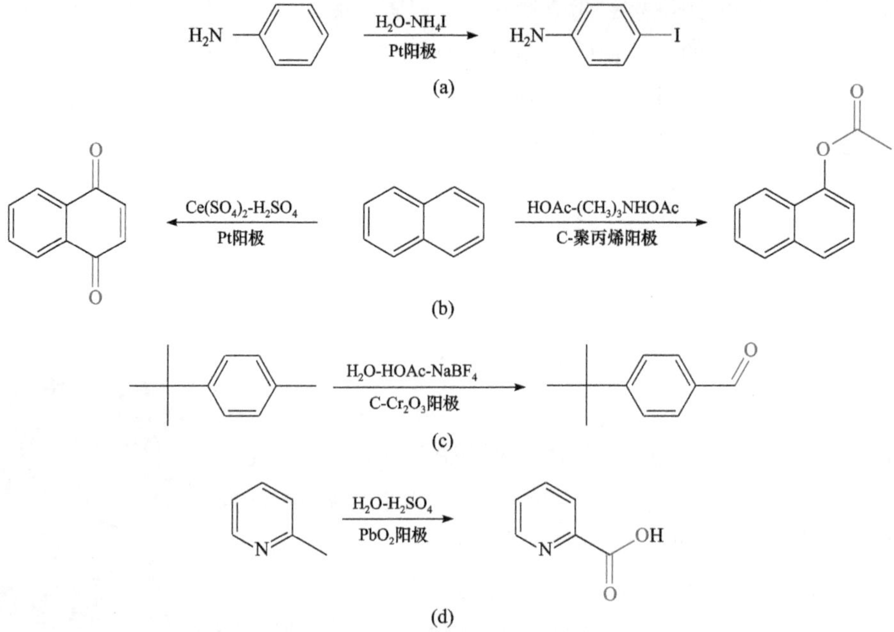

(a)

(b)

(c)

(d)

图6-10　芳香族化合物的氧化

　　芳香族化合物在阳极发生的反应主要涉及苯环的氧化和侧链的氧化。苯环的氧化可得到醌类化合物[图 6-10(b)][43]。此外，在萘环上还可以发生酰氧基化反应，如德国巴斯夫(BASF)公司开发的乙酸萘酯。类似的还有杂环化合物呋喃的甲氧基化反应[44-45]。

　　对于苯环侧链氧化，主要发生在 α-碳上，其产物可以为醇(酯)、醛(缩醛)或羧酸，如巴斯夫公司开发的对叔丁基甲苯氧化生产对叔丁基苯甲醛[图 6-10(c)][46]。侧链碳到羧基的电化学氧化的经典案例是美国莱利(Reily)公司开发的 2-甲基吡啶在 PbO_2 阳极上硫酸电解质中氧化得到吡啶-2-甲酸[图 6-10(d)]，以及合成雷米封(异烟肼)的重要中间体——吡啶-4-甲酸(异烟酸)[47]。

　　电化学氧化制备羧酸的底物可为醛或者醇类化合物。例如，葡萄糖酸钙的制备就是在石墨电极板上氧化葡萄糖中的醛基得到葡萄糖酸[图 6-11(a)][48]。以醇为底物合成羧基的经典案例是罗氏(Rohe)制药有限公司以二丙酮-L-山梨糖为原料合成二丙酮-2-酮古洛糖酸[图 6-11(b)][49]。

　　氧化脱羧科尔贝反应的底物是羧酸盐，在阳极氧化生成羧酸自由基，再脱去 CO_2 得到 R· 自由基(即 $RCOO^- \longrightarrow RCOO \cdot + e^-$; $RCOO \cdot \longrightarrow R \cdot + CO_2$)。因电解条件的差异可能生成两种高活性的中间体(即 R· 和 R^+)，继而得到不同的产物。例如，己二酸单甲酯钾盐氧化脱羧得癸二酸二甲酯。若两种羧基盐在阳极发生脱羧反应，则有三种产物，且很难控制选择性。

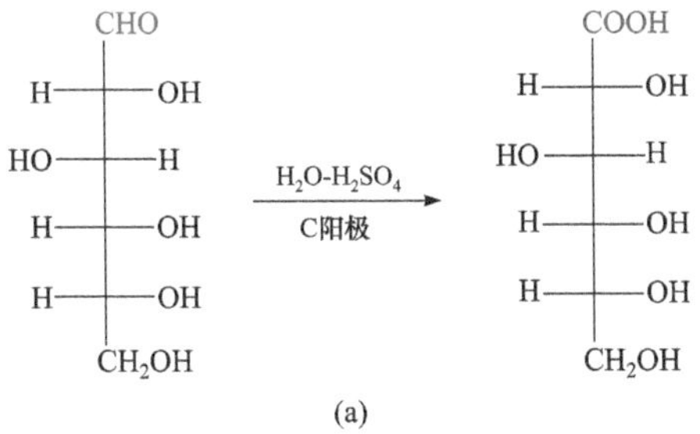

(a)

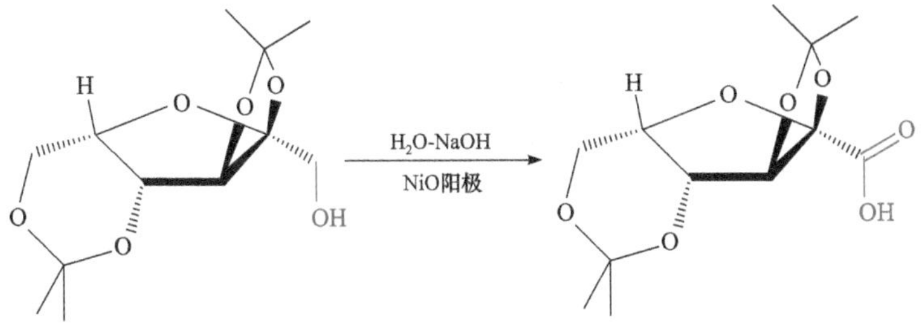

(b)

图 6-11　葡萄糖酸的制备(a)和二丙酮-L-山梨糖氧化制备二丙酮-2-酮古洛糖酸(b)

2. 电化学还原

电化学还原反应主要涉及 C=C、C=O、C≡N 和 C—NO$_2$ 的还原。

当 C=C 与吸电子基团相连时，双键上的电子云密度低，易接受一个电子得到阴离子自由基，继而根据情况发生二聚或亲核加成。美国孟山都公司的丙烯腈还原二聚生产己二腈是一个经典的案例[图 6-12(a)][50]。反应首先得到[CH$_2$=CHCN]$^{\cdot-}$，随后发生二聚和质子传递得到己二腈。对于芳香族化合物，苯环上双键可加氢得到 1,4-二氢或 1,2-二氢化合物。例如，巴斯夫公司开发的邻苯二甲酸两电子还原制备 1,2-二氢邻苯二甲酸[图 6-12(b)][51]。

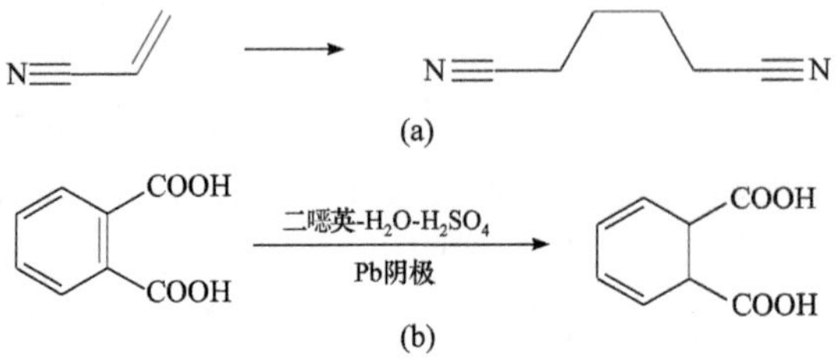

图 6-12　C=C 的还原

羰基化合物醛、酮可在阴极上还原得到醇，如山梨醇的合成。在还原过程中还会发生 C—C 偶联，得到频哪醇[图 6-13(a)][52]。羧基化合物的电还原产物主要为醇或醛，研究较多的是草酸还原成乙醛酸或乙醇酸[图 6-13(b)][53]。少量胺或铵盐存在可使该反应的选择性和法拉第电流效率均能达到 90%。羧酸酯在阴极的电还原产物有醇或醚。酰胺的还原产物有醇或胺。

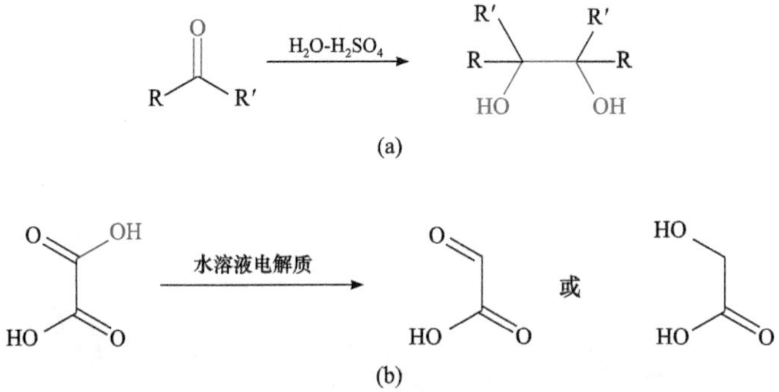

图 6-13　羰基化合物的还原

在电还原过程中，含氮官能团主要转化为氨基。肟、亚胺、腈基的主要还原产物均为胺。例如，丙烯腈在磷酸-磷酸盐水溶液电解质中电还原得到烯丙基胺[图 6-14(a)][54]。芳香族硝基化合物的还原经历多步还原过程，可被还原为氨基、

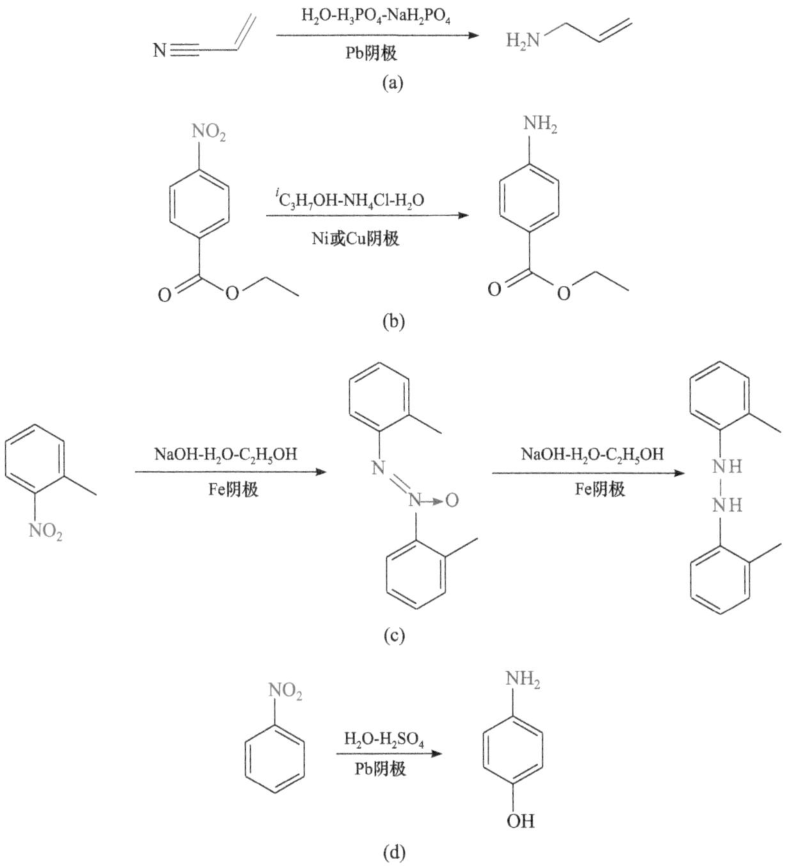

图 6-14　含氮官能团的还原

羟胺、偶氮、氧化偶氮基团等。当反应在酸性或中性电解质中进行时，产物主要
是胺类化合物，如对硝基苯甲酸乙酯还原制备苯佐卡因[图 6-14(b)][55]。在碱性条
件下，硝基化合物电还原涉及 N-N 偶联。邻硝基甲苯在铁电极上 NaOH-乙醇水溶
液中还原得氧化偶氮化合物，深度还原得二氢偶氮化合物[图 6-14(c)][56]。硝基化
合物的还原除得到氨基外，还可在苯环上引入羟基等基团，其中最著名的反应是
硝基苯电还原一步制备对氨基苯酚[图 6-14(d)][57-58]。相较于氨基苯酚化学法合成
(即从对硝基氯苯开始经水解、酸化和还原)，电化学法的步骤少、成本低。

3. 电化学合成聚合物

电化学法可应用于高分子的合成。电化学聚合是指在阴极或阳极上进行聚合
反应的过程中涉及电化学步骤。它是一个多相聚合反应，包含电化学和化学步骤
的复杂动力学过程，包括链的引发、链的增长和链的终止三个阶段。根据产生引

发物质的电极过程，可以将其分为阴极聚合反应和阳极聚合反应。若根据链增长的历程划分，可将其分为电化学加成聚合和电化学缩合聚合。常见的聚合反应有电氧化聚合制聚苯胺和聚噻吩。

4. 电化学合成金属有机化合物

除发生 C—C、C—N、C—O、C—X(卤素)等化学键的形成和断裂外，电化学法还可促进 C—M(金属)键的形成。金属有机化合物的合成是一项复杂的工作。在德国化学家齐格勒(K. K. Ziegler，1898—1973)采用电解法合成烷基铝和烷基铅之后，电化学合成金属有机化合物技术迅速发展。由美国纳尔科化学公司开发的四乙基铅电化学合成技术是该领域的首个工业范例。大多数金属有机化合物的电化学合成是在金属电极上按自由基机理进行。在阴极上，烷基阳离子 R^+ 还原得到自由基 $R\cdot$，再与阴极金属反应得到金属有机化合物 (RM)。在阳极上，金属有机化合物前驱体(RM′)解离形成 M^+ 和 R^-。后者在阳极氧化得自由基 $R\cdot$，再与阳极金属反应得 RM。

齐格勒

6.3.2 电化学有机合成的技术

1. 成对电合成

电化学过程中，阳极的氧化反应和阴极的还原反应都是成对出现的。通常，我们只关注在"工作电极"上原料氧化或还原得到高附加值产品，忽视另一半电极反应。若在同一个体系中，将高附加值的氧化反应与高附加值的还原反应进行耦合，既在阳极获得目标氧化产物，又在阴极得到目标还原产物。这种一"电"双雕的效果称为成对电合成，其理论法拉第电流效率可达 200%。成对电合成根据反应物和产物的关系可大致分为四类(图 6-15)。

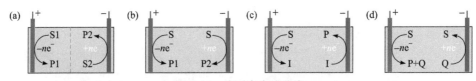

图 6-15　成对电合成分类

(1) 两种反应物 S1 和 S2 分别在阳极和阴极发生氧化和还原反应得到产物 P1 和 P2。

(2) 同种反应物 S 在阳极氧化生成产物 P1，在阴极还原生成产物 P2。

(3) 反应物 S 在某一电极(如阳极)反应生成中间产物 I，I 在另一个电极上(如阴极)继续发生反应得到产物 P。

(4) 反应物 S 在某电极(如阳极)上发生反应得到主产物 P 和副产物 Q，而 Q 再在另一个电极(如阴极)上继续发生反应回到 S，净产出为主产物 P。

目前，成对电合成在工业生产中的实例不多，有待更深入的研究和开发。

2. 间接电合成

电化学有机合成不局限于电极表面的反应。因传质扩散、溶解度、产物不易从电极表面脱离和导致电极污染等问题，某些在电极表面的反应很难达到满意的效果。还有的反应不能直接在电极表面进行，需要选择某种氧化还原电对作为"媒介"。如图 6-16 所示，这些媒介物种先在电极表面发生氧化(或还原)反应，再扩散到溶液中与有机反应底物发生氧化(或还原)反应。同时，还原(或氧化)的"媒介"再扩散到电极表面发生氧化(或还原)反应得以再生。它们在催化过程中，扮演"电子载体"的角色，如 Ce^{4+}/Ce^{3+}、Cr^{6+}/Cr^{3+}、Mn^{3+}/Mn^{2+}、$[Fe(CN)_6]^{3-}/[Fe(CN)_6]^{4-}$、$Br_2/Br^-$、$IO_x^-/I_2$、$(p\text{-}Br\text{-}C_6H_5)_3N^{\cdot+}/(p\text{-}Br\text{-}C_6H_5)_3N$、TEMPO (2,2,6,6-四甲基哌啶氧化物)等。

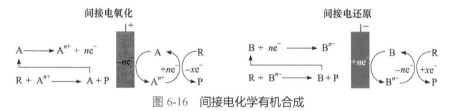

图 6-16　间接电化学有机合成

6.4　电催化和光电催化基础

6.4.1　电催化基础

1. 电催化和电催化剂

电化学催化(简称电催化)是电化学和催化化学的交叉方向，研究电极表面的催化作用[59-60]，关注"电极∣溶液"界面上，反应物、产物和中间物种的吸附活化与转化。在电催化中，电极表面的催化剂作为电荷传递的媒介物质，促进底物的电子传递(图 6-17)。促进性能与该催化材料的电化学性质、化学性质和物理性质密切相关。催化材料的选择和优化应考虑以下几点：

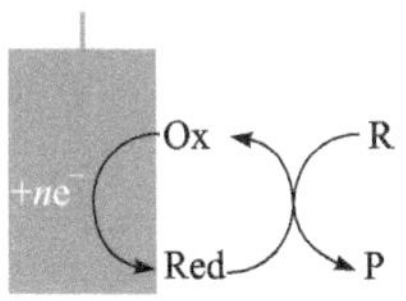

图 6-17　氧化还原电
催化示意图

(1) 催化材料的电极电势与反应物的电极电势相近，且不受溶液 pH 的影响；

(2) 表现为可逆电极反应的动力学特征，氧化态和还原态均能较稳定地存在；

(3) 可与催化反应底物之间发生快速的电子传递；

(4) 活性催化中心能稳定存在于电极表面，且对氧气惰性。

电极反应的催化作用可在电极表面的活性中心进行(即非均相催化)，也可基于溶解于电解液中的氧化还原物种来进行反应(即均相催化)。在均相催化中，催化剂在电极表面发生氧化还原反应后又进入溶液与反应底物发生作用。相较于均相催化，非均相催化的优势在于：①氧化还原反应在催化剂表面进行，通常只涉及简单的电子转移；②在"电极|溶液"界面处催化活性中心的"浓度"高，对反应的促进效率高；③不存在产物与催化剂的分离问题。然而某些情况下，均相电催化性能更优越，如手性选择性的控制等。总之，电催化作用是通过催化剂表面活性物种或修饰物种来降低超电势、加快反应和提升选择性。

影响电催化性能的因素众多，其中催化剂的选择至关重要，通常需考虑催化剂的导电性、活性和稳定性。为电子传递提供"通道"和避免在电极表面出现严重的电压降。电催化剂的导电性能不宜太差，且电阻越小越好。有时，可通过引入石墨粉、银粉等导电材料来提升催化剂的导电性能。其高催化活性是指实现催化反应和抑制有害副反应。稳定性问题是实际应用的重点，关系到生产成本和稳定运行。应考虑催化剂对反应中的杂质、中间产物和副产物的耐受能力。此外，在催化反应的电压范围内，催化剂表面不因电化学反应而"过早"失去活性。

2. 电极过程

电极反应是一个非均相的氧化还原过程，电极表面是底物发生化学转化的"场所"，其特殊性在于电极表面存在双电层和表面电场。电催化剂表面上的电场强度和方向可根据需求在一定的范围内进行调变(包括连续变化和阶跃变化等)，从而有效地调控电极反应的活化能和反应速率。在此，电极反应动力学的影响规律大致包括影响非均相催化的一般规律和电极表面电场对反应速率的影响。前者包括传质扩散动力学、表面吸附活化和新相形成动力学等；后者是电极反应的特殊规律，如电极电势对反应的影响等。两种规律独立存在的同时也相互影响。例如，电极上电势的改变会影响电极的表面状态，以及相关的吸附和活化物种。此外，电极表面性质的变化也会影响"电极|溶液"界面的电场分布情况，以及催化反应在该电极上的超电势等。通常，电极反应由以下步骤串联组成(图 6-18)。

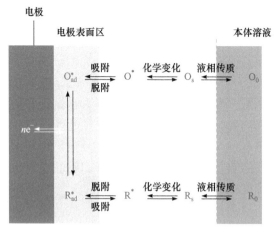

图 6-18　电极反应的基本历程

(1) 液相传质步骤(反应物从溶液本体向电极表面传质)。

(2) "前置的"表面转化步骤(反应物在电极附近进行"反应前的转化",如化学反应)。

(3) 电化学步骤(反应物在电极表面得失电子向生成物方向转化)。

(4) "随后的"表面转化步骤(生成物在电极附近进行"反应后的转化")。

(5) 液相传质步骤(生成物从电极表面向溶液本体传质)或生成新相(如气相或固相沉积层)。

(6) "电极 | 溶液"上双电层的充电步骤(发生在双电层两侧)。

(7) 导电过程(溶液中离子的电迁移或电子导体的电子传导)。

任何一个电极过程都包括(1)、(3)和(5)三个步骤。在一些电催化反应中会涉及(2)和(4),或其中之一。除了反应物参与的过程,还包括与电荷相关的过程(6)和(7)。

6.4.2　光电催化基础

1. 光催化基本原理

IUPAC 将光催化定义为由光吸收而产生的催化反应[61-62]。它将自然界最丰富的太阳能转化为电能或化学能。在吸收光子后,催化剂表面发生电子和空穴的分离,以及与氧化型物质和还原型物质相互作用的电化学过程。它的两个必备要素是光能和光催化剂。光能的作用包括启动化学反应和维持反应的进行。光催化剂主要是半导体材料(电导率为 $10^{-10} \sim 10^4 \, S \cdot cm^{-1}$),其种类众多,以金属氧化物和硫化物居多,如 TiO_2、CdS 等。半导体的能带结构有导带、价带和介于其中的禁带。它的临界吸收波长 λ_g(nm)由其禁带宽度 E_g(eV)决定:

$$\lambda_g = 1240/E_g \tag{6-2}$$

当半导体吸收光子的能量大于或等于 E_g 时，价带电子越过禁带向其导带跃迁，形成价带空穴 h^+ 与导带电子 e^- 分离的现象。它们分别称为光生空穴和光生电子，合称为光生载流子。光生电子与空穴处于激发态，能量较高。在库仑力相互作用下，光生电子和空穴会发生复合，放出能量。该过程可视为催化剂表面形成了短路的原电池[图 6-19(a)]。事实上，空穴具有氧化性，而电子具有强还原性。除复合外，光生载流子可与吸附在半导体表面的反应物相互作用[图 6-19(b)]，即光生电子参与还原反应和空穴参与氧化反应。该过程能有效利用太阳能并促进物质的转化，但在实际过程中主要发生光生载流子的复合。如何促进光生载流子的生成并减少其复合，促进光能向化学能转化是该领域的研究重点和难点。

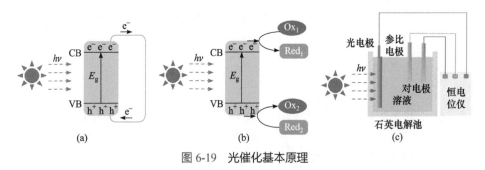

图 6-19　光催化基本原理

2. 光电催化

光电催化是光催化与电化学的结合技术，同时具备光催化和电催化的特点。它是在光照条件下在"电极 | 溶液"进行的催化过程，其原理与光催化一致。其特点是，在光电极系统上施加一个电场(偏压)强制光生空穴与光生电子分离。在外加电场(偏压)的作用下，光生电子(或光生空穴)向对电极方向运动，这样能有效地避免光生电子与光生空穴的简单复合，延长它们的寿命，提高催化效率。光电催化的电极系统分为两电极和三电极系统。如图 6-19(c)所示，三电极系统以饱和甘汞电极或氯化银电极等为参比电极。该体系只研究光电极的行为，忽略对电极的极化，所测定的效率仅是光电极的。在两电极系统中，对电极的极化作用不能被忽略，因此需选择极化小的电极(如 Pt 电极)。在光电催化体系中，光电极是主要研究对象，其常见制备工艺有三种：粉末负载、薄膜负载、电化学法。影响光电催化体系性能的因素众多，如光催化剂本身的性质、溶液的 pH、牺牲剂的使用、反应气氛，以及光电催化过程中外加电压和外加电流等。

无论是光催化还是光电催化，都希望将取之不尽用之不竭的太阳能高效地转化为电能或化学能，这也是目前研究的热点科学问题。自日本化学家藤岛昭(A. Fujishima，1942—)于 1972 年首次报道 TiO_2 光解水以来[63]，光催化和光电催化迅猛发展。在目前"碳达峰"和"碳中和"的指导思想下，其未来发展不可限量。例如，中国科学院大连化学物理研究所李灿等提出"液态阳光"项目。2020 年 10 月 15 日，由中国科学院大连化学物理研究所、兰州新区石化产业投资学集团有限公司和华陆工程科技有限责任公司联合开发的千吨级液态太阳燃料("液态阳光")合成示范项目成功运行。此外，光催化和光电催化在水污染治理方面、室内空气净化等方面也有良好应用。

历史事件回顾

3　电解水析氢反应的原理、测试和性能评价

　　工业革命以来，化石能源(煤、石油和天然气)的广泛利用驱动人类社会高速发展。然而，其不可再生性引起的能源危机日益凸显。它的非清洁使用引发环境污染(如酸雨、雾霾等)。故开发新型清洁可再生的能源储存与转换系统是未来经济模式中的重要内容(如氢能)[64-66]。2006 年国际氢能科学家在《百年备忘录》中指出："21 世纪初叶人类正面临的两大危机，一是人为因素导致的气候变化是真实存在的，至 21 世纪末，气温的升高将会呈现一个相当大的幅度，并将给人类、动植物以及人类文化遗产带来灾难性的后果。二是传统化石能源或核能源燃料被少数几个国家垄断的情况正不断加剧，这不利于大多数国家利用能源。解决上述问题的方案颇多，但是氢能是最佳方案，它将为人类提供足够的清洁能源。"

　　电解水是有前景的绿色制氢路线。风能、太阳能等可再生能源可为其提供电能[67-68]。由于能耗高，电解法在工业制氢中仅占 3%～5%。该技术的关键是开发高活性、廉价的催化剂，以最大限度地提高电解水效率，降低成本[69-70]。目前，基于 Pt、Ir 和 Ru 等贵金属的材料可极大地降低电化学过程的能垒并加速电化学反应速率[71]。然而，贵金属的稀缺性和高成本限制了其大规模应用[72]，因此迫切需要开发低含量贵金属或非贵金属催化剂[73]。

一、析氢反应的基本原理

　　析氢反应(HER)可在酸性、中性和碱性电解液中进行，即质子得电子

$2H^+(aq) + 2e^- \longrightarrow H_2(g)$。它涉及多步基元反应。塔费尔斜率可从理论上揭示析氢反应机理。酸性介质中，在催化剂表面，一个电子与质子形成吸附态的氢原子中间体，即福尔默(Volmer)反应[(式(6-3)][74]。

$$H^+ + e^- \longrightarrow H_{ads} \qquad 塔费尔斜率：b_{1v} = \frac{2.303RT}{\alpha F} \qquad (6\text{-}3)$$

生成氢气的途径有两条。一条途径是吸附态的氢原子中间体与另一电子和质子结合形成 H_2 分子的电化学解吸过程，即海洛夫斯基(Heyrovsky)反应：

$$H^+ + e^- + H_{ads} \longrightarrow \frac{1}{2}H_2 \qquad 塔费尔斜率：b_{2v} = \frac{2.303RT}{(1+\alpha)F} \qquad (6\text{-}4)$$

另一条途径是两个吸附态的氢原子中间体结合生成氢气的电化学解吸过程，即塔费尔反应：

$$H_{ads} + H_{ads} \longrightarrow \frac{1}{2}H_2 \qquad 塔费尔斜率：b_{3v} = \frac{2.303RT}{2F} \qquad (6\text{-}5)$$

每一个基元反应对应着相应的塔费尔斜率。当塔费尔斜率为 30 mV·dec^{-1}、40 mV·dec^{-1} 或 120 mV·dec^{-1} 时，则分别表明塔费尔反应、海洛夫斯基反应或福尔默反应为析氢控速步骤。通过测试反应体系的塔费尔斜率，就可以判断控速步骤和反应机理。

二、析氢反应的构筑

(一) 三电极体系

在实际电化学测试时，常采用三电极系统，即工作电极、参比电极和对电极(又称为辅助电极)。工作电极和对电极构成回路，相当于电解池中的阴、阳极。参比电极作为测量基准，可获得施加在工作电极上的电压。电极的选择标准参见第 3 章，此处不再赘述。

(二) 析氢反应装置

1) 电解池

电解池的种类较多，按照电解池中的工作电极和对电极是否隔开，可将电解池分为单室电解池[图 6-20(a)、(b)]和双室电解池[图 6-20(c)]。图 6-20(b)的单室电解池可搭配旋转圆盘电极使用。图 6-20(c)中，工作电极通过玻璃砂芯或离子交换膜与对电极隔开，它能有效防止对电极的产物对工作电极产生影响。玻璃材料电解池适用于大多数酸性和中性水溶液，浓碱水溶液体系宜采用聚四氟乙烯电解池。

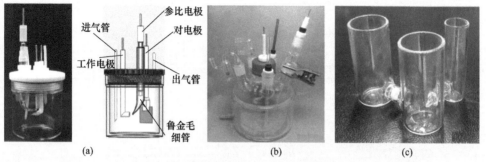

图 6-20 常见电化学测试的电解池：(a)、(b)单室电解池；(c)双室电解池

2) 电解池的通气装置

若电化学测量需惰性气体保护，电解池可装配进出气通道。在电解池底部接有烧结玻璃进气管，可将保护气体分散成小气泡。为防止空气进入，出气口有水封。此外，实验过程中也可在溶液上方通气，在起保护作用的同时防止气体干扰实验。

3) 隔膜

在双室电解池中，常用多孔玻璃砂芯隔开两室。它能在获得均匀电流分布的同时，减少对电极产物对工作电极性能的影响，但它在一定程度上增加了溶液电阻。此外，还可选择离子交换膜，如酸性体系采用阳离子交换膜，碱性体系采用阴离子交换膜。

4) 盐桥

盐桥有两个作用：减小液接电势和防止(或减少)工作电极与参比电极间溶液的相互污染。盐桥一般用琼脂(U 形)固定，常采用 KCl(也可用 KNO_3)电解质，并在该电解质中保存。

5) 支持电解质

为减小电活性物质在电场中迁移，应加入高浓度的惰性电解质，即支持电解质。它包括无机盐、有机盐、酸、碱或缓冲溶液等，浓度至少是电活性物质浓度的 100 倍。图 6-21 给出了常用的水和非水溶液中支持电解质的电势窗口(potential window)。支持电解质在实验所使用的电势范围内是惰性的，不能与电极或电极反应产物发生反应。在进行电化学测试前，必须确定电势窗口，以防止其干扰电化学测量或损坏电极。

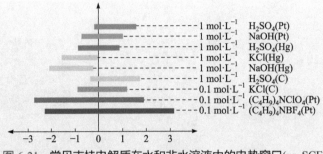

图 6-21　常见支持电解质在水和非水溶液中的电势窗口(*vs.* SCE)

6) 鲁金毛细管

由于电极间溶液电阻的存在，当有电流时便产生电压降，尤其是电阻较高的溶液或电流较大时。如图 6-20(a)所示，为了减少溶液电阻对电势测量的影响，可将参比电极玻璃管拉成毛细管，即鲁金毛细管。它的尖嘴应尽量靠近工作电极，以减少欧姆电压降，但它对电极表面有明显的屏蔽作用，影响电流分布。通常，毛细管尖嘴与工作电极的距离不小于它的外径。

三、电解水体系的测试和性能评价

(一) 催化电流测定

催化电流的测定与氧化还原电势测定方法相同，常采用线性扫描伏安法(linear sweep voltammetry，LSV)和循环伏安法(cyclic voltammetry，CV)[75-76]。

在 LSV 中，工作电极的电势随时间线性变化。当有反应发生时，得到图 6-22(a)的峰形极化曲线(电流-电势曲线)。当工作电极电势线性变化达到待测物的还原电势时，开始有电流且随电势变化继续增大(反应加速)。与此同时，电极表面的待测物浓度随时间而降低，扩散层厚度随之增大。这使电流随时间而降低，总的结果是产生一个峰形的电流。峰电流 i_p 与溶液中待测物的浓度成正比。峰电势 φ_p 不随浓度而变化，可做定性依据。在可逆过程中，峰电流和峰电势分别符合式(6-6)和式(6-7)，式(6-6)为兰德尔斯-塞维奇(Randles-Sevcik)方程。

$$i_p = 2.68 \times 10^5 n^{3/2} AD^{1/2} \upsilon^{1/2} C^* \tag{6-6}$$

$$\varphi_p = \varphi_{1/2} \pm \frac{1.1RT}{nF} \tag{6-7}$$

CV 是给工作电极施加一个三角波电压[图 6-22(b)]，从起始电压 φ_i 线性变化到终止电压 φ_i'，然后再线性变化回到起始电压 φ_i，完成了一个循环。如果 φ_i' 小于 φ_i，则先进行还原反应，再进行氧化反应，即得到 CV 图。若有需要，可进行连续循环扫描。从 CV 图中，可获得阴极峰电流 i_{pc} 和阳极峰电流 i_{pa}，以及阴极峰电势 φ_{pc} 和阳极峰电势 φ_{pa} 等重要参数。其中，测量峰电流需从背景电流线作为起始值而非零电流线。对于可逆电极过程，峰电流符合兰德尔斯-塞维奇方程，且两峰电流之比约等于 1。峰电势差 $E_p = \varphi_{pa} - \varphi_{pc} \approx 59/z$。单电子过程的 E_p 为 55～65 V，可逆电极过程的 $E_p = 1/2(\varphi_{pa} - \varphi_{pc})$，与扫描速度无关。CV 可用于电极反应的性质、机理和电极过程动力学参数的研究，也可用于定量确定反应物浓度、电极表面吸附物的覆盖度、电极活性面积，以及电极反应速率常数、交换电流密度、反应的传递系数等动力学参数。

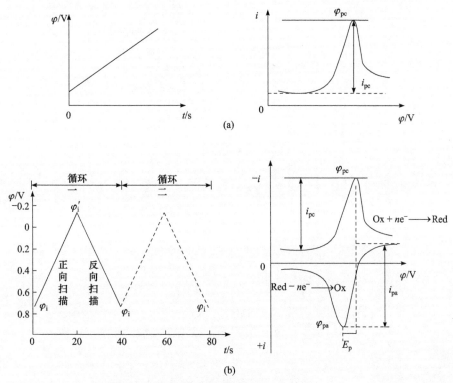

图 6-22　(a) 线性扫描伏安法；(b) 循环伏安法

(二) 超电势和起峰电势

实际测试中因溶液电阻、电解体系的线路和仪器内电阻的存在，需对测得的电势-电流密度图进行欧姆电势降 iR 补偿，即 $E_{实际} - iR = E_{理论} + \eta$（$i$ 为电解电流，R 为体系内电阻）。在评价催化剂性能中，起峰电势(onset potential)是催化电流起始时的电势[47]。起峰电势也可定义为以催化电流为切线与横轴的交点。习惯上，将电流密度为 10 mA·cm⁻² 对应的超电势作为评价电催化剂的基准。在 HER 实验中，LSV 曲线上的起峰电势越低越好[图 6-23(a)][77]。

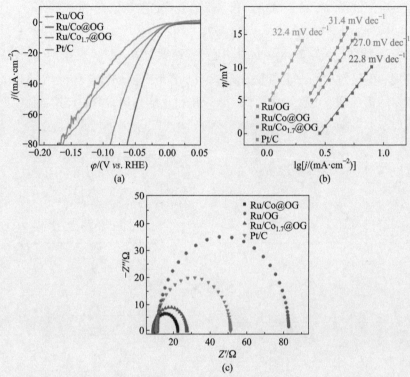

图 6-23　RuCo/氧掺杂石墨烯催化剂的 LSV 曲线(a)、塔费尔斜率(b)和奈奎斯特图(c)[77]

(三) 塔费尔斜率和交换电流密度

1905 年，德国化学家塔费尔(J. Tafel，1862—1918)提出了著名的电流密度与超电势之间半对数经验的塔费尔公式：

$$\eta = a + b \lg |j| \tag{6-8}$$

式中，a 为塔费尔常数；b 为塔费尔斜率。它们的大小与电极材料的性质、电极表面状态、溶液组成和温度等因素有关。

塔费尔

将电流密度的对数与超电势作图，得到一条直线(即塔费尔曲线)，它表示为了达到一定的电流需要改变电极电势的程度。塔费尔曲线有明确定义的化学计量关系，通过它可对简单的电子传递过程进行分析，利用其线性部分来计算电化学过程中传递的电子数量，并通过线性部分延长在 $\eta = 0$ 处的点得到交换电流密度 j，即电催化剂在平衡电势下的固有活性。它直观地判别电催化剂活性，即斜率越小，交换电流密度越大，活性越好，如图 6-23(b)所示。塔费尔斜率在分析 HER 中的应用非常广泛，对于确定反应控速步骤具有重要的价值，参见 HER 机理。

(四) 电化学阻抗

电化学阻抗法(electrochemical impedance spectroscopy，EIS)是用小幅度交流信号去扰动电极，研究体系在稳态时对扰动的反应情况。EIS 通过在很宽频率范围内的阻抗图谱来研究电极体系，可以检测电极反应的方式(如电极反应的控速步骤是电荷转移还是物质扩散，或是化学反应)，测定扩散系数及转移电子数等有关反应的参数，推测电极的界面结构，以及界面反应过程的机理，因而能得到比其他常规电化学方法更多的动力学和有关界面结构的信息。电化学阻抗法测量所得的图称为奈奎斯特(Nyquist)图，它是由美国物理学家奈奎斯特(H. Nyquist，1889—1976)提出的。奈奎斯特图以阻抗的实部为横轴，虚部的负数为纵轴，图中的每个点代表不同的频率，左侧为高频区，右侧为低频区。在图中直接读出一些比较关键的物理量(如溶液电阻 R_Ω、电子转移阻抗 R_{ct})。在奈奎斯特图中，高频区的半圆与阻抗实部的交点为电解质阻值 R_Ω，而其直径为 R_{ct}。也就是说，半圆直径越小，电子转移阻抗越小，即越有利于电化学反应的发生，如图 6-23(c)所示。低频区直线的斜率与离子扩散系数呈线性关系，反映了离子传输阻抗：斜率越大，扩散系数越大。

(五) 电化学活性表面积

电极反应发生在"电极∣溶液"的界面上，界面的结构和性质对电极的过程影响很大[78]。电极过程包括法拉第过程和非法拉第过程。法拉第过程是指在电极表面发生氧化还原反应并且在"电极∣溶液"界面上有电子转移的过程，并遵循法拉第电解定律。该过程可在广阔的速率范围内以各种不同的速率进行。若该过程进行迅速，以至于物质的氧化态和还原态处于平衡状态，则反应为可逆过程，符合能斯特方程。非法拉第过程是指随电势变化，"电极∣溶液"界面上没有电荷转移，即由吸脱附过程和双电层的充放电引起电流的流动。在某电势时电极的充电过程中，单位面积的金属电极上带一定量的电荷，而紧靠电极溶液中出现等量的相反电荷，形成了双电层。若电势变得更正时，单位面积电极上电荷量变大，则会形成充电电流。它是一种瞬间电流，当新的电荷平衡建立以后，则电流消失，不发生氧化还原反应。

在 CV 测试时要选择没有发生氧化还原的电压范围，得到的 CV 曲线应是标准的类矩形。当电势扫描范围比较小时，双电层电容近似保持不变。在不同扫描速度下进行 CV 测试，用双电层电流对扫描速度作图所得直线的斜率就是双电层电容(C_{dl})。双电层电容和催化剂活性比表面积成正比，后者又与催化剂的催化性能成正比。因此，可用 C_{dl} 判断催化剂性能的优劣。

(六) 法拉第效率

法拉第效率(Faraday efficiency)是评价催化剂选择性的重要参数。它描述电化学反应系统中电荷的传递效率即催化剂利用电荷量与外部电路总电荷量的比值，其计算方法与正文中的电流效率相同。实际反应中氢气生成量的测试方法有两种：排水收集法和气相收集法。前者是将产生的气体通过向下排空法收集到有刻度的容器内。后者是利用气相色谱跟踪反应过程，比较每个时间间隔内实际产生氢气的量与理论计算气体量。法拉第效率越接近 100%，则说明电流利用率越高，体系副反应少，催化效率高。在获得产物产量的基础上还可进一步计算转化频率(turnover frequency，TOF)和选择性。

$$TOF = \frac{电极析出分子数目}{活性位点数目 \times 电解时间} \tag{6-9}$$

$$选择性 = \frac{目标产物的物质的量}{所有产物的物质的量之和} \times 100\% \tag{6-10}$$

(七) 稳定性

稳定性(stability)是评判催化剂能否应用于实际生产的重要参数。在电化学析氢体系中催化剂的稳定性测试的三种常用方法是连续循环伏安扫描法、恒电流法、恒电压法。连续循环伏安扫描法是在一定的电势范围内以较快的速度循环测试(循环圈数没有确定的标准)，通过对比循环伏安测试前后催化剂的线性扫描曲线评价催化剂的稳定性。恒电流法和恒电压法是在电流或电压恒定条件下，测试电压或电流在较长时间内的变化。

参 考 文 献

[1] Kötz E R, Stucki S. J Electroanal Chem, 1987, 228(1-2): 407-415.

[2] Christensen P A, Yonar T, Zakaria K. Ozone: Sci Eng, 2013, 35(3): 149-167.

[3] Balej J, Thumova M. Collect Czech Chem Commun, 1974, 39(12): 3409-3416.

[4] Hamann C H, Hamnett A, Vielstich W. Electrochemistry. Weinheim: Wiley-VCH, 2007.

[5] Feng J R, Johnson D C, Lowery S N, et al. J Electrochem Soc, 1994, 141(10): 2708-2711.

[6] Amadelli R, Armelao L, Velichenko A B, et al. Electrochim Acta, 1999, 45(4-5): 713-720.

[7]　Cheng S A, Chan K Y. Electrochem Solid State Lett, 2004, 7(3): D4-D6.

[8]　Wang Y H, Cheng S A, Chan K Y, et al. J Electrochem Soc, 2005, 152(11): D197-D200.

[9]　Christensen P A, Zakaria K, Curtis T P. Ozone: Sci Eng, 2012, 34(1): 49-56.

[10]　Nishiki Y, Kitaori N, Nakamuro K. Ozone: Sci Eng, 2011, 33(2): 114-120.

[11]　Da Silva L M, Franco D V, Forti J C, et al. J Appl Electrochem, 2006, 36(5): 523-530.

[12]　Da Silva L M, De Faria L A , Boodts J F C. Electrochim Acta, 2003, 48(6): 699-709.

[13]　袁振东, 李珊珊. 化学教育(中英文) , 2020, 41(21): 103-107.

[14]　周剑良, 程晓龙, 赵修良, 等. 科技导报, 2013, 31(23): 71-74.

[15]　中国化工安全卫生技术协会. 化工劳动保护, 1999, (12): 462-463.

[16]　蔡奇. 中国石油和化工经济分析, 2009, (10): 31-35.

[17]　李忠岐, 洪侃, 陈冬英, 等. 新疆有色金属, 2019, 42(5): 82-84.

[18]　王淼. 高纯钠制备电解装置的开发. 上海: 上海应用技术大学, 2015.

[19]　刘兴. 新疆有色金属, 2019, 42(4): 82-83.

[20]　王龙蛟, 罗洪杰, 王耀武, 等. 国有色冶金, 2014, 43(5): 48-52.

[21]　胡志方, 尹延西, 江洪林, 等. 矿冶, 2013, 22(2): 63-66 + 74.

[22]　陆庆桃, 梁琥琪, 黄良余. 上海金属(有色分册), 1990, (1): 1-7.

[23]　陆庆桃, 余仲兴, 万纪忠, 等. 上海金属(有色分册), 1992, (3): 1-5.

[24]　李梅, 柳召刚, 张晓伟, 等. 稀土现代冶金. 北京: 科学出版社, 2016.

[25]　Hall C M. US400664 (A), 1889-04-02.

[26]　Héroult P L T. CA29033 (A), 1888-04-28.

[27]　邹小勇, 彭清静, 吴贤文. 锌产业技术及应用. 北京: 化学工业出版社, 2019.

[28]　张晓瑜. 铜电解精炼过程中砷锑铋杂质分布及其脱除研究. 西安: 西安建筑科技大学, 2014.

[29]　李柱. 锡电解精炼新型电解液添加剂开发及应用研究. 赣州: 江西理工大学, 2018.

[30]　冯夙. 镓电解精炼工艺研究. 沈阳: 东北大学, 2017.

[31]　佘旭. 稀有金属, 2007, (6): 871-874.

[32]　Fergus J W. J Power Sources, 2010, 195(4): 939-954.

[33]　Kanoh H, Ooi K, Miyai Y, et al. Sep Purif Technol, 1993, 28(1/2/3): 643-651.

[34]　Pasta M, Battistel A, Mantla F L. Energy Environ Sci, 2012, 5(11): 9487-9491.

[35]　Zhao Z, Si X, Liang X, et al. Trans Nonferrous Met Soc China, 2013, 23(4): 1157-1164.

[36]　Zhao Z, Si X, Liu X, et al. Hydrometallurgy, 2013, 133: 75-83.

[37]　Pourbaix M. Atlas of Electrochemical Equilibrium in Aqueous Solutions. Brussels: Pergamon Press, 1966.

[38]　水流徹. 腐蚀电化学及其测量. 侯保荣, 译. 北京: 科学出版社, 2018.

[39]　Pedeferri P. Evans Diagrams//Corrosion Science and Engineering. Engineering Materials. Chambridge: Springer, 2018.

[40]　林玉珍. 金属腐蚀与防护简明读本. 北京: 化学工业出版社, 2019.

[41]　张宝宏, 丛文博, 杨萍. 金属电化学腐蚀与保护. 北京: 化学工业出版社, 2005.

[42]　马淳安. 有机电化学合成导论. 北京: 科学出版社, 2002.

[43]　Mayeda E A, Abrahamson D W. EP0075828(A1), 1983-04-06.

[44] Nedenskov P, Elming N, Nielsen J T, et al. Acta Chem Scand, 1995, 9: 17-22.

[45] Degner D, Nohe H, Hannebaum H. DE2710420(B1), 1978-08-24.

[46] Degner D, Siegel H. DE2855508(A1), 1980-07-10.

[47] 乔庆东, 于大勇, 梁红玉. 精细化工, 2000, (S1): 78-81.

[48] Pintauro P N, Johnson D K, Park K, et al. J Appl Electrochem,1984,14: 209-220.

[49] Robertson P M, Berg P, Reimann H, et al. J Electrochem Soc, 1983,130(3): 591.

[50] Baizer M M, Campbell C R, Fariss R H, et al. US3193480(A), 1965-07-06.

[51] Nohe H, Suter H. DE2158200(A1), 1973-05-30.

[52] Anibal J, Xu B. ACS Catal, 2020, 10(19): 11643-11653.

[53] Yang J, Cheng J, Tao J, et al. ACS Appl Nano Mater, 2019, 2(10): 6360-6367.

[54] БаутинЛ В, Маркова А M. SU521257(A2), 1976-07-15.

[55] Kirilyus I V, Andosov V V, Sukmanova T V. SU681051(A1), 1979-08-25.

[56] De Groot H, van den Heuvel E, Barendercht E, et al. DE3020846(A1), 1980-12-11.

[57] Miles Lab. GB856436, 1960-12-14.

[58] 马淳安, 苏为科, 王焕华. 浙江工学院学报, 1992, (1): 3-9.

[59] 孙世刚, 陈胜利. 电催化. 北京: 化学工业出版社, 2013

[60] 贾梦秋, 杨文胜. 应用电化学. 北京: 高等教育出版社, 2004.

[61] 刘守新, 刘鸿. 光催化及光电催化基础与应用. 北京: 化学工业出版社, 2005.

[62] Verhoeven J W. Pure & Appl Chem, 1996, 68: 2223-2286.

[63] Fujishima A, Honda K. Nature, 1972, 238(5358): 37-38.

[64] Service R F. Science, 2018, 361(6398): 120-123.

[65] Chu S, Cui Y, Liu N. Nature Mater, 2016, 16(1): 16-22.

[66] Zhu Y P, Guo C, Zheng Y, et al. Acc Chem Res, 2017, 50(4): 915-923.

[67] Jiao Y, Zheng Y, Jaroniec M, et al. Chem Soc Rev, 2015, 44 (8): 2060-2086.

[68] You B, Sun Y. Acc Chem Res, 2018, 51(7): 1571-1570.

[69] Liu Y, Xiao C, Huang P, et al. Chem, 2018, 4(6): 1263-1283.

[70] Wu Z P, Lu X F, Zang S Q, et al. Adv Funct Mater, 2020, 30(15): 1910274.

[71] Suen N T, Hung S F, Quan Q, et al. Chem Soc Rev, 2017, 46(2): 337-365.

[72] Chen C, Kang Y, Huo Z, et al. Science, 2014, 343(6177): 1339-1343.

[73] Xu H, Ci S, Ding Y, et al. J Mater Chem A, 2019, 7(14): 8006-8029.

[74] Wei J, Zhou M, Long A, et al. Nano-Micro Lett, 2018, 10: 4.

[75] 董绍俊, 滕秀娟. 分析仪器, 1984, (1): 1-9 + 11.

[76] 胡成国, 华雨彤. 大学化学, 2021, 36(4): 126-132.

[77] Su P, Pei W, Wang X, et al. Angew Chem Int Ed, 2021, 60(29): 16044-16050.

[78] Wei C, Sun S, Mandler D, et al. Chem Soc Rev, 2019, 48(9): 2518-2534.

练 习 题

第一类：学生自测练习题

1. 是非题(正确的在括号中填"√"，错误的填"×")

(1) 氧化数和化合价含义虽然不同，但可以混用。 （   ）

(2) Fe 可将 Cu^{2+} 还原为 Cu，Cu 又可将 Fe^{3+} 还原为 Fe^{2+}，故 Cu 比 Fe^{3+} 的还原能力强。

（   ）

(3) 在书写半电池反应时，可以有多种书写形式，如：

    (A) $Cu_2S(s) + 2e^- \longrightarrow 2Cu(s) + S^{2-}(aq)$

    (B) $\dfrac{1}{2}Cu_2S(s) + e^- \longrightarrow Cu(s) + \dfrac{1}{2}S^{2-}(aq)$

    (C) $2Cu(s) + S^{2-}(aq) \longrightarrow Cu_2S(s) + 2e^-$

    (D) $Cu(s) + \dfrac{1}{2}S^{2-}(aq) \longrightarrow \dfrac{1}{2}Cu_2S(s) + e^-$

    无论采用何种形式，只要电极反应的条件相同，上述各电极反应的电势值均相同。 （   ）

(4) 原电池 $(-)Zn(s)\,|\,Zn^{2+}(0.1\ mol\cdot L^{-1})\,\|\,Cu^{2+}(0.1\ mol\cdot L^{-1})\,|\,Cu(s)(+)$ 中，单质 Cu(s) 既是电子导体，又是原电池的电极和氧化剂。 （   ）

(5) 能组成原电池的反应不全是氧化还原反应。 （   ）

(6) 在 pH = 7 的溶液中 $(p_{H_2} = 100\ kPa)$，氢电极的电极电势为 0 V。 （   ）

(7) 银的标准电极电势数值比铝的值大，所以银的氧化能力比铝的强。 （   ）

(8) 盐桥的作用是通过离子导通两个半电池，维持溶液中电荷的平衡。 （   ）

(9) 已知电极反应 $ClO_3^-(aq) + 3H_2O(l) + 6e^- \longrightarrow Cl^-(aq) + 6OH^-(aq)$，$\varphi^{\ominus} = 0.622\ V$，当降低 OH^- 浓度而其他条件不变时，该电极反应的电势值将降低。（   ）

(10) 已知 Hg 的元素电势图如下：$\varphi^{\ominus}/V$ $Hg^{2+} \xrightarrow{0.906\ V} Hg_2^{2+} \xrightarrow{0.797\ V} Hg$ ，则 Hg_2^{2+} 的歧化反应平衡常数计算式为 $\lg K^{\ominus} = \dfrac{0.797 - 0.906}{0.0592}$ 。 （　　）

2. 选择题

(1) 在一自发进行的电极反应的方程式中，如果所有物质得(失)电子数同时增大 3 倍，此电极反应的 ΔG 和 E 的变化各为 （　　）

　　A. 变大和不变　　B. 变大和变小　　C. 变小和变大　　D. 变小和不变

(2) 已知：$\varphi^{\ominus}_{Sn^{4+}/Sn^{2+}} = 0.14\ V$ ，$\varphi^{\ominus}_{Fe^{3+}/Fe^{2+}} = 0.77\ V$ ，则在该溶液中不能共存的离子对为 （　　）

　　A. Sn^{4+}, Sn^{2+}　　B. Fe^{3+}, Sn^{2+}　　C. Fe^{3+}, Fe^{2+}　　D. Sn^{4+}, Fe^{2+}

(3) 根据铁在酸性溶液中的电势图 $Fe^{3+} \xrightarrow{0.77\ V} Fe^{2+} \xrightarrow{-0.44\ V} Fe$ ，下列说法中错误的是 （　　）

　　A. $\varphi^{\ominus}_{Fe^{3+}/Fe} = -0.04\ V$　　　　　　B. 在酸性溶液中 Fe^{3+} 能发生歧化反应

　　C. Fe 与稀酸反应生成 Fe^{2+} 和氢气　　D. Fe 与氯气反应生成 Fe^{3+} 和 Cl^-

(4) 标准状态石墨电极上电解饱和 NaCl 溶液，发生 0.400 mol 电子转移，则逸出气体体积为 （　　）

　　A. 1.12×10^3 mL　B. 12.24×10^3 mL　C. 14.48×10^3 mL　D. 8.96×10^3 mL

(5) 已知 25℃时电对 $MnO_4^-(aq) + 8H^+(aq) + 5e^- \longrightarrow Mn^{2+}(aq) + 4H_2O(l)$ 的 $\varphi^{\ominus} = 1.51\ V$ ，若此时 H^+ 浓度由 1×10^{-5} mol·L^{-1} 变为 0.1 mol·L^{-1} ，则该电对的电极电势变化值为 （　　）

　　A. 上升 0.38 V　　B. 下降 0.38 V　　C. 上升 0.24 V　　D. 下降 0.24 V

(6) 铜锌原电池的标准电动势为 1.11 V，现有一铜锌原电池的电动势 $E = 1.05$ V，则该原电池中 Cu^{2+} 与 Zn^{2+} 的浓度比为 （　　）

　　A. 1∶10　　　　B. 1∶100　　　　C. 10∶1　　　　D. 100∶1

(7) 在某原电池 $(-)Zn(s)|ZnSO_4(aq)\|HCl(aq)|H_2(p = 100\ kPa)|Pt(+)$ 中，与其电动势无关的因素有 （　　）

　　A. 盐酸浓度　　　B. $ZnSO_4$ 浓度　　C. 氢的体积　　　D. 温度

(8) 已知 $\varphi^{\ominus}_{Ag^+/Ag} = 0.799\ V$ ，$K^{\ominus}_{sp}(AgCl) = 1.56 \times 10^{-10}$ 。若在半电池 $Ag(s)|Ag^+$ $(1\ mol·L^{-1})$ 中加入 Cl^- ，使其变成 $Ag(s)|AgCl(s)|Cl^-(1\ mol·L^{-1})$ ，则其电极电势将 （　　）

A. 降低 0.581 V   B. 增加 0.581 V   C. 降低 0.220 V   D. 增加 0.220 V

(9) 已知：$Cu^{2+}(aq) + e^- \longrightarrow Cu^+(aq)$，$\varphi^{\ominus} = 0.15\ V$；$Cu^+(aq) + e^- \longrightarrow Cu(s)$，

   $\varphi^{\ominus} = 0.52\ V$，则可确定反应 $2Cu^+ \Longrightarrow Cu^{2+} + Cu$ 的平衡常数 $K^{\ominus}$ 为 （   ）

   A. 1.7×10^6 B. 1.9×10^5 C. 1.8×10^6 D. 1.9×10^4

(10) 采用 10 A 的电流，电解熔融 LiCl 制取金属锂。欲制 140 g 金属锂，电解时

   间应为   （   ）

   A. $2.07 \times 10^5\ s$ B. $1.92 \times 10^5\ s$ C. $1.93 \times 10^5\ s$ D. $1.98 \times 10^5\ s$

3. 填空题

(1) 已知氯元素在碱性溶液中的电势图为 $ClO_4^- \xrightarrow{0.36\ V} ClO_3^- \xrightarrow{0.495\ V} ClO^- \xrightarrow{0.40\ V} Cl_2 \xrightarrow{1.36\ V}$

   Cl^-，则 $\varphi^{\ominus}_{ClO_4^-/ClO^-} - \varphi^{\ominus}_{ClO_3^-/Cl_2} = $ _____ ；不能自发进行歧化反应的物种

   有 _____ 。

(2) 在氧化剂 Br_2、$Cr_2O_7^{2-}$、Fe_2O_3、Cu^{2+} 中，随着溶液 H^+ 浓度的增加，氧化性增

   强的有 _____ ，氧化性不变的有 _____ 。

(3) 将氧化还原反应 $Zn(s) + 2Ag^+(aq) \longrightarrow 2Ag(s) + Zn^{2+}(aq)$ 设计为一个原电池，

   则电池的负极为 _____ ，正极为 _____ ，原电池符号为 _____ 。若

   $\varphi^{\ominus}_{Zn^{2+}/Zn} = -0.76\ V$，$\varphi^{\ominus}_{Ag^+/Ag} = 0.80\ V$，原电池的电动势 $E^{\ominus}$ 为 _____ ，$\Delta_r G_m^{\ominus}$

   为 _____ ，反应的平衡常数 $\ln K^{\ominus}$ 为 _____ 。

(4) 腐蚀电池的阳极相当于原电池的 _____ 极，析氢腐蚀阴极反应为 _____ ，

   在中性水溶液中的阴极电势为 _____ ；吸氧腐蚀阴极反应为 _____ ，在

   空气中的阴极电势为 _____ 。

(5) 根据元素电势图：$Au^{3+} \xrightarrow{1.41\ V} Au^+ \xrightarrow{1.68\ V} Au$，写出自发进行的离子反应方程

   式：_____ ，并计算出 $\varphi^{\ominus}_{Au^{3+}/Au}$ 为 _____ 。

(6) 电解 $CuSO_4$ 溶液时，通过 0.3 C 的电量，在阴极沉积出金属铜[$M(Cu) =$

   $64\ g \cdot mol^{-1}$]的质量为 _____ 。

(7) 将铅蓄电池在 5.0 A 电流下充电 3 h，则 $PbSO_4$ 分解的量为 _____ ，已知

   $M(PbSO_4) = 303\ g \cdot mol^{-1}$。

(8) 298 K 时，$\varphi^{\ominus}_{Au^+/Au} = 1.68\ V$，$\varphi^{\ominus}_{Au^{3+}/Au} = 1.50\ V$，$\varphi^{\ominus}_{Fe^{3+}/Fe^{2+}} = 0.77\ V$，则反应

   $2Fe^{2+}(aq) + Au^{3+}(aq) \Longrightarrow 2Fe^{3+}(aq) + Au^+(aq)$ 的平衡常数 $K^{\ominus}$ 值为 _____ 。

(9) 298 K 时，$\varphi^{\ominus}_{Ag^+/Ag} = 0.80$ V，$(-)Pt|H_2(p^{\ominus})|H_2SO_4(aq)|Ag_2SO_4(s)|Ag(s)(+)$ 电池的 $E^{\ominus} = 0.627$ V，则 Ag_2SO_4 的活度积为_____。

(10) 298 K 时，在 $(-)Pt|H_2(p^{\ominus})|H^+(a=1)\|CuSO_4(0.1\ mol\cdot kg^{-1})|Cu(s)(+)$ 电池的右边溶液中加入 0.05 $mol\cdot kg^{-1}$ 的 K_2S 溶液，则电池的电动势将_____(变大/变小)，变化值为_____。

4. 综合题

(1) 为什么标准电极电势的值有正有负？

(2) 在 $E^{\ominus} = \dfrac{RT}{zF}\ln K^{\ominus}$ 关系式中，$E^{\ominus}$ 是否可以理解为平衡时的电动势？$K^{\ominus}$ 是否可以理解为各物种处于标准态时的平衡常数？

(3) 将一根均匀的铁棒部分插入水中，经若干时间后，哪一部分腐蚀最严重？为什么？

(4) 原电池和电解池有哪些相同点和不同点？

(5) 如何用电化学的方法测定 H_2O 的标准生成自由能？

(6) 已知：

$$O_2(g) + 2H_2O(l) + 4e^- \longrightarrow 4OH^-[c(OH^-)] \qquad \varphi^{\ominus} = 0.401\ V$$

$$Zn^{2+}(aq) + 2e^- \longrightarrow Zn(s) \qquad \varphi^{\ominus} = -0.762\ V$$

计算反应 $2Zn(s) + O_2(g) + 4H^+ = 2Zn^{2+}(aq) + 2H_2O(l)$，当 $p_{O_2} = 20$ kPa、$c(H^+) = 0.2\ mol\cdot L^{-1}$、$c(Zn^{2+}) = 1.0\times10^{-3}\ mol\cdot L^{-1}$ 时，电池的电动势。

(7) 已知：

$$PbSO_4(s) + 2e^- \longrightarrow Pb(s) + SO_4^{2-}(aq) \qquad \varphi^{\ominus} = -0.359\ V$$

$$Pb^{2+}(aq) + 2e^- \longrightarrow Pb(s) \qquad \varphi^{\ominus} = -0.126\ V$$

当 $c(Pb^{2+}) = 0.100\ mol\cdot L^{-1}$、$c(SO_4^{2-}) = 1.00\ mol\cdot L^{-1}$ 时，由 $PbSO_4(s)|Pb(s)$ 和 $Pb^{2+}[c(Pb^{2+})]\|Pb$ 两个半电池组成原电池：①写出该原电池的符号及电池反应方程式；②计算该原电池的电动势 E；③计算 $PbSO_4$ 的溶度积 $K^{\ominus}_{sp}$。

(8) 将铜片插入含 1.0 $mol\cdot L^{-1}$ 氨水和 1.0 $mol\cdot L^{-1}[Cu(NH_3)_4]^{2+}$ 的溶液中构成一个半电池，将此半电池与标准氢电极组成原电池，测得其电动势 $E^{\ominus} = 0.30$ V，且知标准氢电极在此作正极。试计算 $[Cu(NH_3)_4]^{2+}$ 的 $K^{\ominus}_{稳}$。(已知：$\varphi^{\ominus}_{Cu^{2+}/Cu} = 0.337$ V)

(9) 在 298 K 和标准压力下，以 Pt 为阴极，C(石墨)为阳极，电解含 $CdCl_2$ (0.01 $mol\cdot kg^{-1}$)和 $CuCl_2$ (0.02 $mol\cdot kg^{-1}$)的水溶液。若电解过程中超电势可忽

略不计(设活度系数均为 1)：①何种金属先在阴极析出？②第二种金属析出时，至少需加多少电压？③当第二种金属析出时，第一种金属离子在溶液中的浓度是多少？④事实上 $O_2(g)$ 在石墨上有超电势，若设超电势为 0.85 V，则阳极上首先应发生什么反应？

(10) 在电解池和原电池中，由于超电势的存在，各有什么利弊？

第二类：课后习题

1. 区分下列概念。

　　(1) 化合价和氧化数。

　　(2) 氧化还原反应和离子反应。

　　(3) 正极，负极，阳极，阴极。

　　(4) 一次电池和二次电池。

　　(5) 原电池和腐蚀电池。

　　(6) 平衡电势，标准电极电势。

2. 配平下列反应方程式。

　　(1) $Cu + HNO_3(稀) \longrightarrow Cu(NO_3)_2 + NO + H_2O$

　　(2) $I_2 + HNO_3 \longrightarrow HIO_3 + NO_2 + H_2O$

　　(3) $P_4 + HNO_3 + H_2O \longrightarrow H_3PO_4 + NO$

　　(4) $P_4 + NaOH + H_2O \longrightarrow NaH_2PO_2 + PH_3$

　　(5) $K_2Cr_2O_7 + KI + H_2SO_4 \longrightarrow Cr_2(SO_4)_3 + K_2SO_4 + I_2 + H_2O$

　　(6) $H_2O_2 + KMnO_4 + H_2SO_4 \longrightarrow MnSO_4 + K_2SO_4 + O_2 + H_2O$

　　(7) $Na_2S_2O_3 + I_2 \longrightarrow Na_2S_4O_6 + NaI$

　　(8) $K_2S_2O_8 + MnSO_4 + H_2O \longrightarrow H_2SO_4 + K_2SO_4 + KMnO_4$

3. 配平下列离子反应方程式(酸性介质)。

　　(1) $IO_3^- + I^- \longrightarrow I_2$

　　(2) $Mn^{2+} + BrO_3^- \longrightarrow MnO_4^- + Br^-$

　　(3) $Cr^{3+} + PbO_2 \longrightarrow Cr_2O_7^{2-} + Pb^{2+}$

　　(4) $HClO + P_4 \longrightarrow Cl^- + H_3PO_4$

4. 配平下列离子反应方程式(碱性介质)。

　　(1) $H_2O_2 + CrO_2^- \longrightarrow CrO_4^{2-}$

(2) $I_2 + H_2AsO_3^- \longrightarrow AsO_4^{3-} + I^-$

(3) $Si + OH^- \longrightarrow SiO_3^{2-} + H_2$

(4) $Br_2 + OH^- \longrightarrow BrO_3^- + Br^-$

5. 金属 Zn 可以从溶液中置换出 Fe, 试写出:

(1) 氧化与还原的半反应和总的氧化还原反应的方程式;

(2) 根据此氧化还原反应设计一个原电池。

6. 利用标准还原电势判断下列反应在标准状态下是否能够自发进行。

(a) $Cd(s) + 2H^+(aq) = Cd^{2+}(aq) + H_2(g)$

(b) $\frac{3}{2}Cl_2(g) + Fe(s) = 3Cl^-(aq) + Fe^{3+}(aq)$

(c) $HBrO(aq) + Cl^-(aq) + H^+(aq) = \frac{1}{2}Cl_2(g) + \frac{1}{2}Br_2(l) + H_2O(l)$

7. 有一原电池: $(-)X(s)\,|\,X^{2+}[c(X^{2+})]\,\|\,Y^{2+}[c(Y^{2+})]\,|\,Y(s)(+)$, 当 $c(X^{2+}) = c(Y^{2+})$ 时, 电池的电动势为 0.796 V, 若使 $c(X^{2+}) = 0.050 \text{ mol} \cdot L^{-1}$, $c(Y^{2+}) = 7.50 \times 10^{-4} \text{ mol} \cdot L^{-1}$, 则该电池的电动势是多少?

8. 在溴水中发生下述反应: $Br_2(g) + H_2O(l) = H^+(aq) + Br^-(aq) + HBrO(aq)$。已知: $\varphi^\ominus_{Br_2/Br^-} = 1.066 \text{ V}$, $\varphi^\ominus_{HBrO/Br_2} = 1.596 \text{ V}$。计算当 Br_2 的分压为 $p^\ominus$ 时, 溴水的 pH。

9. 已知 pH = 0 时, Mn 的元素电势图 $(\varphi^\ominus / V)$ 为

$$MnO_4^- \xrightarrow{0.564\text{ V}} MnO_4^{2-} \xrightarrow{2.26\text{ V}} MnO_2 \xrightarrow{0.95\text{ V}} Mn^{3+} \xrightarrow{1.51\text{ V}} Mn^{2+} \xrightarrow{-1.18\text{ V}} Mn$$

(1) 指出哪些物质在酸性溶液中会发生歧化反应;

(2) 计算 $\varphi^\ominus_{MnO_4^-/Mn^{2+}}$;

(3) 写出用电对 Mn^{2+}/Mn $[c(MnCl_2) = 0.5 \text{ mol} \cdot L^{-1}]$ 与甘汞电极 $[c(KCl) = 1.0 \text{ mol} \cdot L^{-1}]$ 组成原电池的电池符号及该电池的自发反应的方程式。

10. 氢氧燃料电池在酸、碱性不同的介质中, 它的电池反应有什么不同?

11. 298 K 时测定下述电池的电动势: 玻璃电极 | pH 缓冲溶液 | 饱和甘汞电极。当所用缓冲溶液的 pH = 4.0 时, 测得电池的电动势为 0.1120 V。若换用另一缓冲溶液重测电动势, 得 $E = 0.3865 \text{ V}$。试求该缓冲溶液的 pH。当电池中换用 pH = 2.50 的缓冲溶液时, 计算电池的电动势 E。

12. 如何防止海洋中用钢铁制成的船被腐蚀?

第三类：英文选做题

1. Saturated solution of KNO_3 is used to make "salt bridge" because   (   )

   A. high solubility of KNO_3 in water

   B. ionic mobility of NO_3^- is greater than that of K^+

   C. ionic mobility of K^+ is greater than that of NO_3^-

   D. ionic mobility of both K^+ and NO_3^- are nearly the same

2. When 4.825 C of electric current passes through fused anhydrous magnesium chloride, what mass of magnesium is obtained? (Assuming 100% current efficiency, atomic mass of $Mg = 24 \text{ g} \cdot mol^{-1}$)   (   )

   A. 6×10^{-4} g

   B. 3×10^{-4} g

   C. 4×10^{-5} g

   D. 1×10^{-5} g

3. During electrolysis of dilute sulphuric acid, which of the following reaction is preferred: (   )

   A. $2H_2SO_4(l) \longrightarrow H_2S_2O_8(l) + 2H^+(a) + 2e^-$

   B. $2H_2(g) + 4OH^-(aq) \longrightarrow 4H_2O(l) + 4e^-$

   C. $2H_2O(l) \longrightarrow O_2(g) + 4H^+(aq) + 4e^-$

   D. $2SO_4^{2-}(aq) \longrightarrow S_2O_8^{2-}(aq) + 2e^-$

4. What is fuel cell?

5. Enlist the factors affecting corrosion.

参 考 答 案

学生自测练习题答案

1. 是非题

(1) (×)   (2) (×)   (3) (√)   (4) (×)   (5) (√)

(6) (×)   (7) (×)   (8) (√)   (9) (×)   (10) (√)

2. 选择题

(1) (D)   (2) (B)   (3) (B)   (4) (D)   (5) (A)

(6) (D)   (7) (C)   (8) (A)   (9) (C)   (10) (C)

3. 填空题

(1) -0.03 V；ClO^-

(2) $Cr_2O_7^{2-}$、Fe_2O_3；Br_2、Cu^{2+}

(3) Zn 电极；Ag 电极；$(-)Zn(s)|Zn^{2+}[a(Zn^{2+})]\|Ag^+[a(Ag^+)]|Ag(s)(+)$；1.56 V；$-301$ kJ·mol^{-1}；121.5

(4) 负；$2H^+(aq)+2e^- \longrightarrow H_2(g)$；$-0.413$ V；$O_2(g)+2H_2O(l)+4e^- \longrightarrow 4OH^-(aq)$；0.816 V

(5) $3Au^+(aq) \Longrightarrow Au^{3+}(aq)+2Au(s)$；1.50 V

(6) 9.6 g

(7) 169 g

(8) 4.33×10^{21}

(9) 1.52×10^{-6}

(10) 变小；0.00889 V

4. 综合题

(1) 因为规定了用还原电极电势，待测电极放在阴极位置，令它发生还原反应。但是比氢活泼的金属与氢电极组成电池时，实际的电池反应是金属氧化，氢离子还原，也就是说，电池的书面表示式是非自发电池，电池反应是非自发反应，电动势小于零，电极电势为负值。如果是比氢不活泼的金属，则与氢电极组成自发电池，电极电势为正值。

(2) 不能。这个关系式是由如下公式联系起来的：(a) $\Delta_r G_m^{\ominus} = -zE^{\ominus}F$ ，处于标准态；(b) $\Delta_r G_m^{\ominus} = -RT\ln K^{\ominus}$ ，处于平衡态。$E^{\ominus}$ 和 $K^{\ominus}$ 只是数值上的联系，而所处状态不同。公式(a)是体系各物质都处于标准态，所以 $E^{\ominus}$ 是标准电动势；公式(b)是体系处于平衡态，$K^{\ominus}$ 是平衡常数。

(3) 在靠近水面的部分腐蚀最严重。因为水下部分虽然有 CO_2 等酸性氧化物溶于水中，但 H^+ 浓度还是很低，发生析氢腐蚀的趋势不大；在空气中的部分，虽然与氧气接触，但无电解质溶液，构成微电池的机会较小；而在靠近水面的部分，既有氧气，又有微酸性的电解质溶液，所以很容易发生吸氧腐蚀，因而这部分腐蚀最严重。

(4) 可以归纳出 5 个相同点：①无论是原电池还是电解池，其正极电势总是高于负极电势。②阳极发生氧化反应，阴极发生还原反应。③阳离子总是迁向阴极，阴离子总是迁向阳极。④电极电势最低的首先在阳极上发生氧化反应，电极电势最高的首先在阴极上发生还原反应。⑤由于极化作用，阳极的析出电势变大，阴极的析出电势变小。

4 个不同点：①原电池是将化学能转变成电能，而电解池是将电能转变成化学能。②原电池中，阳极是负极，阴极是正极；电解池中，阳极是正极，阴极是负极。③原电池中，电极的极性由电极本身的化学性质决定，电势低的作负极，高的作正极；而电解池中电极的极性由所接的外电源决定。④由于极化，原电池的实际电动势比可逆电动势小，电解池中实际分解电压比理论分解电压高。

(5) 先设计一个电池，使其反应恰好是 H_2O 的生成反应，查出标准电极电势，然后计算出电池的标准电动势，联系热力学和电化学的公式就可计算出水的标准生成自由能。

设计电池为 $(-)Pt \mid H_2(p^{\ominus}) \mid H^+(aq) \mid O_2(p^{\ominus}) \mid Pt(+)$

或 $(-)Pt \mid H_2(p^{\ominus}) \mid OH^-(aq) \mid O_2(p^{\ominus}) \mid Pt(+)$

净反应 $\qquad$ $H_2(g) + 0.5O_2(g) \Longrightarrow H_2O(l)$ $\qquad$ $E^\ominus = 1.229\ V$

$$\Delta_f G_m^\ominus = zE^\ominus F$$

(6) 碱性电极反应: $\qquad$ $O_2(p_{O_2}) + 2H_2O(l) + 4e^- \longrightarrow 4OH^-[a(OH^-)]$

在酸性条件下: $\qquad$ $O_2(p_{O_2}) + 4H^+[a(H^+)] + 4e^- \longrightarrow 2H_2O(l)$

此电极的标准电极电势 $\varphi^\ominus$ 为 0.401 V,$a(OH^-) = 1.0 \times 10^{-14}$ 时,碱性条件下非标准电极电势为

$$\varphi = 0.401 + \frac{0.0592\ V}{4} \lg\left(\frac{1}{1.0 \times 10^{-14}}\right)^4 = 1.230\ V$$

对于反应 $2Zn(s) + O_2(p_{O_2}) + 4H^+ \Longrightarrow 2Zn^{2+}[a(Zn^{2+})] + 2H_2O(l)$,在题目所给条件下:

$$E = E^\ominus - \frac{0.0592\ V}{n}\lg Q = E^\ominus - \frac{0.0592\ V}{n}\lg\left\{\frac{\left[a(Zn^{2+})\right]^2}{\dfrac{p_{O_2}}{p^\ominus}\left[c(H^+)\right]^4}\right\}$$

$$= 1.230\ V + 0.762\ V - \frac{0.0592\ V}{4}\lg\left[\frac{\left(1.0 \times 10^{-3}\right)^2}{\dfrac{20}{100} \times \left(0.2\right)^4}\right] = 2.029\ V$$

(7) ① $(-)Pb(s)\,|\,PbSO_4(s)\,|\,SO_4^{2-}(1.00\ mol\cdot L^{-1})\,\|\,Pb^{2+}(0.100\ mol\cdot L^{-1})\,|\,Pb(s)(+)$
电池反应式:

$$Pb^{2+}[c(Pb^{2+}) = 0.100\ mol\cdot L^{-1}] + SO_4^{2-}[c(SO_4^{2-}) = 1.00\ mol\cdot L^{-1}] \Longrightarrow PbSO_4(s)$$

② 设溶液的活度系数 $\gamma = 1$,

$$E = E^\ominus - \frac{0.0592\ V}{n}\lg Q = E^\ominus - \frac{0.0592\ V}{n}\lg\left[\frac{1}{a(Pb^{2+})a(SO_4^{2-})}\right]$$

$$= -0.126\ V - (-0.359\ V) - \frac{0.0592\ V}{2}\lg\frac{1}{0.100 \times 1.00} = 0.203\ V$$

③ $\qquad$ $\lg K^\ominus = \dfrac{nE^\ominus}{0.0592\ V} = \dfrac{2 \times (-0.126 + 0.359)\ V}{0.0592\ V} = 7.872$

$$\lg K_{sp}^\ominus = -\lg K^\ominus = -7.872 \qquad K_{sp}^\ominus = 1.34 \times 10^{-8}$$

(8) 因为标准氢电极在此作正极,所以该电池的电动势为 −0.30 V,且设溶液的活

度系数 $\gamma = 1$。

$$\varphi_{[Cu(NH_3)_4]^{2+}/Cu}^{\ominus} = \varphi_{Cu^{2+}/Cu} = \varphi_{Cu^{2+}/Cu}^{\ominus} + \frac{0.0592\ V}{2} \lg a(Cu^{2+})$$

$$= \varphi_{Cu^{2+}/Cu}^{\ominus} + \frac{0.0592\ V}{2} \lg \frac{1}{K_{稳}^{\ominus}[Cu(NH_3)_4^{2+}]}$$

$$-0.30\ V = 0.337\ V + \frac{0.0592\ V}{2} \lg \frac{1}{K_{稳}^{\ominus}[Cu(NH_3)_4^{2+}]}$$

$$K_{稳}^{\ominus}[Cu(NH_3)_4^{2+}] = 3.31 \times 10^{21}$$

(9) 设溶液的活度系数 $\gamma = 1$。

① 阴极 $\qquad Cd^{2+}(0.01\ mol \cdot kg^{-1}) + 2e^- \longrightarrow Cd(s)$

$$\varphi_{Cd^{2+}/Cd} = \varphi_{Cd^{2+}/Cd}^{\ominus} + \frac{0.0592\ V}{2} \lg 0.01 = -0.403\ V - 0.0592\ V = -0.462\ V$$

$$Cu^{2+}(0.02\ mol \cdot kg^{-1}) + 2e^- \longrightarrow Cu(s)$$

$$\varphi_{Cu^{2+}/Cu} = \varphi_{Cu^{2+}/Cu}^{\ominus} + \frac{0.0592\ V}{2} \lg 0.02 = 0.337\ V - 0.050\ V = 0.287\ V$$

$$\varphi_{H^+/H_2} = \varphi_{H^+/H_2}^{\ominus} + \frac{0.0592\ V}{2} \lg (10^{-7})^2 = -0.414\ V$$

故 Cu 先在阴极析出。

② 阳极 $\qquad 2Cl^-(0.06\ mol \cdot kg^{-1}) \longrightarrow Cl_2(p^{\ominus}) + 2e^-$

$$\varphi_{Cl_2/Cl^-} = \varphi_{Cl_2/Cl^-}^{\ominus} - 0.0592\ V \times \lg a(Cl^-) = 1.358\ V - 0.0592\ V$$

$$\times \lg(0.01 \times 2 + 0.02 \times 2) = 1.430\ V$$

$$2OH^-[a(OH^-)] \longrightarrow \frac{1}{2}O_2(p^{\ominus}) + 2e^- + H_2O(l)$$

$$\varphi_{O_2/OH^-} = \varphi_{O_2/OH^-}^{\ominus} - 0.0592\ V \times \lg a(OH^-) = 0.401\ V + 0.0592\ V \times 7 = 0.815\ V$$

不考虑 O_2 在石墨上的超电势时，阳极上发生 OH^-的氧化生成 O_2，当 Cu^{2+} 还原后，在阳极的 OH^-减少，使溶液中 H^+ 的浓度增加，约为 $0.04\ mol \cdot kg^{-1}$，此时阳极的实际电势为

$$\varphi'_{O_2/OH^-} = \varphi_{O_2/OH^-}^{\ominus} - 0.0592\ V \times \lg a(OH^-) = 0.401\ V - 0.0592\ V \times \lg \frac{10^{-14}}{0.04} = 1.147\ V$$

$$E_{分解} = \varphi'_{O_2/OH^-} - \varphi_{Cd^{2+}/Cd} = 1.147\ V - (-0.462\ V) = 1.609\ V$$

③ 当 Cd(s) 开始析出时，两种金属离子的析出电势相等：

$$\varphi'_{Cu^{2+}/Cu} = \varphi'_{Cd^{2+}/Cd} = \varphi^{\ominus}_{Cd^{2+}/Cd} + \frac{0.0592\ V}{2}\lg 0.01 = -0.403\ V - 0.0592\ V = -0.462\ V$$

$$\varphi'_{Cu^{2+}/Cu} = \varphi^{\ominus}_{Cu^{2+}/Cu} + \frac{RT}{2F}\ln a'(Cu^{2+}) = 0.337\ V - \frac{0.0592\ V}{2}\lg a'(Cu^{2+}) = -0.462\ V$$

$$a'(Cu^{2+}) = 9.85 \times 10^{-26}$$
$$m'(Cu^{2+}) = 9.85 \times 10^{-26}\ mol \cdot kg^{-1}$$

④ 考虑到 O_2 在石墨电极上的超电势，则

$$\varphi''_{O_2/OH^-} = \varphi^{\ominus}_{O_2/OH^-} - 0.0592\ V \times \lg a(OH^-) + \eta$$
$$= 0.401\ V + 0.0592\ V \times 7 + 0.85\ V$$
$$= 1.665\ V$$

$\varphi''_{O_2/OH^-} > \varphi_{Cl_2/Cl^-}$，阳极上首先发生 Cl⁻ 的氧化反应。

(10) 电解池中，由于超电势的存在，电能的消耗增加。但是，可以利用氢在阴极上的超电势，使比氢活泼的金属先析出；或利用氧在阳极上的超电势，使氯气比氧气先析出。原电池中由于超电势的存在，电池做功能力下降，但可以利用超电势使电化学腐蚀的微电池发生极化，电动势下降，减缓腐蚀速率。

课后习题答案

1. (1) 化合价是指某元素的一个原子与一定数量的其他元素的原子结合或取代的性质。氧化数是指以一定方式(现用的符合 IUPAC 规则的习惯规定)将化合物键合电子分配给各原子时，表示该元素原子所带电荷的一个数值。化合价是经典结构理论中出现的，表示的是实实在在的成键，是分子中原子之间的拉手；表示元素原子能够化合或置换一价原子或一价基团的数目,以及以什么手段结合成键和键数等三种含义；而氧化数是量子力学中出现的高阶性名词，具有人为指定性；氧化数是按一定经验规则指定的一个数字。

(2) 氧化还原反应：凡是有电子转移(得失)的化学反应均称为氧化还原反应。

离子反应：有离子参与的反应，可以是氧化还原反应，也可以不是。

(3) 正极：电势高的一端。

负极：电势低的一端。

阳极：发生氧化反应的电极。

阴极：发生还原反应的电极。

在原电池中，阳极的电势低为负极，阴极的电势高为正极。

在电解池中，阳极与电源的正极相连，阴极与电源的负极相连。

(4) 一次电池是指放电后不能再充电使其复原的电池。

二次电池是指在电池放电后可通过充电的方式使活性物质激活而继续使用的电池。它利用了化学反应的可逆性。

(5) 原电池：通过氧化还原反应而产生电流的装置称为原电池，也可以说是将化学能转化成电能的装置。

腐蚀电池：由阳极、阴极、电解质溶液和电子回路组成的，导致金属材料破坏，对外界不做有用功的短路原电池。

(6) 平衡电势，也称可逆电极的电势。在一个可逆电极中，正反应速率与逆反应速率相等时的电势称为平衡电势。

标准电极电势是可逆电极在标准状态及平衡态时的电势。

2. (1) $3Cu + 8HNO_3(稀) \Longrightarrow 3Cu(NO_3)_2 + 2NO + 4H_2O$

(2) $I_2 + 10HNO_3 \Longrightarrow 2HIO_3 + 10NO_2 + 4H_2O$

(3) $3P_4 + 20HNO_3 + 8H_2O \Longrightarrow 12H_3PO_4 + 20NO$

(4) $P_4 + 3NaOH + 3H_2O \Longrightarrow 3NaH_2PO_2 + PH_3$

(5) $K_2Cr_2O_7 + 6KI + 7H_2SO_4 \Longrightarrow Cr_2(SO_4)_3 + 4K_2SO_4 + 3I_2 + 7H_2O$

(6) $5H_2O_2 + 2KMnO_4 + 3H_2SO_4 \Longrightarrow 2MnSO_4 + K_2SO_4 + 5O_2 + 8H_2O$

(7) $2Na_2S_2O_3 + I_2 \Longrightarrow Na_2S_4O_6 + 2NaI$

(8) $5K_2S_2O_8 + 2MnSO_4 + 8H_2O \Longrightarrow 8H_2SO_4 + 4K_2SO_4 + 2KMnO_4$

3. (1) $IO_3^- + 5I^- + 6H^+ \Longrightarrow 3I_2 + 3H_2O$

(2) $6Mn^{2+} + 5BrO_3^- + 9H_2O \Longrightarrow 6MnO_4^- + 5Br^- + 18H^+$

(3) $2Cr^{3+} + 3PbO_2 + H_2O \Longrightarrow Cr_2O_7^{2-} + 3Pb^{2+} + 2H^+$

(4) $10HClO + P_4 + 6H_2O \Longrightarrow 10Cl^- + 4H_3PO_4 + 10H^+$

4. (1) $3H_2O_2 + 2CrO_2^- + 2OH^- \Longrightarrow 2CrO_4^{2-} + 4H_2O$

(2) $I_2 + H_2AsO_3^- + 4OH^- \Longrightarrow AsO_4^{3-} + 2I^- + 3H_2O$

(3) $Si + 2OH^- + H_2O \Longrightarrow SiO_3^{2-} + 2H_2$

(4) $3Br_2 + 6OH^- \Longrightarrow BrO_3^- + 5Br^- + 3H_2O$

5. (1) 阳极：$Zn(s) \longrightarrow Zn^{2+}[a(Zn^{2+})] + 2e^-$

阴极：$Fe^{2+}[a(Fe^{2+})] + 2e^- \longrightarrow Fe(s)$

总反应：$\quad Zn(s) + Fe^{2+}[a(Fe^{2+})] \longrightarrow Fe(s) + Zn^{2+}[a(Zn^{2+})]$

(2) $\quad Zn(s) \mid Zn^{2+}[a(Zn^{2+})] \parallel Fe^{2+}[a(Fe^{2+})] \mid Fe(s)$

6. (a) $\quad Cd(s) + 2H^+(aq) \xlongequal{\quad} Cd^{2+}(aq) + H_2(g)$

负极： $\quad Cd(s) \longrightarrow Cd^{2+}(aq) + 2e^- \qquad \varphi_- = \varphi^{\ominus}_{Cd^{2+}/Cd} = -0.403 \text{ V}$

正极： $\quad 2H^+(aq) + 2e^- \longrightarrow H_2(g) \qquad \varphi_+ = \varphi^{\ominus}_{H^+/H_2} = 0 \text{ V}$

$$E = \varphi_+ - \varphi_- = 0 - (-0.403) = 0.403 \text{ (V)}, \text{ 可自发进行}$$

(b) $\quad \dfrac{3}{2}Cl_2(g) + Fe(s) \xlongequal{\quad} 3Cl^-(aq) + Fe^{3+}(aq)$

负极： $\quad Fe(s) \longrightarrow Fe^{3+}(aq) + 3e^- \qquad \varphi_- = \varphi^{\ominus}_{Fe^{3+}/Fe} = -0.037 \text{ V}$

正极： $\quad \dfrac{3}{2}Cl_2(g) + 3e^- \longrightarrow 3Cl^-(aq) \qquad \varphi_+ = \varphi^{\ominus}_{Cl_2/Cl^-} = 1.358 \text{ V}$

$$E = \varphi_+ - \varphi_- = 1.358 - (-0.037) = 1.395 \text{(V)}, \text{ 可自发进行}$$

(c) $\quad HBrO(aq) + Cl^-(aq) + H^+(aq) \xlongequal{\quad} \dfrac{1}{2}Cl_2(g) + \dfrac{1}{2}Br_2(l) + H_2O(l)$

负极： $\quad Cl^-(aq) \longrightarrow \dfrac{1}{2}Cl_2(g) + e^- \qquad \varphi_- = \varphi^{\ominus}_{Cl_2/Cl^-} = 1.358 \text{ V}$

正极： $BrO^-(aq) + 2H^+(aq) + e^- \longrightarrow \dfrac{1}{2}Br_2(l) + H_2O(l) \qquad \varphi_+ = \varphi^{\ominus}_{BrO^-/Br_2} = 1.596 \text{ V}$

$$E = \varphi_+ - \varphi_- = 1.596 - 1.358 = 0.238 \text{ (V)}, \text{ 可自发进行}$$

7. $\quad (-)X(s) \mid X^{2+}[c(X^{2+})] \parallel Y^{2+}[c(Y^{2+})] \mid Y(s)(+)$

电池反应式为 $\quad Y^{2+}[c(Y^{2+})] + X(s) \xlongequal{\quad} X^{2+}[c(X^{2+})] + Y(s)$

$$E = E^{\ominus} - \dfrac{0.0592 \text{ V}}{n} \lg Q \qquad Q = \dfrac{c(X^{2+})}{c(Y^{2+})}$$

当 $c(X^{2+}) = c(Y^{2+})$ 时，$E = E^{\ominus} = 0.796 \text{ V}$；当 $c(X^{2+}) = 0.050 \text{ mol·L}^{-1}$、$c(Y^{2+}) = 7.50 \times 10^{-4} \text{ mol·L}^{-1}$ 时，可近似用浓度表示活度。

$$E = 0.796 \text{ V} - \dfrac{0.0592 \text{ V}}{2} \lg \left(\dfrac{0.050}{7.50 \times 10^{-4}} \right) = 0.742 \text{ V}$$

8. 电池反应式： $\quad Br_2(g) + H_2O(l) \xlongequal{\quad} H^+(aq) + Br^-(aq) + HBrO(aq)$

$$\lg K^{\ominus} = \lg \left[\frac{\dfrac{a(H^+)a(Br^-)a(HBrO)}{p(Br_2)}}{p^{\ominus}} \right] = \frac{nE^{\ominus}}{0.0592\ V} = \frac{1 \times (1.066 - 1.596)V}{0.0592\ V} = -8.953$$

$$K^{\ominus} = 1.11 \times 10^{-9}$$

因为平衡时 $\qquad\qquad a(H^+) = a(Br^-) = a(HBrO) = x$

则 $\qquad\qquad\qquad\qquad x^3 = 1.11 \times 10^{-9}$

解得 $x = a(H^+) = 0.001$，此时活度系数 $\gamma = 1$，可知

$$c(H^+) = 0.001\ mol \cdot L^{-1}, \quad pH = 3$$

9. (1) 根据在元素电势图中 $\varphi^{\ominus}(右) > \varphi^{\ominus}(左)$ 时，中间物种将自发歧化，可推断在酸性条件下，锰的元素电势图中会发生歧化的物种是 MnO_4^{2-} 和 Mn^{3+}。

(2) $\varphi^{\ominus}_{MnO_4^-/Mn^{2+}} = \dfrac{1 \times 0.564 + 2 \times 2.26 + 1 \times 0.95 + 1 \times 1.51}{5} = 1.51(V)$

(3) $(-)Mn(s) | Mn^{2+}(0.5mol \cdot L^{-1}) \| Cl^-(1.0\ mol \cdot L^{-1}) | Hg_2Cl_2(s) | Hg(l)(+)$

该电池自发反应的方程式为

$$Hg_2Cl_2(s) + Mn(s) =\!=\!= Mn^{2+}(0.5\ mol \cdot L^{-1}) + 2Hg(l) + 2Cl^- (1.0\ mol \cdot L^{-1})$$

10. 氢氧燃料电池的电解质溶液可以是酸性，也可以是碱性，在 $pH = 1 \sim 14$ 的范围内，电池反应相同，标准电动势都是 1.229 V。

11. 已知玻璃电极的电极电势表达式为 $\varphi_{玻} = \varphi^{\ominus}_{玻} - 0.0592 \times pH$

两个电极组成的原电池的电动势为

$$E_1 = \varphi_{甘汞} - \varphi_{玻} = \varphi_{甘汞} - \varphi^{\ominus}_{玻} + 0.0592\ V \times pH_1$$

$$E_2 = \varphi_{甘汞} - \varphi_{玻} = \varphi_{甘汞} - \varphi^{\ominus}_{玻} + 0.0592\ V \times pH_2$$

$$E_1 - E_2 = 0.0592\ V \times (pH_1 - pH_2)$$

$$pH_2 = \frac{E_2 - E_1}{0.0592\ V} + pH_1 = 8.64$$

当 $pH = 2.50$ 时，设电动势为 E_3，

$$E_3 = E_1 + 0.0592\ V \times (pH_3 - pH_1) = 0.1120 + 0.0592 \times (2.50 - 4.00) = 0.0232\ (V)$$

12. (1) 对小铁船，可刷上一层非金属保护层(如油漆)，从而将船身与海水隔离。当涂层出现破坏迹象时，检修也比较容易。

(2) 对大海轮，可用阳极保护器保护。在船底嵌上锌块，与船体铁外壳形成原

电池。此时，船体为阴极被保护，而锌块为阳极被腐蚀。间隔一段时间，更换锌块，从而保证船体一直处于被保护的状态。

(3) 对不易检修的远洋轮，用阴极电保护方法，即外加一个直流电源。将船体接到直流电源的负极上，作为阴极而被保护；将直流电源的正极与牺牲阳极(如一堆废铁)相接，使其氧化。

英文选做题答案

1. D

2. A

3. C

4. As one type of galvanic cell, fuel cell converts the energy of fuel into electric energy directly without employing heat engines.

5. Corrosion is affected by the following factors:

  (1) Water and air.

  (2) Presence of electrolytes in water.

  (3) Presence of gases like CO_2, SO_2, NO_2.

附　　录

标准电极电势(298.15 K)

1. 酸性介质中

电对符号	电极反应	$\varphi^{\ominus}_{\text{Ox/Red}}/\text{V}$
	氧化型 $+ ze^- \rightleftharpoons$ 还原型	
N_2/HN_3	$3N_2(g) + 2H^+(aq) + 2e^- \rightleftharpoons 2HN_3(l)$	-3.090
Li^+/Li	$Li^+(aq) + e^- \rightleftharpoons Li(s)$	-3.040
Cs^+/Cs	$Cs^+(aq) + e^- \rightleftharpoons Cs(s)$	-3.026
Rb^+/Rb	$Rb^+(aq) + e^- \rightleftharpoons Rb(s)$	-2.980
K^+/K	$K^+(aq) + e^- \rightleftharpoons K(s)$	-2.931
Ba^{2+}/Ba	$Ba^{2+}(aq) + 2e^- \rightleftharpoons Ba(s)$	-2.912
Sr^{2+}/Sr	$Sr^{2+}(aq) + 2e^- \rightleftharpoons Sr(s)$	-2.899
Ca^{2+}/Ca	$Ca^{2+}(aq) + 2e^- \rightleftharpoons Ca(s)$	-2.868
Eu^{2+}/Eu	$Eu^{2+}(aq) + 2e^- \rightleftharpoons Eu(s)$	-2.812
Ra^{2+}/Ra	$Ra^{2+}(aq) + 2e^- \rightleftharpoons Ra(s)$	-2.800
Na^+/Na	$Na^+(aq) + e^- \rightleftharpoons Na(s)$	-2.710
Nd^{3+}/Nd^{2+}	$Nd^{3+}(aq) + e^- \rightleftharpoons Nd^{2+}(aq)$	-2.700

电对符号	电极反应		$\varphi^{\ominus}_{Ox/Red}/V$
	氧化型 + ze^- $\rightleftharpoons$ 还原型		
La^{3+}/La	$La^{3+}(aq) + 3e^- \rightleftharpoons La(s)$		-2.379
Y^{3+}/Y	$Y^{3+}(aq) + 3e^- \rightleftharpoons Y(s)$		-2.372^*
Pr^{3+}/Pr	$Pr^{3+}(aq) + 3e^- \rightleftharpoons Pr(s)$		-2.353
Mg^{2+}/Mg	$Mg^{2+}(aq) + 2e^- \rightleftharpoons Mg(s)$		-2.340^*
Ce^{3+}/Ce	$Ce^{3+}(aq) + 3e^- \rightleftharpoons Ce(s)$		-2.336
Sc^{3+}/Sc	$Sc^{3+}(aq) + 3e^- \rightleftharpoons Sc(s)$		-2.077
Pr^{2+}/Pr	$Pr^{2+}(aq) + 2e^- \rightleftharpoons Pr(s)$		-2.000
Eu^{3+}/Eu	$Eu^{3+}(aq) + 3e^- \rightleftharpoons Eu(s)$		-1.991
N_2/NH_3OH^+	$N_2(g) + 2H_2O(l) + 4H^+(aq) + 2e^- \rightleftharpoons 2NH_3OH^+(aq)$		-1.870^{**}
Be^{2+}/Be	$Be^{2+}(aq) + 2e^- \rightleftharpoons Be(s)$		-1.847
U^{3+}/U	$U^{3+}(aq) + 3e^- \rightleftharpoons U(s)$		-1.798
Al^{3+}/Al	$Al^{3+}(aq) + 3e^- \rightleftharpoons Al(s)$		-1.662
Ti^{2+}/Ti	$Ti^{2+}(aq) + 2e^- \rightleftharpoons Ti(s)$		-1.630
ZrO_2/Zr	$ZrO_2(s) + 4H^+(aq) + 4e^- \rightleftharpoons Zr(s) + 2H_2O(l)$		-1.553
Hf^{4+}/Hf	$Hf^{4+}(aq) + 4e^- \rightleftharpoons Hf(l)$		-1.550
Zr^{4+}/Zr	$Zr^{4+}(aq) + 4e^- \rightleftharpoons Zr(s)$		-1.450
Ti^{3+}/Ti	$Ti^{3+}(aq) + 3e^- \rightleftharpoons Ti(s)$		-1.370
Mn^{2+}/Mn	$Mn^{2+}(aq) + 2e^- \rightleftharpoons Mn(s)$		-1.185
V^{2+}/V	$V^{2+}(aq) + 2e^- \rightleftharpoons V(s)$		-1.175
Nb^{3+}/Nb	$Nb^{3+}(aq) + 3e^- \rightleftharpoons Nb(s)$		-1.099
Se/Se^{2-}	$Se(s) + 2e^- \rightleftharpoons Se^{2-}(aq)$		-0.924

续表

电对符号	电极反应	$\varphi^{\ominus}_{\text{Ox/Red}}/\text{V}$
	氧化型 + $z\text{e}^-$ $\rightleftharpoons$ 还原型	
Cr^{2+}/Cr	$\text{Cr}^{2+}(\text{aq}) + 2\text{e}^- \rightleftharpoons \text{Cr}(\text{s})$	-0.913
$\text{Ti}^{3+}/\text{Ti}^{2+}$	$\text{Ti}^{3+}(\text{aq}) + \text{e}^- \rightleftharpoons \text{Ti}^{2+}(\text{aq})$	-0.900
$\text{H}_3\text{BO}_3/\text{B}$	$\text{H}_3\text{BO}_3(\text{s}) + 3\text{H}^+(\text{aq}) + 3\text{e}^- \rightleftharpoons \text{B}(\text{s}) + 3\text{H}_2\text{O}(\text{l})$	-0.870
Bi/BiH_3	$\text{Bi}(\text{s}) + 3\text{H}^+(\text{aq}) + 3\text{e}^- \rightleftharpoons \text{BiH}_3(\text{g})$	-0.800
$\text{Te}/\text{H}_2\text{Te}$	$\text{Te}(\text{s}) + 2\text{H}^+(\text{aq}) + 2\text{e}^- \rightleftharpoons \text{H}_2\text{Te}(\text{l})$	-0.793
$\text{Zn}^{2+}/\text{Zn}(\text{Hg})$	$\text{Zn}^{2+}(\text{aq}) + \text{Hg} + 2\text{e}^- \rightleftharpoons \text{Zn}(\text{Hg})(\text{s})$	-0.763
Zn^{2+}/Zn	$\text{Zn}^{2+}(\text{aq}) + 2\text{e}^- \rightleftharpoons \text{Zn}(\text{s})$	-0.762
TlI/Tl	$\text{TlI}(\text{s}) + \text{e}^- \rightleftharpoons \text{Tl}(\text{s}) + \text{I}^-(\text{aq})$	-0.752
Cr^{3+}/Cr	$\text{Cr}^{3+}(\text{aq}) + 3\text{e}^- \rightleftharpoons \text{Cr}(\text{s})$	-0.744
TlBr/Tl	$\text{TlBr}(\text{s}) + \text{e}^- \rightleftharpoons \text{Tl}(\text{s}) + \text{Br}^-(\text{aq})$	-0.658
$\text{Nb}_2\text{O}_5/\text{Nb}$	$\text{Nb}_2\text{O}_5(\text{s}) + 10\text{H}^+(\text{aq}) + 10\text{e}^- \rightleftharpoons 2\text{Nb}(\text{s}) + 5\text{H}_2\text{O}(\text{l})$	-0.644
As/AsH_3	$\text{As}(\text{s}) + 3\text{H}^+(\text{aq}) + 3\text{e}^- \rightleftharpoons \text{AsH}_3(\text{g})$	-0.608
$\text{U}^{4+}/\text{U}^{3+}$	$\text{U}^{4+}(\text{aq}) + \text{e}^- \rightleftharpoons \text{U}^{3+}(\text{aq})$	-0.607
Ta^{3+}/Ta	$\text{Ta}^{3+}(\text{aq}) + 3\text{e}^- \rightleftharpoons \text{Ta}(\text{s})$	-0.600
TlCl/Tl	$\text{TlCl}(\text{s}) + \text{e}^- \rightleftharpoons \text{Tl}(\text{s}) + \text{Cl}^-(\text{aq})$	-0.557
Ga^{3+}/Ga	$\text{Ga}^{3+}(\text{aq}) + 3\text{e}^- \rightleftharpoons \text{Ga}(\text{s})$	-0.549
Sb/SbH_3	$\text{Sb}(\text{s}) + 3\text{H}^+(\text{aq}) + 3\text{e}^- \rightleftharpoons \text{SbH}_3(\text{g})$	-0.510
$\text{H}_3\text{PO}_2/\text{P}$	$\text{H}_3\text{PO}_2(\text{l}) + \text{H}^+(\text{aq}) + \text{e}^- \rightleftharpoons \text{P}(\text{s}) + 2\text{H}_2\text{O}(\text{l})$	-0.508
$\text{TiO}_2/\text{Ti}^{2+}$	$\text{TiO}_2(\text{s}) + 4\text{H}^+(\text{aq}) + 2\text{e}^- \rightleftharpoons \text{Ti}^{2+}(\text{aq}) + 2\text{H}_2\text{O}(\text{l})$	-0.502
$\text{H}_3\text{PO}_3/\text{H}_3\text{PO}_2$	$\text{H}_3\text{PO}_3(\text{l}) + 2\text{H}^+(\text{aq}) + 2\text{e}^- \rightleftharpoons \text{H}_3\text{PO}_2(\text{l}) + \text{H}_2\text{O}(\text{l})$	-0.499
PbHPO_4/Pb	$\text{PbHPO}_4(\text{s}) + 2\text{e}^- \rightleftharpoons \text{Pb}(\text{s}) + \text{HPO}_4^{2-}(\text{aq})$	-0.465

续表

电对符号	电极反应	$\varphi_{\text{Ox/Red}}^{\ominus}$ /V
	氧化型 + ze^- $\Longrightarrow$ 还原型	
H_3PO_3/P	$H_3PO_3(l) + 3H^+(aq) + 3e^- \Longrightarrow P(s) + 3H_2O(l)$	−0.454
Fe^{2+}/Fe	$Fe^{2+}(aq) + 2e^- \Longrightarrow Fe(s)$	−0.447
Tl_2SO_4/Tl	$Tl_2SO_4(s) + 2e^- \Longrightarrow 2Tl(s) + SO_4^{2-}(aq)$	−0.436
Cr^{3+}/Cr^{2+}	$Cr^{3+}(aq) + e^- \Longrightarrow Cr^{2+}(aq)$	−0.407
Cd^{2+}/Cd	$Cd^{2+}(aq) + 2e^- \Longrightarrow Cd(s)$	−0.403
$Se/H_2Se(aq)$	$Se(s) + 2H^+(aq) + 2e^- \Longrightarrow H_2Se(aq)$	−0.399
PbI_2/Pb	$PbI_2(s) + 2e^- \Longrightarrow Pb(s) + 2I^-(aq)$	−0.365
$PbSO_4/Pb$	$PbSO_4(s) + 2e^- \Longrightarrow Pb(s) + SO_4^{2-}(aq)$	−0.359
PbF_2/Pb	$PbF_2(s) + 2e^- \Longrightarrow Pb(s) + 2F^-(aq)$	−0.344
In^{3+}/In	$In^{3+}(aq) + 3e^- \Longrightarrow In(s)$	−0.338
Tl^+/Tl	$Tl^+(aq) + e^- \Longrightarrow Tl(s)$	−0.336
$PbBr_2/Pb$	$PbBr_2(s) + 2e^- \Longrightarrow Pb(s) + 2Br^-(aq)$	−0.284
Co^{2+}/Co	$Co^{2+}(aq) + 2e^- \Longrightarrow Co(s)$	−0.280
H_3PO_4/H_3PO_3	$H_3PO_4(l) + 2H^+(aq) + 2e^- \Longrightarrow H_3PO_3(l) + H_2O(l)$	−0.276
$PbCl_2/Pb$	$PbCl_2(s) + 2e^- \Longrightarrow Pb(s) + 2Cl^-(aq)$	−0.268
Ni^{2+}/Ni	$Ni^{2+}(aq) + 2e^- \Longrightarrow Ni(s)$	−0.257
V^{3+}/V^{2+}	$V^{3+}(aq) + e^- \Longrightarrow V^{2+}(aq)$	−0.255
V_2O_5/V	$V_2O_5(s) + 10H^+(aq) + 10e^- \Longrightarrow 2V(s) + 5H_2O(l)$	−0.242
$N_2/N_2H_5^+$	$N_2(g) + 5H^+(aq) + 4e^- \Longrightarrow N_2H_5^+(aq)$	−0.230**
$SO_4^{2-}/S_2O_6^{2-}$	$2SO_4^{2-}(aq) + 4H^+(aq) + 2e^- \Longrightarrow S_2O_6^{2-}(aq) + 2H_2O(l)$	−0.220
Mo^{3+}/Mo	$Mo^{3+}(aq) + 3e^- \Longrightarrow Mo(s)$	−0.200*

续表

电对符号	电极反应	$\varphi^{\ominus}_{\text{Ox/Red}}$/V
	氧化型 + ze^- $\rightleftharpoons$ 还原型	
CO_2/HCOOH	$CO_2(g) + 2H^+(aq) + 2e^- \rightleftharpoons HCOOH(l)$	-0.199
H_2GeO_3/Ge	$H_2GeO_3(s) + 4H^+(aq) + 4e^- \rightleftharpoons Ge(s) + 3H_2O(l)$	-0.182
AgI/Ag	$AgI(s) + e^- \rightleftharpoons Ag(s) + I^-(aq)$	-0.152
In^+/In	$In^+(aq) + e^- \rightleftharpoons In(s)$	-0.140
Sn^{2+}/Sn	$Sn^{2+}(aq) + 2e^- \rightleftharpoons Sn(s)$	-0.138
Pb^{2+}/Pb	$Pb^{2+}(aq) + 2e^- \rightleftharpoons Pb(s)$	-0.126
Pb^{2+}/Pb(Hg)	$Pb^{2+}(aq) + Hg + 2e^- \rightleftharpoons Pb(Hg)(s)$	-0.121
GeO_2/GeO	$GeO_2(s) + 2H^+(aq) + 2e^- \rightleftharpoons GeO(s) + H_2O(l)$	-0.118
SnO_2/Sn	$SnO_2(s) + 4H^+(aq) + 4e^- \rightleftharpoons Sn(s) + 2H_2O(l)$	-0.117
P(红)/PH_3(g)	$P(红)(s) + 3H^+(aq) + 3e^- \rightleftharpoons PH_3(g)$	-0.111
SnO_2/Sn^{2+}	$SnO_2(s) + 4H^+(aq) + 2e^- \rightleftharpoons Sn^{2+}(aq) + 2H_2O(l)$	-0.094
WO_3/W	$WO_3(s) + 6H^+(aq) + 6e^- \rightleftharpoons W(s) + 3H_2O(l)$	-0.090
Se/H_2Se	$Se(s) + 2H^+(aq) + 2e^- \rightleftharpoons H_2Se(g)$	-0.082
P(白)/PH_3(g)	$P(白)(s) + 3H^+(aq) + 3e^- \rightleftharpoons PH_3(g)$	-0.063
H_2SO_3/$HS_2O_4^-$	$2H_2SO_3(l) + H^+(aq) + 2e^- \rightleftharpoons HS_2O_4^-(aq) + 2H_2O(l)$	-0.056
Hg_2I_2/Hg	$Hg_2I_2(s) + 2e^- \rightleftharpoons 2Hg(l) + 2I^-(aq)$	-0.041
Fe^{3+}/Fe	$Fe^{3+}(aq) + 3e^- \rightleftharpoons Fe(s)$	-0.037
Ag_2S/Ag	$Ag_2S(s) + 2H^+(aq) + 2e^- \rightleftharpoons 2Ag(s) + H_2S(g)$	-0.037
$[CuI_2]^-$/Cu	$[CuI_2]^-(aq) + e^- \rightleftharpoons Cu(s) + 2I^-(aq)$	0.000^*
H^+/H_2	$2H^+(aq) + 2e^- \rightleftharpoons H_2(g)$	0.000
AgBr/Ag	$AgBr(s) + e^- \rightleftharpoons Ag(s) + Br^-(aq)$	0.071

续表

电对符号	电极反应	$\varphi^{\ominus}_{Ox/Red}$/V
	氧化型 + ze^- $\rightleftharpoons$ 还原型	
MoO_3/Mo	$MoO_3(s) + 6H^+(aq) + 6e^- \rightleftharpoons Mo(s) + 3H_2O(l)$	0.075
$S_4O_6^{2-}/S_2O_3^{2-}$	$S_4O_6^{2-}(aq) + 2e^- \rightleftharpoons 2S_2O_3^{2-}(aq)$	0.080
W^{3+}/W	$W^{3+}(aq) + 3e^- \rightleftharpoons W(s)$	0.100
Ge^{4+}/Ge	$Ge^{4+}(aq) + 4e^- \rightleftharpoons Ge(s)$	0.124
Hg_2Br_2/Hg	$Hg_2Br_2(s) + 2e^- \rightleftharpoons 2Hg(l) + 2Br^-(aq)$	0.139
S/H_2S	$S(s) + 2H^+(aq) + 2e^- \rightleftharpoons H_2S(g)$	0.142
Sn^{4+}/Sn^{2+}	$Sn^{4+}(aq) + 2e^- \rightleftharpoons Sn^{2+}(aq)$	0.150*
Sb_2O_3/Sb	$Sb_2O_3(s) + 6H^+(aq) + 6e^- \rightleftharpoons 2Sb(s) + 3H_2O(l)$	0.152
Cu^{2+}/Cu^+	$Cu^{2+}(aq) + e^- \rightleftharpoons Cu^+(aq)$	0.153
$BiOCl/Bi$	$BiOCl(s) + 2H^+(aq) + 3e^- \rightleftharpoons Bi(s) + Cl^-(aq) + H_2O(l)$	0.158
SO_4^{2-}/H_2SO_3	$SO_4^{2-}(aq) + 4H^+(aq) + 2e^- \rightleftharpoons H_2SO_3(l) + H_2O(l)$	0.172
Bi^{3+}/Bi^+	$Bi^{3+}(aq) + 2e^- \rightleftharpoons Bi^+(aq)$	0.200
SbO^+/Sb	$SbO^+(aq) + 2H^+(aq) + 3e^- \rightleftharpoons Sb(s) + H_2O(l)$	0.212
$AgCl/Ag$	$AgCl(s) + e^- \rightleftharpoons Ag(s) + Cl^-(aq)$	0.222
As_2O_3/As	$As_2O_3(s) + 6H^+(aq) + 6e^- \rightleftharpoons 2As(s) + 3H_2O(l)$	0.234
Ge^{2+}/Ge	$Ge^{2+}(aq) + 2e^- \rightleftharpoons Ge(s)$	0.240
$HAsO_2/As$	$HAsO_2(l) + 3H^+(aq) + 3e^- \rightleftharpoons As(s) + 2H_2O(l)$	0.248
Ru^{3+}/Ru^{2+}	$Ru^{3+}(aq) + e^- \rightleftharpoons Ru^{2+}(aq)$	0.249
Hg_2Cl_2/Hg	$Hg_2Cl_2(s) + 2e^- \rightleftharpoons 2Hg(l) + 2Cl^-(aq)$	0.268
Re^{3+}/Re	$Re^{3+}(aq) + 3e^- \rightleftharpoons Re(s)$	0.300***
Bi^{3+}/Bi	$Bi^{3+}(aq) + 3e^- \rightleftharpoons Bi(s)$	0.308

续表

电对符号	电极反应	$\varphi^{\ominus}_{\mathrm{Ox/Red}}/\mathrm{V}$
	氧化型 $+\ ze^-\ \rightleftharpoons$ 还原型	
VO^{2+}/V^{3+}	$VO^{2+}(aq) + 2H^+(aq) + e^- \rightleftharpoons V^{3+}(aq) + H_2O(l)$	0.314^*
BiO^+/Bi	$BiO^+(aq) + 2H^+(aq) + 3e^- \rightleftharpoons Bi(s) + H_2O(l)$	0.320
$HCNO/(CN)_2$	$2HCNO(g) + 2H^+(aq) + 2e^- \rightleftharpoons (CN)_2(g) + 2H_2O(l)$	0.330
Cu^{2+}/Cu	$Cu^{2+}(aq) + 2e^- \rightleftharpoons Cu(s)$	0.345^*
$AgIO_3/Ag$	$AgIO_3(s) + e^- \rightleftharpoons Ag(s) + IO_3^-(aq)$	0.354
$\left[Fe(CN)_6\right]^{3-}/\left[Fe(CN)_6\right]^{4-}$	$\left[Fe(CN)_6\right]^{3-}(aq) + e^- \rightleftharpoons \left[Fe(CN)_6\right]^{4-}(aq)$	0.360^*
$(CN)_2/HCN$	$(CN)_2(g) + 2H^+(aq) + 2e^- \rightleftharpoons 2HCN(g)$	0.373
$AgOCN/Ag$	$AgOCN(s) + e^- \rightleftharpoons Ag(s) + OCN^-(aq)$	0.410
Ag_2CrO_4/Ag	$Ag_2CrO_4(s) + 2e^- \rightleftharpoons 2Ag(s) + CrO_4^{2-}(aq)$	0.447
H_2SO_3/S	$H_2SO_3(l) + 4H^+(aq) + 4e^- \rightleftharpoons S(s) + 3H_2O(l)$	0.449
Ru^{3+}/Ru	$Ru^{3+}(aq) + 3e^- \rightleftharpoons Ru(s)$	0.455
$Ag_2C_2O_4/Ag$	$Ag_2C_2O_4(s) + 2e^- \rightleftharpoons 2Ag(s) + C_2O_4^{2-}(aq)$	0.465
TcO_4^-/Tc	$TcO_4^-(aq) + 8H^+(aq) + 7e^- \rightleftharpoons Tc(s) + 4H_2O(l)$	0.470^{***}
Bi^+/Bi	$Bi^+(aq) + e^- \rightleftharpoons Bi(s)$	0.500
Cu^+/Cu	$Cu^+(aq) + e^- \rightleftharpoons Cu(s)$	0.521
I_2/I^-	$I_2(s) + 2e^- \rightleftharpoons 2I^-(aq)$	0.536
I_3^-/I^-	$I_3^-(aq) + 2e^- \rightleftharpoons 3I^-(aq)$	0.536
$AgBrO_3/Ag$	$AgBrO_3(s) + e^- \rightleftharpoons Ag(s) + BrO_3^-(aq)$	0.546
MnO_4^-/MnO_4^{2-}	$MnO_4^-(aq) + e^- \rightleftharpoons MnO_4^{2-}(aq)$	0.558
$H_3AsO_4/HAsO_2$	$H_3AsO_4(s) + 2H^+(aq) + 2e^- \rightleftharpoons HAsO_2(s) + 2H_2O(l)$	0.560
$S_2O_6^{2-}/H_2SO_3$	$S_2O_6^{2-}(aq) + 4H^+(aq) + 2e^- \rightleftharpoons 2H_2SO_3(l)$	0.564

续表

电对符号	电极反应	$\varphi_{Ox/Red}^{\ominus}/V$
	氧化型 $+ ze^- \rightleftharpoons$ 还原型	
Te^{4+}/Te	$Te^{4+}(aq) + 4e^- \rightleftharpoons Te(s)$	0.568
Sb_2O_5/SbO^+	$Sb_2O_5(s) + 6H^+(aq) + 4e^- \rightleftharpoons 2SbO^+(aq) + 3H_2O(l)$	0.581
$[PdCl_4]^{2-}/Pd$	$[PdCl_4]^{2-}(aq) + 2e^- \rightleftharpoons Pd(s) + 4Cl^-(aq)$	0.591
TeO_2/Te	$TeO_2(s) + 4H^+(aq) + 4e^- \rightleftharpoons Te(s) + 2H_2O(l)$	0.593
Hg_2SO_4/Hg	$Hg_2SO_4(s) + 2e^- \rightleftharpoons 2Hg(l) + SO_4^{2-}(aq)$	0.613
Ag_2SO_4/Ag	$Ag_2SO_4(s) + 2e^- \rightleftharpoons 2Ag(s) + SO_4^{2-}(aq)$	0.654
O_2/H_2O_2	$O_2(g) + 2H^+(aq) + 2e^- \rightleftharpoons H_2O_2(l)$	0.695
H_2SeO_3/Se	$H_2SeO_3(s) + 4H^+(aq) + 4e^- \rightleftharpoons Se(s) + 3H_2O(l)$	0.740
Tl^{3+}/Tl	$Tl^{3+}(aq) + 3e^- \rightleftharpoons Tl(s)$	0.741
$[PtCl_4]^{2-}/Pt$	$[PtCl_4]^{2-}(aq) + 2e^- \rightleftharpoons Pt(s) + 4Cl^-(aq)$	0.755
Rh^{3+}/Rh	$Rh^{3+}(aq) + 3e^- \rightleftharpoons Rh(s)$	0.758
ReO_4^-/ReO_3	$ReO_4^-(aq) + 2H^+(aq) + e^- \rightleftharpoons ReO_3(s) + H_2O(l)$	0.768
$(CNS)_2/CNS^-$	$(CNS)_2(g) + 2e^- \rightleftharpoons 2CNS^-(aq)$	0.770
Fe^{3+}/Fe^{2+}	$Fe^{3+}(aq) + e^- \rightleftharpoons Fe^{2+}(aq)$	0.771*
AgF/Ag	$AgF(s) + e^- \rightleftharpoons Ag(s) + F^-(aq)$	0.779
Hg_2^{2+}/Hg	$Hg_2^{2+}(aq) + 2e^- \rightleftharpoons 2Hg(l)$	0.797
Ag^+/Ag	$Ag^+(aq) + e^- \rightleftharpoons Ag(s)$	0.799
NO_3^-/N_2O_4	$2NO_3^-(aq) + 4H^+(aq) + 2e^- \rightleftharpoons N_2O_4(g) + 2H_2O(l)$	0.803
OsO_4/Os	$OsO_4(s) + 8H^+(aq) + 8e^- \rightleftharpoons Os(s) + 4H_2O(l)$	0.838
Hg^{2+}/Hg	$Hg^{2+}(aq) + 2e^- \rightleftharpoons Hg(l)$	0.851
$SiO_2(石英)/Si$	$SiO_2(石英)(s) + 4H^+(aq) + 4e^- \rightleftharpoons Si(s) + 2H_2O(l)$	0.857

电对符号	电极反应	$\varphi^{\ominus}_{\text{Ox/Red}}$/V
	氧化型 + ze^- ⇌ 还原型	
N_2O_4/NO_2^-	$N_2O_4(g) + 2e^- \rightleftharpoons 2NO_2^-(aq)$	0.867
Hg^{2+}/Hg_2^{2+}	$2Hg^{2+}(aq) + 2e^- \rightleftharpoons Hg_2^{2+}(aq)$	0.920
NO_3^-/HNO_2	$NO_3^-(aq) + 3H^+(aq) + 2e^- \rightleftharpoons HNO_2(l) + H_2O(l)$	0.934
Pd^{2+}/Pd	$Pd^{2+}(aq) + 2e^- \rightleftharpoons Pd(s)$	0.951
NO_3^-/NO	$NO_3^-(aq) + 4H^+(aq) + 3e^- \rightleftharpoons NO(g) + 2H_2O(l)$	0.957*
OsO_4/OsO_2	$OsO_4(s) + 4H^+(aq) + 4e^- \rightleftharpoons OsO_2(s) + 2H_2O(l)$	0.960***
HNO_2/NO	$HNO_2(l) + H^+(aq) + e^- \rightleftharpoons NO(g) + H_2O(l)$	0.983
HIO/I^-	$HIO(l) + H^+(aq) + 2e^- \rightleftharpoons I^-(aq) + H_2O(l)$	0.987
VO_2^+/VO^{2+}	$VO_2^+(aq) + 2H^+(aq) + e^- \rightleftharpoons VO^{2+}(aq) + H_2O(l)$	0.991
PtO_2/Pt	$PtO_2(s) + 4H^+(aq) + 4e^- \rightleftharpoons Pt(s) + 2H_2O(l)$	1.000
$[AuCl_4]^-/Au$	$[AuCl_4]^-(aq) + 3e^- \rightleftharpoons Au(s) + 4Cl^-(aq)$	1.002
H_6TeO_6/TeO_2	$H_6TeO_6(s) + 2H^+(aq) + 2e^- \rightleftharpoons TeO_2(s) + 4H_2O(l)$	1.020***
$Hg(OH)_2/Hg$	$Hg(OH)_2(s) + 2H^+(aq) + 2e^- \rightleftharpoons Hg(l) + 2H_2O(l)$	1.034
N_2O_4/NO	$N_2O_4(g) + 4H^+(aq) + 4e^- \rightleftharpoons 2NO(g) + 2H_2O(l)$	1.035
RuO_4/Ru	$RuO_4(s) + 8H^+(aq) + 8e^- \rightleftharpoons Ru(s) + 4H_2O(l)$	1.038
N_2O_4/HNO_2	$N_2O_4(g) + 2H^+(aq) + 2e^- \rightleftharpoons 2HNO_2(l)$	1.065
$Br_2(g)/Br^-$	$Br_2(g) + 2e^- \rightleftharpoons 2Br^-(aq)$	1.066
IO_3^-/I^-	$IO_3^-(aq) + 6H^+(aq) + 6e^- \rightleftharpoons I^-(aq) + 3H_2O(l)$	1.085
$Br_2(l)/Br^-$	$Br_2(l) + 2e^- \rightleftharpoons 2Br^-(aq)$	1.087
$Cu^{2+}/[Cu(CN)_2]^-$	$Cu^{2+}(aq) + 2CN^-(aq) + e^- \rightleftharpoons [Cu(CN)_2]^-(aq)$	1.103
$[Fe(phen)_3]^{3+}/[Fe(phen)_3]^{2+}$	$[Fe(phen)_3]^{3+}(aq) + e^- \rightleftharpoons [Fe(phen)_3]^{2+}(aq)$	1.147

电对符号	电极反应		$\varphi^{\ominus}_{Ox/Red}/V$
	氧化型 $+ ze^-$ $\Longrightarrow$ 还原型		
SeO_4^{2-}/H_2SeO_3	$SeO_4^{2-}(aq) + 4H^+(aq) + 2e^- \Longrightarrow H_2SeO_3(s) + H_2O(l)$		1.151
ClO_3^-/ClO_2^-	$ClO_3^-(aq) + 2H^+(aq) + 2e^- \Longrightarrow ClO_2^-(aq) + H_2O(l)$		1.152
Ir^{3+}/Ir	$Ir^{3+}(aq) + 3e^- \Longrightarrow Ir(s)$		1.156
Pt^{2+}/Pt	$Pt^{2+}(aq) + 2e^- \Longrightarrow Pt(s)$		1.180
ClO_4^-/ClO_3^-	$ClO_4^-(aq) + 2H^+(aq) + 2e^- \Longrightarrow ClO_3^-(aq) + H_2O(l)$		1.189
IO_3^-/I_2	$2IO_3^-(aq) + 12H^+(aq) + 10e^- \Longrightarrow I_2(s) + 6H_2O(l)$		1.195
$ClO_3^-/HClO_2$	$ClO_3^-(aq) + 3H^+(aq) + 2e^- \Longrightarrow HClO_2(l) + H_2O(l)$		1.214
MnO_2/Mn^{2+}	$MnO_2(s) + 4H^+(aq) + 2e^- \Longrightarrow Mn^{2+}(aq) + 2H_2O(l)$		1.224
O_2/H_2O	$O_2(g) + 4H^+(aq) + 4e^- \Longrightarrow 2H_2O(l)$		1.229
Tl^{3+}/Tl^+	$Tl^{3+}(aq) + 2e^- \Longrightarrow Tl^+(aq)$		1.252
$N_2H_5^+/NH_4^+$	$N_2H_5^+(aq) + 3H^+(aq) + 2e^- \Longrightarrow 2NH_4^+(aq)$		1.275
$ClO_2/HClO_2$	$ClO_2(g) + H^+(aq) + e^- \Longrightarrow HClO_2(l)$		1.277
$[PdCl_6]^{2-}/[PdCl_4]^{2-}$	$[PdCl_6]^{2-}(aq) + 2e^- \Longrightarrow [PdCl_4]^{2-}(aq) + 2Cl^-(aq)$		1.290***
HNO_2/N_2O	$2HNO_2(l) + 4H^+(aq) + 4e^- \Longrightarrow N_2O(g) + 3H_2O(l)$		1.297
$Cr_2O_7^{2-}/Cr^{3+}$	$Cr_2O_7^{2-}(aq) + 14H^+(aq) + 6e^- \Longrightarrow 2Cr^{3+}(aq) + 7H_2O(l)$		1.330*
$HBrO/Br^-$	$HBrO(l) + H^+(aq) + 2e^- \Longrightarrow Br^-(aq) + H_2O(l)$		1.331
NH_3OH^+/NH_4^+	$NH_3OH^+(aq) + 2H^+(aq) + 2e^- \Longrightarrow NH_4^+(aq) + H_2O(l)$		1.350*
Cl_2/Cl^-	$Cl_2(g) + 2e^- \Longrightarrow 2Cl^-(aq)$		1.360*
ClO_4^-/Cl^-	$ClO_4^-(aq) + 8H^+(aq) + 8e^- \Longrightarrow Cl^-(aq) + 4H_2O(l)$		1.389
ClO_4^-/Cl_2	$2ClO_4^-(aq) + 16H^+(aq) + 14e^- \Longrightarrow Cl_2(g) + 8H_2O(l)$		1.390
Au^{3+}/Au^+	$Au^{3+}(aq) + 2e^- \Longrightarrow Au^+(aq)$		1.401

续表

电对符号	电极反应 氧化型 $+ ze^-$ $\rightleftharpoons$ 还原型	$\varphi_{Ox/Red}^{\ominus}$ /V
$NH_3OH^+/N_2H_5^+$	$2NH_3OH^+(aq) + H^+(aq) + 2e^- \rightleftharpoons N_2H_5^+(aq) + 2H_2O(l)$	1.420
HIO/I_2	$2HIO(l) + 2H^+(aq) + 2e^- \rightleftharpoons I_2(s) + 2H_2O(l)$	1.439
BrO_3^-/Br^-	$BrO_3^-(aq) + 6H^+(aq) + 6e^- \rightleftharpoons Br^-(aq) + 3H_2O(l)$	1.440*
ClO_3^-/Cl^-	$ClO_3^-(aq) + 6H^+(aq) + 6e^- \rightleftharpoons Cl^-(aq) + 3H_2O(l)$	1.451
PbO_2/Pb^{2+}	$PbO_2(s) + 4H^+(aq) + 2e^- \rightleftharpoons Pb^{2+}(aq) + 2H_2O(l)$	1.455
ClO_3^-/Cl_2	$2ClO_3^-(aq) + 12H^+(aq) + 10e^- \rightleftharpoons Cl_2(g) + 6H_2O(l)$	1.470
CrO_2/Cr^{3+}	$CrO_2(s) + 4H^+(aq) + e^- \rightleftharpoons Cr^{3+}(aq) + 2H_2O(l)$	1.480
Mn_2O_3/Mn^{2+}	$Mn_2O_3(s) + 6H^+(aq) + 2e^- \rightleftharpoons 2Mn^{2+}(aq) + 3H_2O(l)$	1.485
$HClO/Cl^-$	$HClO(l) + H^+(aq) + 2e^- \rightleftharpoons Cl^-(aq) + H_2O(l)$	1.490*
Au^{3+}/Au	$Au^{3+}(aq) + 3e^- \rightleftharpoons Au(s)$	1.498
MnO_4^-/Mn^{2+}	$MnO_4^-(aq) + 8H^+(aq) + 5e^- \rightleftharpoons Mn^{2+}(aq) + 4H_2O(l)$	1.510*
BrO_3^-/Br_2	$2BrO_3^-(aq) + 12H^+(aq) + 10e^- \rightleftharpoons Br_2(l) + 6H_2O(l)$	1.520*
Mn^{3+}/Mn^{2+}	$Mn^{3+}(aq) + e^- \rightleftharpoons Mn^{2+}(aq)$	1.542
$HClO_2/Cl^-$	$HClO_2(l) + 3H^+(aq) + 4e^- \rightleftharpoons Cl^-(aq) + 2H_2O(l)$	1.570
$HBrO/Br_2(l)$	$2HBrO(l) + 2H^+(aq) + 2e^- \rightleftharpoons Br_2(l) + 2H_2O(l)$	1.574
NO/N_2O	$2NO(g) + 2H^+(aq) + 2e^- \rightleftharpoons N_2O(g) + H_2O(l)$	1.591
Bi_2O_4/BiO^+	$Bi_2O_4(s) + 4H^+(aq) + 2e^- \rightleftharpoons 2BiO^+(aq) + 2H_2O(l)$	1.593
$HBrO/Br_2(l)$	$2HBrO(l) + 2H^+(aq) + 2e^- \rightleftharpoons Br_2(l) + 2H_2O(l)$	1.596
H_5IO_6/IO_3^-	$H_5IO_6(s) + H^+(aq) + 2e^- \rightleftharpoons IO_3^-(aq) + 3H_2O(l)$	1.601
$HClO/Cl_2$	$2HClO(l) + 2H^+(aq) + 2e^- \rightleftharpoons Cl_2(g) + 2H_2O(l)$	1.611
$PbO_2/PbSO_4$	$PbO_2(s) + SO_4^{2-}(aq) + 4H^+(aq) + 2e^- \rightleftharpoons PbSO_4(s) + 2H_2O(l)$	1.619

续表

电对符号	电极反应	$\varphi_{\text{Ox/Red}}^{\ominus}/\text{V}$
	氧化型 $+ ze^- \rightleftharpoons$ 还原型	
$HClO_2/Cl_2$	$2HClO_2(l) + 6H^+(aq) + 6e^- \rightleftharpoons Cl_2(g) + 4H_2O(l)$	1.628
$HClO_2/HClO$	$HClO_2(l) + 2H^+(aq) + 2e^- \rightleftharpoons HClO(l) + H_2O(l)$	1.645
NiO_2/Ni^{2+}	$NiO_2(s) + 4H^+(aq) + 2e^- \rightleftharpoons Ni^{2+}(aq) + 2H_2O(l)$	1.678
MnO_4^-/MnO_2	$MnO_4^-(aq) + 4H^+(aq) + 3e^- \rightleftharpoons MnO_2(s) + 2H_2O(l)$	1.679
Au^+/Au	$Au^+(aq) + e^- \rightleftharpoons Au(s)$	1.692
Ce^{4+}/Ce^{3+}	$Ce^{4+}(aq) + e^- \rightleftharpoons Ce^{3+}(aq)$	1.720
N_2O/N_2	$N_2O(g) + 2H^+(aq) + 2e^- \rightleftharpoons N_2(g) + H_2O(l)$	1.766
H_2O_2/H_2O	$H_2O_2(l) + 2H^+(aq) + 2e^- \rightleftharpoons 2H_2O(l)$	1.776
Ag^{3+}/Ag^{2+}	$Ag^{3+}(aq) + e^- \rightleftharpoons Ag^{2+}(aq)$	1.800
Ag_2O_2/Ag	$Ag_2O_2(s) + 4H^+(aq) + 4e^- \rightleftharpoons 2Ag(s) + 2H_2O(l)$	1.802
Co^{3+}/Co^{2+}	$Co^{3+}(aq) + e^- \rightleftharpoons Co^{2+}(aq)$	1.820*
BrO_4^-/BrO_3^-	$BrO_4^-(aq) + 2H^+(aq) + 2e^- \rightleftharpoons BrO_3^-(aq) + H_2O(l)$	1.853
Ag^{3+}/Ag^+	$Ag^{3+}(aq) + 2e^- \rightleftharpoons Ag^+(aq)$	1.900
Ag^{2+}/Ag^+	$Ag^{2+}(aq) + e^- \rightleftharpoons Ag^+(aq)$	1.980
$S_2O_8^{2-}/SO_4^{2-}$	$S_2O_8^{2-}(aq) + 2e^- \rightleftharpoons 2SO_4^{2-}(aq)$	2.010
$HFeO_4^-/Fe^{3+}$	$HFeO_4^-(aq) + 7H^+(aq) + 3e^- \rightleftharpoons Fe^{3+}(aq) + 4H_2O(l)$	2.070
O_3/O_2	$O_3(g) + 2H^+(aq) + 2e^- \rightleftharpoons O_2(g) + H_2O(l)$	2.076
$HFeO_4^-/FeOOH$	$HFeO_4^-(aq) + 4H^+(aq) + 3e^- \rightleftharpoons FeOOH(s) + 2H_2O(l)$	2.080
XeO_3/Xe	$XeO_3(s) + 6H^+(aq) + 6e^- \rightleftharpoons Xe(g) + 3H_2O(l)$	2.100
$S_2O_8^{2-}/HSO_4^-$	$S_2O_8^{2-}(aq) + 2H^+(aq) + 2e^- \rightleftharpoons 2HSO_4^-(aq)$	2.123

续表

电对符号	电极反应	$\varphi^{\ominus}_{\text{Ox/Red}}/\text{V}$
	氧化型 $+ze^-$ ⇌ 还原型	
Cu^{3+}/Cu^{2+}	$Cu^{3+}(aq) + e^- \rightleftharpoons Cu^{2+}(aq)$	2.400
H_4XeO_4/XeO	$H_4XeO_4(s) + 2H^+(aq) + 2e^- \rightleftharpoons XeO(s) + 3H_2O(l)$	2.420
$O(g)/H_2O$	$O(g) + 2H^+(aq) + 2e^- \rightleftharpoons H_2O(l)$	2.421
F_2/HF	$F_2(g) + 2H^+(aq) + 2e^- \rightleftharpoons 2HF(l)$	3.053

2. 碱性介质中

电对符号	电极反应	$\varphi^{\ominus}_{\text{Ox/Red}}/\text{V}$
	氧化型 $+ze^-$ ⇌ 还原型	
$Ca(OH)_2/Ca$	$Ca(OH)_2(s) + 2e^- \rightleftharpoons Ca(s) + 2OH^-(aq)$	−3.020
$Ba(OH)_2/Ba$	$Ba(OH)_2(s) + 2e^- \rightleftharpoons Ba(s) + 2OH^-(aq)$	−2.990
$La(OH)_3/La$	$La(OH)_3(s) + 3e^- \rightleftharpoons La(s) + 3OH^-(aq)$	−2.900
$Sr(OH)_2/Sr$	$Sr(OH)_2(s) + 2e^- \rightleftharpoons Sr(s) + 2OH^-(aq)$	−2.880
$Mg(OH)_2/Mg$	$Mg(OH)_2(s) + 2e^- \rightleftharpoons Mg(s) + 2OH^-(aq)$	−2.690
$Al(OH)_3/Al$	$Al(OH)_3(s) + 3e^- \rightleftharpoons Al(s) + 3OH^-(aq)$	−2.310
$H_2BO_3^-/B$	$H_2BO_3^-(aq) + H_2O(l) + 3e^- \rightleftharpoons B(s) + 4OH^-(aq)$	−1.790
HPO_3^{2-}/P	$HPO_3^{2-}(aq) + 2H_2O(l) + 3e^- \rightleftharpoons P(s) + 5OH^-(aq)$	−1.710
SiO_3^{2-}/Si	$SiO_3^{2-}(aq) + 3H_2O(l) + 4e^- \rightleftharpoons Si(s) + 6OH^-(aq)$	−1.697
$HPO_3^{2-}/H_2PO_2^-$	$HPO_3^{2-}(aq) + 2H_2O(l) + 2e^- \rightleftharpoons H_2PO_2^-(aq) + 3OH^-(aq)$	−1.650
$Cr(OH)_3/Cr$	$Cr(OH)_3(s) + 3e^- \rightleftharpoons Cr(s) + 3OH^-(aq)$	−1.480
ZnO/Zn	$ZnO(s) + H_2O(l) + 2e^- \rightleftharpoons Zn(s) + 2OH^-(aq)$	−1.260
$Zn(OH)_2/Zn$	$Zn(OH)_2(s) + 2e^- \rightleftharpoons Zn(s) + 2OH^-(aq)$	−1.249

电对符号	电极反应		$\varphi_{\text{Ox/Red}}^{\ominus}/\text{V}$
	氧化型 $+ z\text{e}^- \rightleftharpoons$ 还原型		
$[\text{SiF}_6]^{2-}/\text{Si}$	$[\text{SiF}_6]^{2-}(\text{aq}) + 4\text{e}^- \rightleftharpoons \text{Si}(\text{s}) + 6\text{F}^-(\text{aq})$		-1.240
$\text{H}_2\text{GaO}_3^-/\text{Ga}$	$\text{H}_2\text{GaO}_3^-(\text{aq}) + \text{H}_2\text{O}(\text{l}) + 3\text{e}^- \rightleftharpoons \text{Ga}(\text{s}) + 4\text{OH}^-(\text{aq})$		-1.219
$\text{ZnO}_2^{2-}/\text{Zn}$	$\text{ZnO}_2^{2-}(\text{aq}) + 2\text{H}_2\text{O}(\text{l}) + 2\text{e}^- \rightleftharpoons \text{Zn}(\text{s}) + 4\text{OH}^-(\text{aq})$		-1.215
$\text{CrO}_2^{2-}/\text{Cr}$	$\text{CrO}_2^{2-}(\text{aq}) + 2\text{H}_2\text{O}(\text{l}) + 2\text{e}^- \rightleftharpoons \text{Cr}(\text{s}) + 4\text{OH}^-(\text{aq})$		-1.200
$[\text{Zn(OH)}_4]^{2-}/\text{Zn}$	$[\text{Zn(OH)}_4]^{2-}(\text{aq}) + 2\text{e}^- \rightleftharpoons \text{Zn}(\text{s}) + 4\text{OH}^-(\text{aq})$		-1.199
$\text{SO}_3^{2-}/\text{S}_2\text{O}_4^{2-}$	$2\text{SO}_3^{2-}(\text{aq}) + 2\text{H}_2\text{O}(\text{l}) + 2\text{e}^- \rightleftharpoons \text{S}_2\text{O}_4^{2-}(\text{aq}) + 4\text{OH}^-(\text{aq})$		-1.120
$\text{PO}_4^{3-}/\text{HPO}_3^{2-}$	$\text{PO}_4^{3-}(\text{aq}) + 2\text{H}_2\text{O}(\text{l}) + 2\text{e}^- \rightleftharpoons \text{HPO}_3^{2-}(\text{aq}) + 3\text{OH}^-(\text{aq})$		-1.050
$\text{In}_2\text{O}_3/\text{In}$	$\text{In}_2\text{O}_3(\text{s}) + 3\text{H}_2\text{O}(\text{l}) + 6\text{e}^- \rightleftharpoons 2\text{In}(\text{s}) + 6\text{OH}^-(\text{aq})$		-1.034
$\text{In(OH)}_3/\text{In}$	$\text{In(OH)}_3(\text{aq}) + 3\text{e}^- \rightleftharpoons \text{In}(\text{s}) + 3\text{OH}^-(\text{aq})$		-0.990
SnO_2/Sn	$\text{SnO}_2(\text{s}) + 2\text{H}_2\text{O}(\text{l}) + 4\text{e}^- \rightleftharpoons \text{Sn}(\text{s}) + 4\text{OH}^-(\text{aq})$		-0.945
$[\text{Sn(OH)}_6]^{2-}/\text{HSnO}_2^-$	$[\text{Sn(OH)}_6]^{2-}(\text{aq}) + 2\text{e}^- \rightleftharpoons \text{HSnO}_2^-(\text{aq}) + 3\text{OH}^-(\text{aq}) + \text{H}_2\text{O}(\text{l})$		-0.930^{***}
$\text{SO}_4^{2-}/\text{SO}_3^{2-}$	$\text{SO}_4^{2-}(\text{aq}) + \text{H}_2\text{O}(\text{l}) + 2\text{e}^- \rightleftharpoons \text{SO}_3^{2-}(\text{aq}) + 2\text{OH}^-(\text{aq})$		-0.930^{***}
$\text{HSnO}_2^-/\text{Sn}$	$\text{HSnO}_2^-(\text{aq}) + \text{H}_2\text{O}(\text{l}) + 2\text{e}^- \rightleftharpoons \text{Sn}(\text{s}) + 3\text{OH}^-(\text{aq})$		-0.909
P/PH_3	$\text{P}(\text{s}) + 3\text{H}_2\text{O}(\text{l}) + 3\text{e}^- \rightleftharpoons \text{PH}_3(\text{g}) + 3\text{OH}^-(\text{aq})$		-0.870
$\text{NO}_3^-/\text{N}_2\text{O}_4$	$2\text{NO}_3^-(\text{aq}) + 2\text{H}_2\text{O}(\text{l}) + 2\text{e}^- \rightleftharpoons \text{N}_2\text{O}_4(\text{g}) + 4\text{OH}^-(\text{aq})$		-0.850
$\text{H}_2\text{O}/\text{H}_2$	$2\text{H}_2\text{O}(\text{l}) + 2\text{e}^- \rightleftharpoons \text{H}_2(\text{g}) + 2\text{OH}^-(\text{aq})$		-0.828
$\text{Cd(OH)}_2/\text{Cd}$	$\text{Cd(OH)}_2(\text{aq}) + \text{Hg} + 2\text{e}^- \rightleftharpoons \text{Cd(Hg)}(\text{s}) + 2\text{OH}^-(\text{aq})$		-0.809
CdO/Cd	$\text{CdO}(\text{s}) + \text{H}_2\text{O}(\text{l}) + 2\text{e}^- \rightleftharpoons \text{Cd}(\text{s}) + 2\text{OH}^-(\text{aq})$		-0.783
$\text{Co(OH)}_2/\text{Co}$	$\text{Co(OH)}_2(\text{aq}) + 2\text{e}^- \rightleftharpoons \text{Co}(\text{s}) + 2\text{OH}^-(\text{aq})$		-0.730
$\text{Ni(OH)}_2/\text{Ni}$	$\text{Ni(OH)}_2(\text{aq}) + 2\text{e}^- \rightleftharpoons \text{Ni}(\text{s}) + 2\text{OH}^-(\text{aq})$		-0.720
$\text{AsO}_4^{3-}/\text{AsO}_2^-$	$\text{AsO}_4^{3-}(\text{aq}) + 2\text{H}_2\text{O}(\text{l}) + 2\text{e}^- \rightleftharpoons \text{AsO}_2^-(\text{aq}) + 4\text{OH}^-(\text{aq})$		-0.710

续表

电对符号	电极反应	$\varphi^{\ominus}_{\text{Ox/Red}}$/V
	氧化型 $+ ze^-$ $\Longrightarrow$ 还原型	
Ag_2S/Ag	$Ag_2S(s) + 2e^- \Longrightarrow 2Ag(s) + S^{2-}(aq)$	-0.691
AsO_2^-/As	$AsO_2^-(aq) + 2H_2O(l) + 3e^- \Longrightarrow As(s) + 4OH^-(aq)$	-0.680
SbO_2^-/Sb	$SbO_2^-(aq) + 2H_2O(l) + 3e^- \Longrightarrow Sb(s) + 4OH^-(aq)$	-0.660
SO_3^{2-}/S	$SO_3^{2-}(aq) + 3H_2O(l) + 4e^- \Longrightarrow S(s) + 6OH^-(aq)$	-0.660***
$[Cd(OH)_4]^{2-}/Cd$	$[Cd(OH)_4]^{2-}(aq) + 2e^- \Longrightarrow Cd(s) + 4OH^-(aq)$	-0.658
SbO_3^-/SbO_2^-	$SbO_3^-(aq) + H_2O(l) + 2e^- \Longrightarrow SbO_2^-(aq) + 2OH^-(aq)$	-0.590***
ReO_4^-/Re	$ReO_4^-(aq) + 4H_2O(l) + 7e^- \Longrightarrow Re(s) + 8OH^-(aq)$	-0.584
PbO/Pb	$PbO(s) + H_2O(l) + 2e^- \Longrightarrow Pb(s) + 2OH^-(aq)$	-0.580
$SO_3^{2-}/S_2O_3^{2-}$	$2SO_3^{2-}(aq) + 3H_2O(l) + 4e^- \Longrightarrow S_2O_3^{2-}(aq) + 6OH^-(aq)$	-0.571
TeO_3^{2-}/Te	$TeO_3^{2-}(aq) + 3H_2O(l) + 4e^- \Longrightarrow Te(s) + 6OH^-(aq)$	-0.570
$Fe(OH)_3/Fe(OH)_2$	$Fe(OH)_3(s) + e^- \Longrightarrow Fe(OH)_2(s) + OH^-(aq)$	-0.560
$HPbO_2^-/Pb$	$HPbO_2^-(aq) + H_2O(l) + 2e^- \Longrightarrow Pb(s) + 3OH^-(aq)$	-0.537
$NiO_2/Ni(OH)_2$	$NiO_2(s) + 2H_2O(l) + 2e^- \Longrightarrow Ni(OH)_2(s) + 2OH^-(aq)$	-0.490
S/HS^-	$S(s) + H_2O(l) + 2e^- \Longrightarrow HS^-(aq) + OH^-(aq)$	-0.478
S/S^{2-}	$S(s) + 2e^- \Longrightarrow S^{2-}(aq)$	-0.476
Bi_2O_3/Bi	$Bi_2O_3(s) + 3H_2O(l) + 6e^- \Longrightarrow 2Bi(s) + 6OH^-(aq)$	-0.460***
NO_2^-/NO	$NO_2^-(aq) + H_2O(l) + e^- \Longrightarrow NO(g) + 2OH^-(aq)$	-0.460***
S/S_2^{2-}	$2S(s) + 2e^- \Longrightarrow S_2^{2-}(aq)$	-0.428
SeO_3^{2-}/Se	$SeO_3^{2-}(aq) + 3H_2O(l) + 4e^- \Longrightarrow Se(s) + 6OH^-(aq)$	-0.366
Cu_2O/Cu	$Cu_2O(s) + H_2O(l) + 2e^- \Longrightarrow 2Cu(s) + 2OH^-(aq)$	-0.360
$TlOH/Tl$	$TlOH(s) + e^- \Longrightarrow Tl(s) + OH^-(aq)$	-0.340

续表

电对符号	电极反应	$\varphi_{\mathrm{Ox/Red}}^{\ominus}$/V
	氧化型 + $z\mathrm{e}^-$ $\rightleftharpoons$ 还原型	
$\mathrm{Cu(OH)_2/Cu}$	$\mathrm{Cu(OH)_2(s) + 2e^- \rightleftharpoons Cu(s) + 2OH^-(aq)}$	-0.222
$\mathrm{O_2/H_2O_2}$	$\mathrm{O_2(g) + 2H_2O(l) + 2e^- \rightleftharpoons H_2O_2(l) + 2OH^-(aq)}$	-0.146
$\mathrm{CrO_4^{2-}/Cr(OH)_3}$	$\mathrm{CrO_4^{2-}(aq) + 4H_2O(l) + 3e^- \rightleftharpoons Cr(OH)_3(s) + 5OH^-(aq)}$	-0.130
$\mathrm{Cu(OH)_2/Cu_2O}$	$\mathrm{2Cu(OH)_2(s) + 2e^- \rightleftharpoons Cu_2O(s) + 2OH^-(aq) + H_2O(l)}$	-0.080
$\mathrm{O_2/HO_2^-}$	$\mathrm{O_2(g) + H_2O(l) + 2e^- \rightleftharpoons HO_2^-(aq) + OH^-(aq)}$	-0.076
$\mathrm{Tl(OH)_3/TlOH}$	$\mathrm{Tl(OH)_3(s) + 2e^- \rightleftharpoons TlOH(s) + 2OH^-(aq)}$	-0.050
$\mathrm{AgCN/Ag}$	$\mathrm{AgCN(aq) + e^- \rightleftharpoons Ag(s) + CN^-(aq)}$	-0.017
$\mathrm{NO_3^-/NO_2^-}$	$\mathrm{NO_3^-(aq) + H_2O(l) + 2e^- \rightleftharpoons NO_2^-(aq) + 2OH^-(aq)}$	0.010
$\mathrm{Tl_2O_3/Tl^+}$	$\mathrm{Tl_2O_3(s) + 3H_2O(l) + 4e^- \rightleftharpoons 2Tl^+(aq) + 6OH^-(aq)}$	0.020
$\mathrm{SeO_4^{2-}/SeO_3^{2-}}$	$\mathrm{SeO_4^{2-}(aq) + H_2O(l) + 2e^- \rightleftharpoons SeO_3^{2-}(aq) + 2OH^-(aq)}$	0.050
$\mathrm{Pd(OH)_2/Pd}$	$\mathrm{Pd(OH)_2(s) + 2e^- \rightleftharpoons Pd(s) + 2OH^-(aq)}$	0.070
$\mathrm{HgO/Hg}$	$\mathrm{HgO(s) + H_2O(l) + 2e^- \rightleftharpoons Hg(l) + 2OH^-(aq)}$	0.098
$\mathrm{Ir_2O_3/Ir}$	$\mathrm{Ir_2O_3(s) + 3H_2O(l) + 6e^- \rightleftharpoons 2Ir(s) + 6OH^-(aq)}$	0.098
$\mathrm{Mn(OH)_3/Mn(OH)_2}$	$\mathrm{Mn(OH)_3(s) + e^- \rightleftharpoons Mn(OH)_2(s) + OH^-(aq)}$	0.100^{***}
$\mathrm{[Co(NH_3)_6]^{3+}/[Co(NH_3)_6]^{2+}}$	$\mathrm{[Co(NH_3)_6]^{3+}(aq) + e^- \rightleftharpoons [Co(NH_3)_6]^{2+}(aq)}$	0.108
$\mathrm{Hg_2O/Hg}$	$\mathrm{Hg_2O(s) + H_2O(l) + 2e^- \rightleftharpoons 2Hg(l) + 2OH^-(aq)}$	0.123
$\mathrm{Pt(OH)_2/Pt}$	$\mathrm{Pt(OH)_2(s) + 2e^- \rightleftharpoons Pt(s) + 2OH^-(aq)}$	0.140
$\mathrm{NO_2^-/N_2O}$	$\mathrm{2NO_2^-(aq) + 3H_2O(l) + 4e^- \rightleftharpoons N_2O(g) + 6OH^-(aq)}$	0.150^*
$\mathrm{Co(OH)_3/Co(OH)_2}$	$\mathrm{Co(OH)_3(s) + e^- \rightleftharpoons Co(OH)_2(s) + OH^-(aq)}$	0.170
$\mathrm{PbO_2/PbO}$	$\mathrm{PbO_2(s) + H_2O(l) + 2e^- \rightleftharpoons PbO(s) + 2OH^-(aq)}$	0.247
$\mathrm{IO_3^-/I^-}$	$\mathrm{IO_3^-(aq) + 3H_2O(l) + 6e^- \rightleftharpoons I^-(aq) + 6OH^-(aq)}$	0.260
$\mathrm{ClO_3^-/ClO_2^-}$	$\mathrm{ClO_3^-(aq) + H_2O(l) + 2e^- \rightleftharpoons ClO_2^-(aq) + 2OH^-(aq)}$	0.330

续表

电对符号	电极反应 氧化型 + ze^- ⇌ 还原型	$\varphi^\ominus_{Ox/Red}$/V
Ag_2O/Ag	$Ag_2O(s) + H_2O(l) + 2e^- \rightleftharpoons 2Ag(s) + 2OH^-(aq)$	0.342
ClO_4^-/ClO_3^-	$ClO_4^-(aq) + H_2O(l) + 2e^- \rightleftharpoons ClO_3^-(aq) + 2OH^-(aq)$	0.360
O_2/OH^-	$O_2(g) + 2H_2O(l) + 4e^- \rightleftharpoons 4OH^-(aq)$	0.401
Ag_2CO_3/Ag	$Ag_2CO_3(s) + 2e^- \rightleftharpoons 2Ag(s) + CO_3^{2-}(aq)$	0.470
IO^-/I^-	$IO^-(aq) + H_2O(l) + 2e^- \rightleftharpoons I^-(aq) + 2OH^-(aq)$	0.485
IO_3^-/IO^-	$IO_3^-(aq) + 2H_2O(l) + 4e^- \rightleftharpoons IO^-(aq) + 4OH^-(aq)$	0.560*
MnO_4^-/MnO_2	$MnO_4^-(aq) + 2H_2O(l) + 3e^- \rightleftharpoons MnO_2(s) + 4OH^-(aq)$	0.595
MnO_4^{2-}/MnO_2	$MnO_4^{2-}(aq) + 2H_2O(l) + 2e^- \rightleftharpoons MnO_2(s) + 4OH^-(aq)$	0.600
BrO_3^-/Br^-	$BrO_3^-(aq) + 3H_2O(l) + 6e^- \rightleftharpoons Br^-(aq) + 6OH^-(aq)$	0.610
ClO_3^-/Cl^-	$ClO_3^-(aq) + 3H_2O(l) + 6e^- \rightleftharpoons Cl^-(aq) + 6OH^-(aq)$	0.620
ClO_2^-/ClO^-	$ClO_2^-(aq) + H_2O(l) + 2e^- \rightleftharpoons ClO^-(aq) + 2OH^-(aq)$	0.660
$H_3IO_6^{2-}/IO_3^-$	$H_3IO_6^{2-}(aq) + 2e^- \rightleftharpoons IO_3^-(aq) + 3OH^-(aq)$	0.700
BrO^-/Br^-	$BrO^-(aq) + H_2O(l) + 2e^- \rightleftharpoons Br^-(aq) + 2OH^-(aq)$	0.761
ClO^-/Cl^-	$ClO^-(aq) + H_2O(l) + 2e^- \rightleftharpoons Cl^-(aq) + 2OH^-(aq)$	0.810
HO_2^-/OH^-	$HO_2^-(aq) + H_2O(l) + 2e^- \rightleftharpoons 3OH^-(aq)$	0.878
$ClO_2(aq)/ClO_2^-$	$ClO_2(aq) + e^- \rightleftharpoons ClO_2^-(aq)$	0.954
RuO_4/RuO_4^-	$RuO_4(s) + e^- \rightleftharpoons RuO_4^-(aq)$	1.000
O_3/O_2	$O_3(g) + H_2O(l) + 2e^- \rightleftharpoons O_2(g) + 2OH^-(aq)$	1.240
F_2/F^-	$F_2(g) + 2e^- \rightleftharpoons 2F^-(aq)$	2.866

注：本表摘自 Haynes W M. CRC Handbook of Chemistry and Physics. 93rd ed. Boca Raton: CRC Press Inc, 2012-2013.

* 数据摘自朱元保, 沈子琛, 张传福, 等. 电化学数据手册. 长沙: 湖南科学技术出版社, 1985.

** 数据摘自 Speight J G. LANGE's Handbook of Chemistry. 16th ed. New York: McGraw-Hill Companies Inc, 2005.

*** 数据摘自 Dean J A. 兰氏化学手册. 2 版. 魏俊发, 等译. 北京: 科学出版社, 2003.

新化学元素周期表

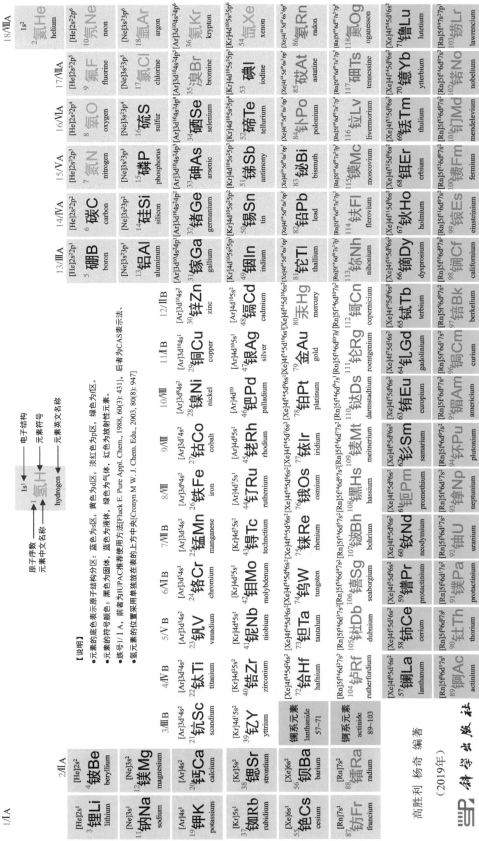

高胜利 杨奇 编著
（2019年）
科学出版社